A Second Course in Electronic Warfare

電子戦の技術

拡充編

デビッド・アダミー

David Adamy

河東晴子　小林正明　阪上廣治　徳丸義博＝訳

東京電機大学出版局

先に世に出たEW101と同じように，
本書を電子戦（EW）を専門とする職業にある軍や民の私の仲間に捧げる．

読者の何人かは再三にわたり危うい道に入り込み，
なかには普通の人の理解を超えることをなそうとたびたび夜中まで
長時間働いてきた人も多い．

われわれの職業は変わってはいるがやりがいのある職業であり，
われわれのうちのほとんどは，他の職業に従事することなど
想像すらできないのである．

序文

EW101 シリーズは，ジャーナル・オブ・エレクトロニックディフェンス（Journal of Electronic Defense; JED）誌において，月々わずか 2 ページの中で EW のさまざまな側面をこれまで 10 年間にわたって取り上げてきた一般向けのコラムである．これらのコラムの初めの 60 編は，連続性を持たせるためにいくつかの追加資料を含めて章立てし，書籍版 EW101 として再編・出版されている[1]．書籍版 EW101 は連載コラムと同様に非常に好評ではあるが，その出版以降，約 60 の EW101 コラムが追加されている．それらには，最初の書籍に掲載した項目に関するより詳細な情報や，まったく新しい EW の分野が含まれる．これは明らかに次の書籍，すなわち EW102 を出版する潮時であった．

本書が対象とする読者は EW101 と同じく，新入の EW 専門家，EW の特定分野の専門家，および EW 周辺技術分野の専門家である．対象とするもう一つのグループは，かつては技術者であった管理者たちのうち，（物理法則を破ろうと試みているかもしれないし，あるいはそうではないかもしれない）他者からの意見をもとに直ちに意思決定する必要がある管理者たちである．概して本書は，概観，基礎の理解，および一般レベルの計算能力が役に立つという人々を対象にしている．

本書がより良い EW 専門家への助けとなることを心から願う．自由主義世界は，EW という重要な努力の傾注分野においてあなた方読者が提示すべき最高のものを必要としているのである．

---

1. 邦訳は『電子戦の技術 基礎編』（河東晴子，小林正明，阪上廣治，徳丸義博 訳，2013 年 東京電機大学出版局 刊）．

拡充版出版に寄せて

この電子戦の第 2 巻を日本語に翻訳する話を聞いて大変喜ばしく思う．EW101 と EW102 の 2 冊は，姉妹編の関係にある．原著副題は「電子戦の第 2 講座」となっているが，実のところ内容的には EW101 の続編ではない．したがって，本書は前著を傍に置いて一緒に読んでいただきたい．その内容は，前著で対象にしなかった重要な部分を補完するとともに，前著で取り上げた一部の領域に，より深く踏み込んでいるからである．

われわれ両国は重要な同盟国であると同時に，両国の電子戦専門家同士もまた大切な仲間である．電子戦の同業者は，過去の職務に遡り，自然から学ぶという理由から「カラス」（crow）と自称している．カラスは（鳥の場合も人の場合も）群れを守るために，卓越したスキルと献身を持って協力し合う．

私は最近，木の天辺で見張りをしていたカラスが大鷹の接近を警報するところを見た．すると，鷹に接近させないために無数のカラスが集まってきて，急降下したりわめきたてたりした．その行動は鷹の「威力」圏のすぐ傍までであるが，鷹が攻撃をやめて飛び去るまで続いた．そして，群れの安全は確保された．われわれが共有する EW という職もそのようなものである．ゆえに私は，献身とスキル向上に継続的に努力するあなた方に深く敬意を表する．私は，この 2 冊の書籍があなた方のその追求に十分に寄与するように願っている．

あなた方が個人としても専門家としても大きな成功を収められんことを．

あなた方の仲間

Dave Adamy

訳者序文

著者による序文にもあるように，本書はAOC（Association of Old Crows）の機関誌であるJEDの連載コラムに加筆修正してまとめられた前著EW101（邦訳『電子戦の技術 基礎編』）の拡充編である．前著は，日本語による初めての電子戦の技術書として2013年4月に出版され，幸いにもすでに2回の重版を経た．日本の読者の関心の高さに驚いている．前著を読まれた読者は，本書により電子戦の理解をもう一歩進めていただけると思う．

本書の特徴は，前著および本書の内容に基づいた練習問題と解答が付されていることである．前著とあわせて，電子戦技術の理解に役立てていただければ幸いである．

さらに，本書には，基礎編と同様，巻末に補遺として用語集を付し，電子戦の初学者にも電子戦を平易に理解してもらえるよう工夫した．これは，日本の読者の電子戦理解に役立つよう，訳者が書き下ろしたものである．電子戦の現場に携わり，一貫して「現場で使える実学性」を重視してきた著者の姿勢を尊重し，日本の現場でも役立ていただくことを第一に考えた結果である．

本書の作成にあたってお世話になった多くの人々に心から感謝の意を表したい．まず，著者デイブ・アダミー氏に感謝する．氏には本書作成にあたり親切な助言や，われわれのさまざまな問い合わせに対する回答をいただくとともに，日本語版出版にあたっての序文も執筆していただいた．次に，この翻訳出版をサポートしてくれた各氏に感謝する．さらに，一般に馴染みの薄い分野の出版を受け入れ，シリーズ化して刊行してくれた東京電機大学出版局の各氏，特に編集者として尽力してくれた吉田氏，きめ細かな修正を行ってくれたグラベルロードの伊藤氏に感謝する．

訳者一同

目次

第1章

序論

本書はシリーズの第2巻であり，第1巻（EW101）と重複する部分を除き，他のシリーズ物の書籍同様，独立して利用できるようにしたつもりである．第1巻と同様に，本書もEW101連載コラムに掲載された何か月にもわたる題材をまとめたものであり，それらを章にまとめるとともに，完全性を期すため，本序論と補充資料を加えている．つまり，コラムの集成物というよりも，一冊の本として読めるようにしている．さらに，第1巻とEW101連載コラムの読者の多くが要望した，解法付きの練習問題も付けた．

本書のほとんどすべては，第1巻で扱わなかった新しい構成要素からなっている．例外は，第1巻で取り上げた資料に新たな領域を追加した節である．その場合，関連する第1巻の題材について概要を述べている．本書の第2章以降で扱う項目は，以下のとおりである．

- 第2章「脅威」── 機能および信号の視点から脅威を取り上げる．第1巻でも本文中で脅威を取り上げたが，あまり主題にはしていなかった．
- 第3章「レーダ特性」── さまざまな種類のレーダについて，電子戦におけるそれらの重要性に重点を置いて機能を説明する．
- 第4章「電子戦における赤外線・電子光学の考慮事項」── 熱線追尾ミサイル，IR画像システム，暗視装置，レーザ指示器，対抗策などについて述べる．
- 第5章「通信信号に対するEW」── 電波伝搬，デジタル通信，妨害および電波源位置決定に関するさまざまな論点を述べる．さらに，スペクトル拡散のEWへの影響について説明する．

- 第6章「電波源位置決定システムの精度」── 電波源の位置決定技法（簡単な復習），誤差の統計および一般的なすべての電波源位置決定技法における円形公算誤差などについて述べる．
- 第7章「通信衛星回線」── 衛星回線の性能の予測方法および回線妨害などを解説する．
- 付録A「問題と解法」── 問題には本書だけでなく第1巻の項目も含まれる．また，単なる解答だけでなく，すべての重要なステップを伴う実際的な解法となっている．
- 付録B「EW101 連載コラムとの相互参照」── 第1巻および本書の書籍の章と，同じ題材を扱った EW101 連載コラムとの相互参照をリストする．
- 付録C「厳選した参考文献一覧」── 電子戦とその関連分野における参考図書をリストする．リストは主題について利用可能な書籍を網羅しているわけではないが，その分野をさらに，より深く学習するための極めて優れた出発点となる．

EW101 連載コラムや本シリーズの第1巻と同じように，本書も重要かつ興味をそそる広範な電子戦の分野について，トップレベルの考え方を提供するつもりである．本書の普遍的な考え方は，以下のとおりである．

- 本書は必ずしも本分野の専門家向けではなく，他の分野の専門家や電子戦の副次領域の専門家に役立つことを期待している．
- 本書は読みやすくしたつもりである．技術資料は役立つために（通説とは逆で）退屈である必要はない．

本書の技術資料の取り扱いには，精密性より正確性を期した．本書のほとんどの公式は，1dB 以内の正確さであり，これはほとんどのシステムレベルの設計作業にとって十分な値である．より高い精度を求める場合でも，ほとんどの熟練したシステムエンジニアは，まず 1dB の精度まで基本方程式を計算し，次に，必要な精度になるまで計算機を走らせることをコンピュータの専門家に委ねる．高精度の計算に伴う問題は，読者が些細なことで迷い果て，桁間違いをすることである．これらの誤りは，（時には）前提の誤りであり，（たいていは）記述の誤りである．桁誤りは読者（と，おそらく上司）を大きな問題に巻き込むことになる．したがって，それらは避ける必要がある．

読者が 1dB 以内の問題に取り組む際，本書中の簡単な dB 形式の方程式を用いると，近似解を手早く導き出せる．その後，答えが理にかなっているかどうかを，くつろいで考えることができる．結果を他の同じような問題の結果と比較したり，あるいは単に常識を当てはめてみてもよい．この段階では，前提に立ち返ることや，問題の記述を明確にすることは容易である．次に，詳細な計算を完了するのに必要な多数の設備，スタッフの時間，予算，そして（おそらくは）胃酸を使って初めて（または，ほぼ初めて）計算が合う見込みが五分五分になる．

1.1 EW の一般的概念

電子戦とは，敵による電磁スペクトルの使用を拒否しつつ，味方の使用を確保する術および学であると定義されている．電磁スペクトルとは，もちろん，直流（DC）から光（さらにその上）までを指す．したがって，EW は全無線周波スペクトル，赤外スペクトル，可視スペクトル，および紫外スペクトルの範囲にわたっている．

図 1.1 に示すように，EW は伝統的には，以下のように分類されてきた．

- 電子支援対策（electromagnetic support measures; ESM）—— EW に不可欠な受信の要素

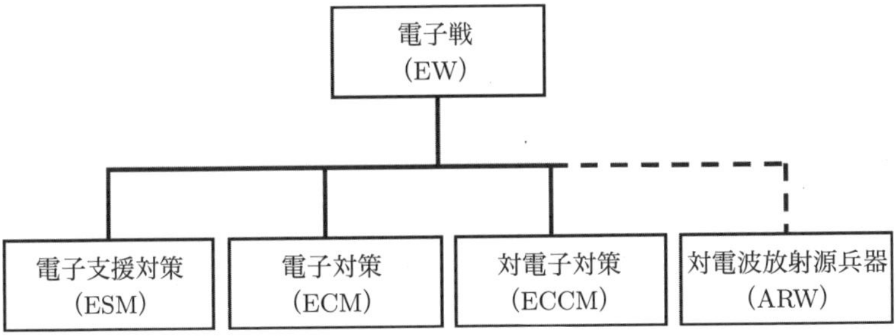

図 1.1 EW は伝統的には ESM，ECM，および ECCM に区分されてきた．ARW は EW の一部ではなかった．

- 電子対策 (electromagnetic countermeasures; ECM) ―― レーダ (radar)，軍事通信 (military communication)，赤外線追尾兵器 (heat-seeking weapon) の使用を妨害するために使われる電波妨害 (jamming)，チャフ (chaff)，フレア (flare)
- 対電子対策 (electromagnetic counter-countermeasures; ECCM) ―― ECM に対抗するため，レーダや通信システムの設計あるいは運用でとられる手段

対電波放射源兵器 (anti-radiation weapon; ARW) や指向エネルギー兵器 (directed-energy weapon; DEW) は，EW と密接な関係にあることはよく理解されていたが，EW の一部とは考えられていなかった．これらは武器として区別されていた．

ここ数年，多くの国で (必ずしもすべての国ではないが)，図 1.2 に示すように EW 分野の区分が再定義されてきた．現在 (NATO において) 一般に認められている定義は以下のとおりである．

- 電子戦支援 (electronic warfare support; ES) ―― かつての ESM
- 電子攻撃 (electronic attack; EA) ―― かつての ECM (電波妨害，チャフ，フレア) だけではなく，対電波放射源兵器や指向エネルギー兵器も含む

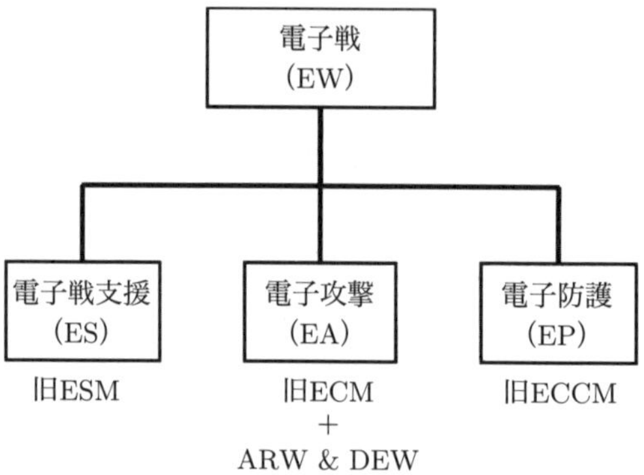

図 1.2　現在の NATO の定義では，EW を ES，EA，EP に区分している．EA には現在，ARW と DEW が含まれる．

- 電子防護（electronic protection; EP）── かつてのECCM

これらの分野のすべてが敵の送信信号の受信を伴うとはいえ，ESM（すなわちES）は，信号情報（signal intelligence; SIGINT）（通信情報（communications intelligence; COMINT）および電子情報（electronic intelligence; ELINT）からなる）とは区別されている．信号の複雑さが増すにつれてその区別は次第に曖昧になってきてはいるが，送信信号を受信する目的により区別がなされている．

- COMINTは，敵の通信信号によって伝達される情報資料（information）の中から情報（intelligence）を抽出する目的で敵の信号を受信する．
- ELINTは，対抗策を開発できるよう，敵の電磁システムの詳細を究明する目的で，敵の非通信信号を受信する．したがって，ELINTシステムは，詳細な分析を裏付けるために，通常は長期間にわたり大量のデータを収集する．
- 一方，ESM/ESは，敵の信号（通信，非通信を問わず）またはその信号に関連する兵器について，即座に何らかの行動を起こす目的で信号を収集する．受信する信号は妨害される可能性もあり，その情報資料は致死応答機能（lethal response capability）に伝達される可能性もある．また，その受信信号は状況認識（situation awareness），すなわち敵の部隊，武器，あるいは電子能力のタイプや位置の特定に利用されることもある．ESM/ESでは一般に，高いスループット率（throughput rate）でさほど詳細ではない処理を支援するために，大量の信号データを収集する．ESM/ESでは通常，既知のどのタイプの電波源が存在しているのか，それはどこに所在しているのかのみ特定する．

1.2 情報戦

第1巻の出版後に現れた大きな変化は，EWと情報戦（information warfare; IW）との連関である．EWは情報戦に不可欠な活動部分と考えられている．情報戦には，戦力の行使において情報の優位を獲得するプロセスはもとより，敵の情報システムを利用，改ざん，あるいは破壊する一方で，それと同時に，我が情報システムの完全性を，敵による悪用，改ざん，あるいは混乱から守るためにとる各種活動が含まれる．

図 1.3 は，IW の柱と言われているものである．すなわち，心理作戦（psychological operations; PSYOPS），欺騙（deception; 欺まん），電子戦，物理的な破壊，および作戦保全（operational security; OPSEC）である．これらの要素は，図 1.4 に示すように，敵軍の有効な運用能力を阻害する．図 1.5 に示す OODA（observe, orient, decide, act; 観測・情勢判断・意思決定・行動）ループは，効果的な軍事行動をとるのに必要とされるプロセスである．IW は，OODA ルー

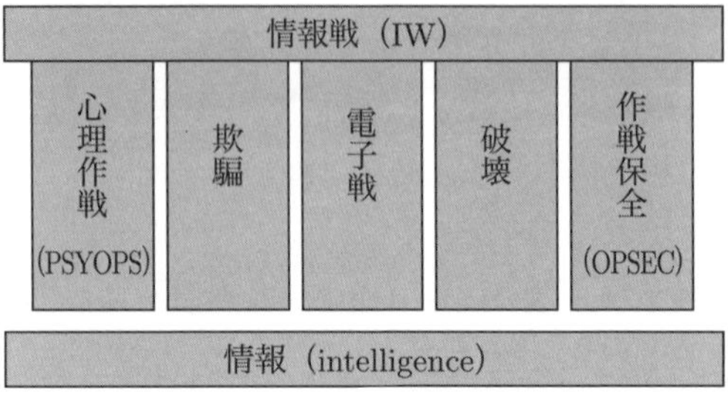

図 1.3 情報戦の柱は，心理作戦，欺騙，電子戦，破壊，および作戦保全であるが，そのすべてが情報に裏付けられている．

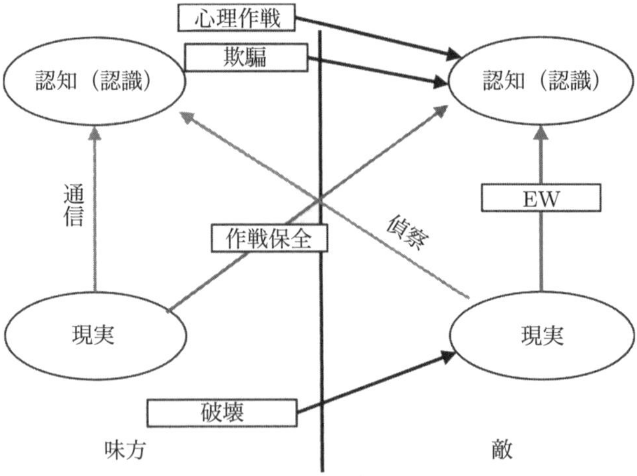

図 1.4 情報戦の各要素は，彼我の現実，および現実の認識を扱う．

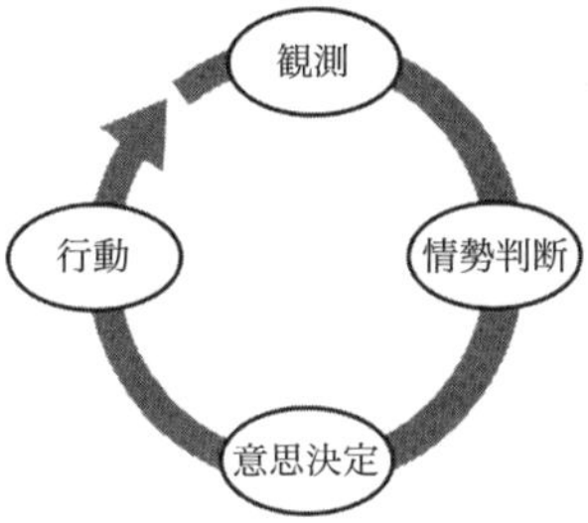

図 1.5　OODA ループとは，軍事行動に伴うプロセスのことである．IW は，敵のプロセスにおける最初の三つの段階を妨げる．

プにおける最初の三つの段階を，「活動」要素としての電子戦と一体となって妨げるものである．本書では EW に焦点を置いているので，ここでは IW について これ以上説明しないが，現在の軍事環境において EW 技術を効果的に用いるために，EW と IW との関係を理解することが重要である．

1.3　EW をいかに理解するか

EW 原理（特に RF（radio frequency; 無線周波数; 電波）部分）を理解する鍵は，電波伝搬理論についてよく理解することだというのが，著者の主張である．無線信号が伝搬する仕組みを理解すれば，信号がどのようにして傍受，妨害あるいは防護されるかを論理的に理解する道が開ける．その理解なしでは，EW を理解することは不可能に近いと（著者には）思われる．

ひとたび dB 形式の片方向の無線回線方程式やレーダ距離方程式のような少数の簡単な式がわかると，EW の問題を（1dB の精度まで）たぶん暗算で解けるようになるだろう．そこまで来れば，同じ EW の問題に出会ったとき，すぐにズバリ本題に入れる．もし誰かが物理法則を破ろうとしているなら，それを迅速かつ容易に確かめることができる（メモ帳から破りとった紙 1 枚でもあれば大丈夫――困っている仲間を問題から解放してやれば，その後は読者を EW 専門家として見てくれるだろう）．

第2章

脅威

電子戦は，本来，脅威（threat）に敏感である．EW 受信機は，脅威を探知，識別して位置決定することを目的としており，EW 対策は，それらの脅威の有効性を低下させることを目的とする．本章では，さまざまな脅威について，すなわち，脅威の種類，脅威を受けるプラットフォーム，それらに関連する信号，およびそれらに対抗して使用される対策の種類について考える．

2.1　用語の定義

他の多くの分野と同じように，電子戦も独自の特殊用語を使用する専門家によって実行されている．残念ながら，この専門用語は多くの場合，その国のネイティブ言語本来の用法とは一致しない．今後の説明における混乱を避けるために，EW 脅威で使われるいくつかの重要な定義を以下に示す．

2.1.1　脅威 vs. 脅威信号

脅威とは，実際の破壊装置やシステムのことである．EW では通常，脅威システムで使われる信号を相手にするため，「脅威」を実際の脅威が使用する信号と定義することが多い．これが混乱のもとになるとはいえ，それがわれわれ専門家の仲間うちで自分の考えを表現する慣行なのである．これは，長年にわたりわれわれが犯し続けてきた文法上の「罪」ではあるが，本書全体にわたって犯し続けることになるであろう．

2.1.2　レーダ vs. 通信

われわれはたびたび，脅威信号をレーダ信号と通信信号に区分することがある．その違いは，レーダ信号が位置，距離および速度を測定するために使用されるのに対し，通信信号は一つの地点から別の地点へ情報を運ぶものである点にある．それらはまったく違う働きをするが，2 種類の信号は似たような特徴を持ちうる．レーダ信号はパルスあるいは連続波（continuous wave; CW）であるが，通信信号は（めったにない特別な場合を除き）もともと連続波である．レーダ波は一般にマイクロ波帯であるが，高域 VHF 帯からミリ波帯まで広がっている．通信波は音声またはデータを搬送できる．その周波数範囲は通常，HF，VHF または UHF 帯と見なされているが，VLF 帯からミリ波帯にわたることもある（周波数範囲については後述する）．

2.1.3　脅威の類型

図 2.1 は，各種の電子戦技術によって防護されるアセットに対する脅威の類型の概要である．ここで留意すべきなのは，この表では一部の新しい脅威が標準的な分類区分に混在しているので，やや異論があるかもしれない点である．この表の狙いは，通常予期される脅威の適用例を明らかにすることにある．表

	脅威を受けるプラットフォーム			
脅威の類型	航空機	艦艇	地上移動体	固定陣地
レーダ誘導武器	●	●	◎	○
レーザ誘導武器	○	◎	●	●
熱線追尾武器	●	○	◎	○
致死的役割を担う通信	●	◎	◎	●

● 主要脅威　◎ 2次的脅威　○ 一般的ではない

図 2.1　多様な類型の脅威が，EW システムによって防護されるこれらのアセットに脅威を与える．

に示すように，レーダ誘導武器（radar-guided weapon）は，航空機および艦艇に対する主要な脅威である．地上移動体や固定陣地に対する主要な脅威は，レーザ指示目標（laser-designated target）を自動追尾する武器である．熱線追尾ミサイル（heat-seeking missile）は，航空機に対する主要な脅威である．

致死的役割を担う通信（lethal communication）については，2.1.7 項で述べる．これは，航空機および固定陣地のアセットに対する主要な脅威であり，多様な武器を有効にするためのものである．

2.1.4　レーダ誘導武器

図 2.2 に示すように，レーダは目標の位置を決定し，その進路を予測するために使用される．ミサイルは目標を要撃するように誘導される．ミサイルは，ロケットやレーダ管制火砲（radar-controlled gun）から発射される弾丸（あるいは各種発射体）でもあることに注意しよう．レーダ管制武器に利用できる基本的な誘導方式は 4 種類ある．それぞれが異なるレーダ（またはパッシブセンサ（passive sensor））構成となっており，対応する目標の種類ごとに，長所および弱点を有する．

艦艇は一般的に，レーダ管制武器により攻撃される．航空機（あるいはその他のプラットフォーム）は艦艇の位置を決定し，それを目標と認識する．その後，艦艇に対してミサイルを発射する．通常，ミサイルを発射したプラット

図 2.2　レーダ誘導方式の対空脅威は，目標の航空機の飛行経路を予測するため，目標の位置と運動ベクトルを測定して，いくつかの誘導法の一つを用いてその飛行経路上でミサイルに要撃させる．

フォームはその後，交戦から離脱する．ミサイルはレーダで捕捉できるほど目標に十分近接すると，艦艇の動きを追尾しながら艦艇に向かって進む．ミサイルは，目標艦艇の喫水線を狙うか，あるいは甲板を貫くよう最後の瞬間に鉛直運動を行う．

2.1.5 レーザ誘導武器

図 2.3 に地上の移動目標に対する攻撃について示す．同様の技法は固定陣地の攻撃にも使用可能であり，一例として，（修復が最も困難な）橋梁の橋脚がある．この種の攻撃では，レーザは，（一般に他のプラットフォームから発射される）ミサイルを目標からのレーザのシンチレーション（scintillation; 蛍光発光現象）にホーミングさせるように追尾する必要がある．指示するプラットフォームは，有人航空機・無人航空機のいずれでもよいが，攻撃の終始にわたって目標との照準線（line of sight）内に留まる必要がある．

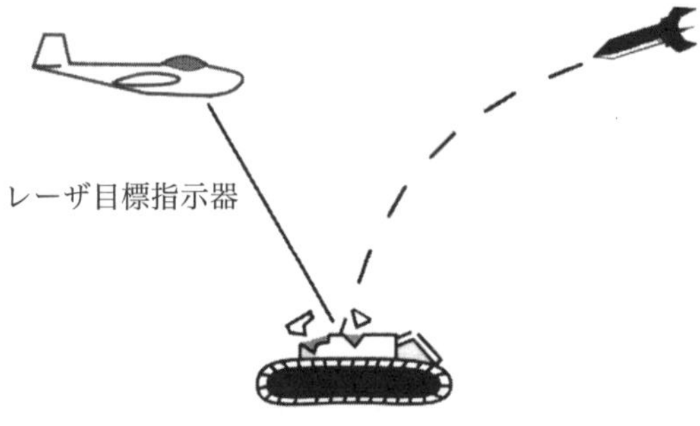

図 2.3 レーザ誘導される脅威は，レーザ目標指示器による固定または移動目標からのシンチレーションにホーミングする．

2.1.6 赤外線エネルギー：誘導武器

あらゆる物体は，ある程度の赤外線（infrared; IR）エネルギーを放射する．すなわち，対象物が熱いほど，より多くのエネルギーを放射するのである．ジェット機のエンジンは非常に高温であるので，熱線追尾ミサイルにとって有利な目標となる．初期のミサイルは，航空機の後方から攻撃し，この高温目標にホーミングした．赤外線ミサイルを発射する小型携帯火器は，低空飛行する航空機にとって致死兵器となることに注意しよう．IR ミサイルは，空対空，地対空，および空対地の攻撃に使用される．最新のミサイル用センサは，ジェットエンジンよりかなり低温度の目標の赤外線エネルギーを探知し，自動追尾することができる．

2.1.7　致死的役割を担う通信

通信の役割は，ただ単に情報を伝達することにあるので，致死的役割を担う通信というのは，明らかに矛盾した印象を与える．しかし，前記の個々の火器のほぼすべてにおいて，目標の位置についての情報と目標に武器を誘導する能力は，異なる位置に存在している．したがって，センサはその情報を何らかの攻撃調整所に伝送する必要があり，その調整所は実戦の武器に捕捉，誘導の指令の両方またはいずれか一方を伝送しなければならない．その情報を伝送する通信は，致死的役割を大いに担うことになるのである．

図 2.4 に示す致死的役割を担う通信の簡単な例について考えてみよう．火砲は他のどの種の武器より多数の兵士を殺傷してきたが，通常，通信なしでは目標と交戦することはできない．各砲は，射撃統制所（fire-control center）で計算された高低角，風修正量，および装薬装填・射撃号令に応えて間接照準射撃を実施する．射撃統制所は，目標の確認および射弾観測が可能な前進観測者

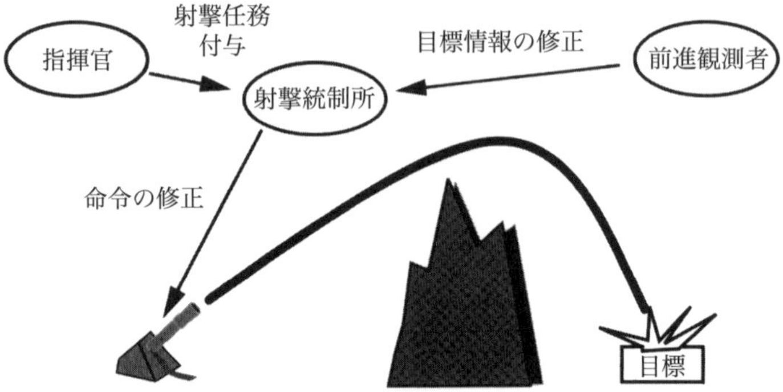

図 2.4　砲兵射撃では，前進観測者と射撃統制所との間，および射撃統制所と火砲との間の致死的役割を担う通信を介して目標に対する射撃諸元の修正を実施する．

(forward observer; FO) からの連絡に応えて火砲に対する指令を修正する．双方の通信経路も極めて致死的な役割を有する．

2.1.8 レーダ分解能セル

レーダの分解能セル (radar resolution cell) とは，その幾何学的容積内にある複数目標をレーダが区別できない容積をいう．分解能セル内に複数の目標が存在する場合，レーダは重み付けされた個々の目標位置の重心に目標が一つだけ存在していると見なす．

2.2 周波数範囲

図 2.5 に，1MHz から 100GHz までの重要な脅威範囲にある周波数帯の一般的な名称を示す．図には三つの欄があり，周波数範囲を記述する最も一般的な三つの方法を示している．左側の欄は，一般的な科学的表記法である．これら

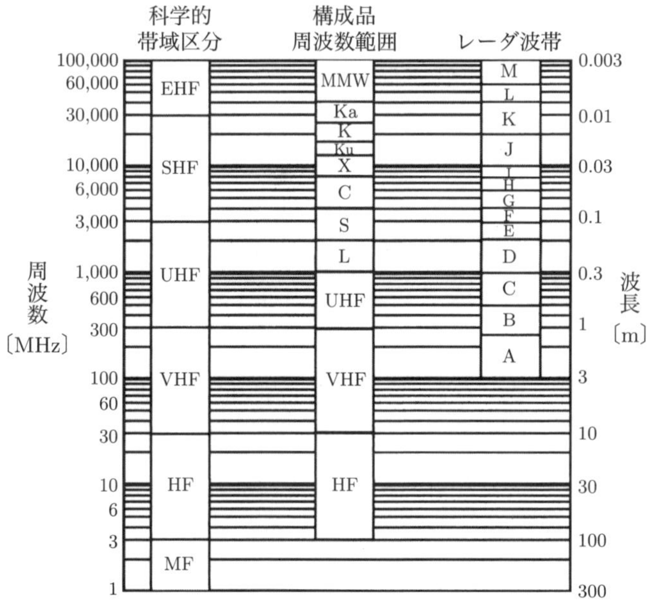

図 2.5 周波数帯には三つの表し方がある．すなわち，科学的帯域区分，構成品周波数範囲，レーダ波帯である．

の帯域が3の倍数で区分されていることに気づくであろう．これは，各区分が波長を1桁ごとに取り扱うようにしているからである．例えば，VHF帯は30〜300MHzであり，波長の1〜10mに対応している．

周波数と波長との関係は，$f\lambda = c$ の式で与えられる．ここで，f は周波数〔Hz〕，λ は波長〔m〕，c は光速（3×10^8m/sec）である．

右端の欄は，電子戦における帯域を示す．一般に脅威レーダの周波数は，この帯域記号表示の単位で記述される．例えば，Dバンドは1〜2GHzをカバーしている．

中央の欄は，公式のレーダ帯域を示す．構成品（アンテナ，増幅器，受信機，発振器）は，カタログにこれらの帯域が指定されることに注意しよう．通信もまたこれらの帯域が共通して記述される．例えば，衛星テレビ放送はCまたはKuバンドである．HF帯やVHF帯，UHF帯で販売されているEWや偵察利用の広帯域受信機の周波数範囲は，これらの周波数範囲とは異なっている．すなわち，HF帯受信機はたいてい1MHzから20MHzないし30MHz，VHF帯受信機は20〜250MHzをカバーしており，UHF帯受信機は通常250〜1,000MHzをカバーしている．

図2.5からわかる大変重要な点は，一般に用いられる周波数帯の表し方と混同されやすいということである．Cバンドは，500〜1,000MHzと4〜8GHzのどちらにもあることに気づくであろう．どうしてもバンド指定が不明瞭になるような場合には，MHzまたはGHzで周波数を明示することが一番良いやり方である．

表2.1は，それぞれの周波数範囲で行われている信号活動の類型を示したものである．信号周波数について一般に言えることは，周波数が高くなるほどその伝搬は見通し線に依存するようになることである．HF帯以下の周波数の信号は，世界中に障害なく伝搬できる．VHF帯やUHF帯の信号は，見通し線を超えて伝搬できるが，見通し線外では深刻な減衰を受ける．マイクロ波やミリ波帯の信号は通常，見通し線に完全に依存すると考えられている．

周波数について2番目に一般的に言えることは，信号が伝達する情報の量は，大まかに言って送信周波数に比例するということである．これは，伝達される情報量が信号帯域幅に依存していることと，システムの複雑さ（アンテ

表 2.1 周波数範囲の代表的利用

周波数範囲	略号	信号型式と特徴
超長波，長波，中波 (3kHz〜3MHz)	VLF，LF，MF	超長距離通信（海上の船舶）．地表波は地球を周回する．民間 AM ラジオ放送．
短波（3〜30MHz）	HF	超水平線通信，信号は電離層で反射する．
超短波 (30〜300MHz)	VHF	移動通信，TV および民間 FM ラジオ放送．見通し線外では損失が極めて大きい．
極超短波 (300MHz〜1GHz)	UHF	移動通信，TV．見通し線外では損失が極めて大きい．
マイクロ波 (1〜30GHz)	μw	TV および電話回線，衛星通信，レーダ．見通し線は必須．
ミリ波	MMW	レーダ，データ回線．見通し線は必須．降雨や霧による吸収大．

ナ，増幅器，受信機の動作性能）が比帯域（percentage bandwidth; 比帯域幅ともいい，送信周波数（中心周波数）で除した帯域幅）の関数となっているためである．したがって，たくさんの情報を伝達する信号（例えば，広帯域通信，テレビジョン，レーダ）は，より高い周波数域において見られる．

2.3 脅威システムの誘導法

脅威システムに用いられる基本的誘導法は四つある．すなわち，アクティブ，セミアクティブ，指令，およびパッシブ誘導である．脅威システムがどの種類の誘導法を選択するかは，当該プラットフォームの特性，および特有の交戦力学の特質による．

2.3.1 アクティブ誘導

アクティブ誘導（active guidance）には，レーダ（あるいは LADAR（laser radar; レーザレーダ））が武器自体に搭載されることが必要である．対艦ミサイル（antiship missile）はこの種の誘導法の主要な武器の一つである．ミサイルは発射後，目標の艦艇の概略の存在区域に向けて飛行し，自身のレーダを起動して艦艇を捕捉するとともに，艦艇に命中するよう自身を誘導する．アクティブ誘導には以下の長所がある．すなわち，ミサイルを発射するプラットフォームは，発射後直ちにその区域から離脱できること，目標が近くなるに従って誘導精度が良くなること，および（目標に照射されるレーダの電力は距離の2乗に反比例するので）近距離での妨害が極めて難しくなることである．

2.3.2　セミアクティブ誘導

セミアクティブ誘導（semiactive guidance）（図2.6参照）では，武器は受信機のみを保有している．送信機は離隔した位置，例えば発射台上にある．そこで，武器は目標で反射された信号にホーミングする．誘導手段（guidance medium）がレーダである場合，空対空ミサイル（air-to-air missile）では極めて一般的な，バイスタティックレーダ（bistatic radar）を実現していることになる．セミアクティブ誘導のもう一つの主要な事例は，レーザ指示器による地上目標からのシンチレーションにホーミングするレーザ誘導武器（laser-guided weapon）である．この種の誘導法では，戦闘の終始を通じてイルミネータを装備するプラットフォームが存在している（しかも，目標の照準線内に）ことが必要である．

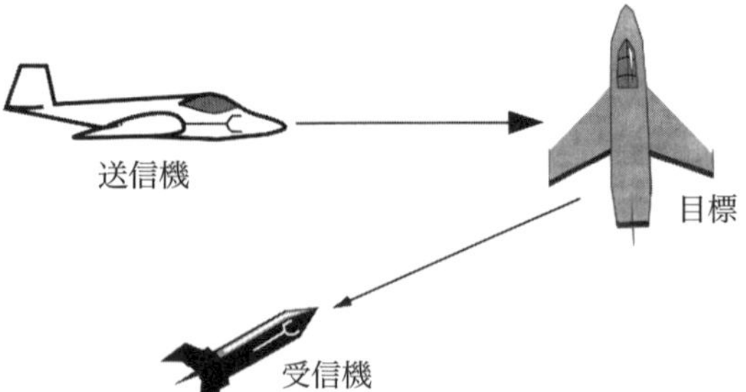

図2.6　セミアクティブ誘導では，武器に搭載した受信機と遠隔送信機が必要である．この武器は目標で反射された波にホーミングする．

2.3.3 指令誘導

指令誘導（command guidance）では，進路（path of travel）を予測するために，センサとして通常はレーダが目標を追尾する．センサが解明した航跡情報（tracking information）に基づき，武器は目標の要撃点に誘導される（図 2.7 参照）．この武器は，目標の位置情報は一切持たずに，単に指令された位置に向けて飛翔するだけである．よく知られた典型例として，地対空誘導ミサイルシステム（surface-to-air guided-missile system）がある．1 基あるいは複数のミサイルが目標に指向され，地上レーダによって誘導される．レーダ制御式の対空機関砲も，その射弾が，適切な方位角と射角で，航空機の予測地点で破裂するように時間調整して発射されることから，指令誘導を用いていると見なすこともできる．

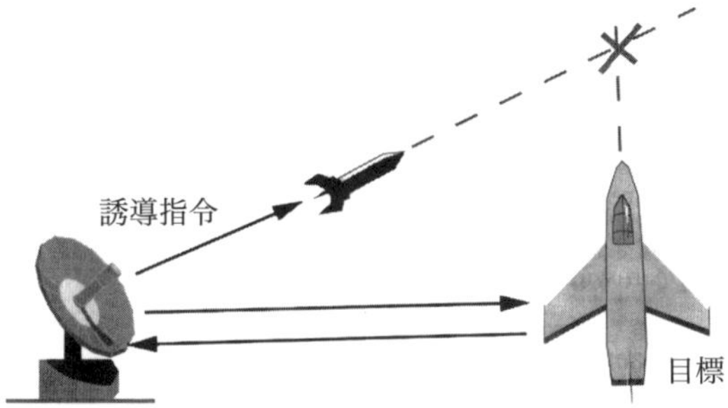

図 2.7 指令誘導では，目標を要撃するため，武器から離隔したレーダで目標を探し出して追尾し，武器を誘導する．

2.3.4 パッシブ誘導

パッシブ誘導（passive guidance）武器は，目標からの何らかの放射にホーミングする．例としては，レーダの送信波にホーミングする対電波放射源ミサイルや，目標（主として航空機）が放射する熱にホーミングする赤外線ミサイルがある．この武器システムはいかなるターゲティング（targeting）信号も放射しないので，目標から武器までの信号経路は一つしか存在しない．アクティブ誘導と同様に，パッシブ誘導は「ファイア・アンド・フォゲット」（fire and forget; 打ち放し）武器と言える．したがって，（個人使用の肩撃式ランチャなどの）発射プラットフォームは，射撃直後にその場所から離れたり，隠れたりすることができる．

2.4　脅威レーダの走査特性

レーダは，ある特定の一連の状況下で，特定の種類の目標に対して特定の機能を発揮するように設計されている．電子戦の実施においては，レーダが送信した信号が，そのレーダの任務をどう示しているかをよく考えることは有益である．

地上設置や航空機搭載の捕捉レーダ（acquisition radar），追尾レーダ（tracking radar），信管起動用レーダ（fusing radar），移動目標指示レーダ（moving-target indicator radar; MTI レーダ），および合成開口レーダ（synthetic aperture radar; SAR）について説明する．まず，レーダ走査（radar scan）や送信信号の変調方式について説明し，それらの EW 受信機における現れ方を説明し，次にそれらと脅威レーダの種類との関係を示す．第3章では，それらの信号特性をより詳細に説明する．

2.4.1　レーダ走査

（EW 受信機に対する）レーダ走査は，受信信号の信号強度の時刻歴（time history）である．これはレーダアンテナのビーム形状と EW 受信機の位置と相対的な自身のビーム角度の動きによって起こる．図 2.8 にレーダアンテナの利

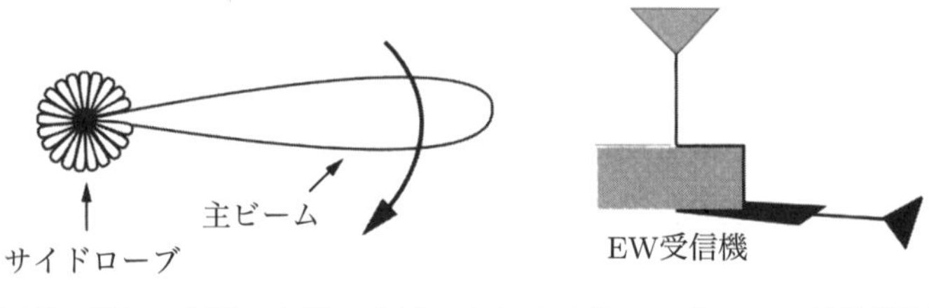

図 2.8　狭レーダビームは，主ビームとサイドローブで EW 受信機位置を照射しながら通過する．

得パターンを（1 次元の）極座標で示した．このアンテナビームは，EW 受信機の位置と相対的に（同じ次元で）回転しているように表されている．主ビーム（main beam）とサイドローブ（side lobe）のすべてが EW 受信機を通過して回転していることに注意しよう．図 2.9 は，EW 受信機で受信された信号の相対的な振幅を，時間の関数として示している．この曲線の形状から，レーダのビーム幅と走査パターンの解明に必要な分析ができる．

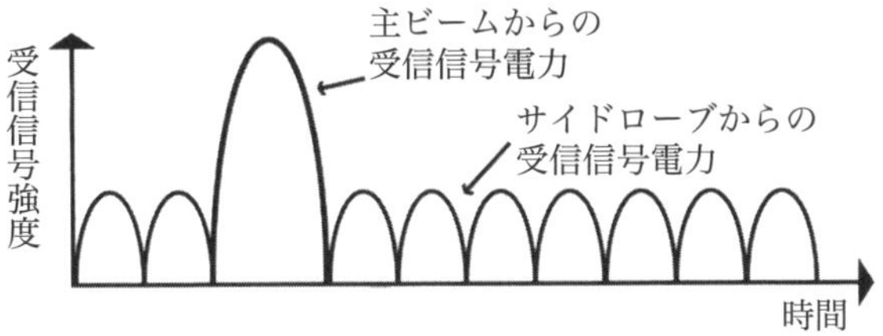

図 2.9　EW 受信機は，回転中のアンテナビームを，脅威レーダの受信信号強度の時刻歴として観測する．

2.4.2　アンテナのビーム幅

レーダは一般に，目標の方位と仰角の測定が可能な狭いアンテナビームを持つ．レーダが目標の位置をより正確に知ろうとするほど，ビームを狭くする必要がある．レーダ分解能セルのクロスレンジ（cross-range）の大きさは，一般に 3dB アンテナビーム幅に対応している．このレーダは，受信信号強度が最大になるようにアンテナ指向を細かく角度調整することによって，自身の分解能セル内で目標の実際の角位置（angular location）を測定することができる．図 2.10 に，アンテナ主ビームの受信信号強度の時刻歴を示す．アンテナの回転速度がわかっていれば，アンテナのビーム幅はこの図から算出できる．例えば，アンテナが 5 秒で 1 周し，3dB ビーム幅の持続時間が 50msec であることがわかっていれば，次式からアンテナのビーム幅は 3.6° となる．

$$\text{ビーム幅} = \text{ビーム持続時間} \times \frac{360^\circ}{\text{回転周期}} = 50\text{msec} \times \frac{360^\circ}{5\text{sec}} = 3.6\ [^\circ]$$

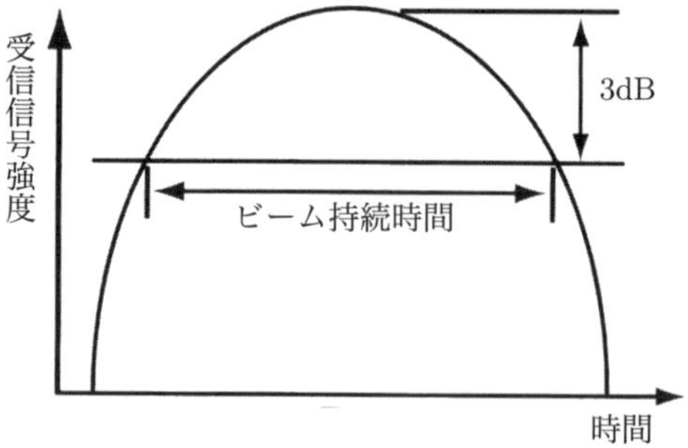

図 2.10　アンテナの回転速度が測定できれば，ビーム幅は，信号強度が受信機の電力レベルのピーク値より 3dB 未満となる時間から算出できる．

2.4.3　アンテナビームの指向

アンテナの指向 (pointing) は，レーダが実行している動作に関係する．レーダが目標を発見しようとする場合，ビームは目標が存在しているであろう角度範囲全体を掃引する．すでに発見されている目標を追尾する場合，旧式のレーダのビームは追尾を容易にするために，目標周辺の極めて狭い角度範囲で移動する．最新のレーダは，複数の受信センサを保有しており，ビームはすべてのパルスから角度情報を得るので，レーダは目標を追尾することができる（モノパルスレーダ（monopulse radar）となっている）．目標を捕捉する場合，EW 受信機はアンテナの動きを受信信号強度対時間で見る．モノパルスレーダのビームは，次に説明する SORO（scan on receive-only）レーダと同じように，一定レベルの信号のように受信される．

受信されたレーダのビームパターンの例として，地上設置型の捜索レーダ，地上設置型のトラック・ホワイル・スキャン（track-while-scan; TWS）レーダ，捜索モードの要撃機（airborne interceptor; AI）用レーダ，円錐走査（conical scan; コニカルスキャン）追尾レーダならびに SORO 式追尾レーダについて考えてみよう．

地上設置型捜索レーダのアンテナは，一般に方位方向に 360° 回転する (circular scan; 全周走査; 円形走査)．これにより，図 2.11 に示すように，EW 受信機には，主ビームが均等間隔に見えるようになる．主ビーム間の時間は，

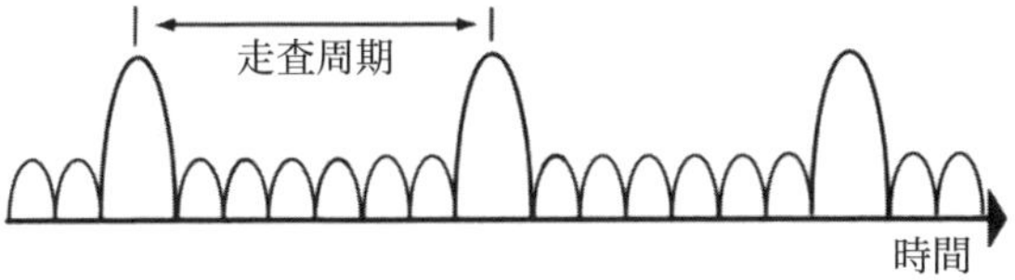

図 2.11　全周走査では，主ビームの二つの受信信号間の時間間隔は，アンテナの走査周期に等しい．

回転の周期に等しい．

地上設置型の TWS レーダは，一般に一つの広い角度セグメントをカバーする．これはさらに捜索を継続しつつ，その角度範囲内の複数目標を追尾する．例えば，SA-2 レーダ（SA-2 radar）は二つのファンビームを持ち，一つがその領域の全目標の方位角を測定しながら，もう一つがその領域内の全目標の仰角を測定する．この受信機は，セクタ走査（sector scan）のビームが往復で走査する場合，図 2.12 に示すような電力の時刻歴（power-time history）として見ることになる．これが「フライバック」（fly back; 信号を放射せずにビームを戻すこと; 帰線）し，そのセクタを 1 方向に走査すると，電力履歴は均等間隔の主ビームを示すが，別の状況手がかりからセクタ走査として識別可能である．

要撃機用レーダの代表的なアンテナは，捜索モードでラスタ走査（raster

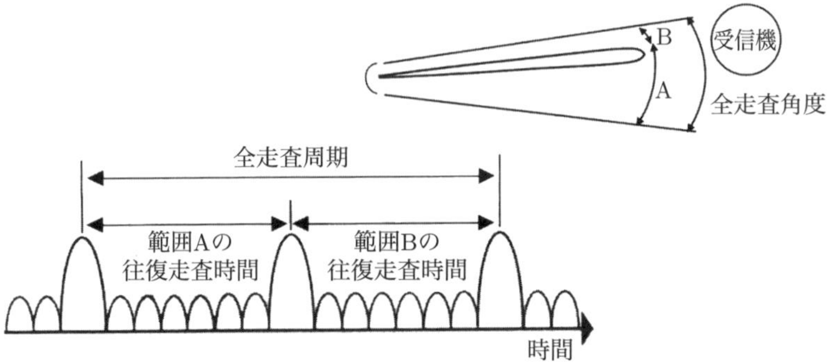

図 2.12　セクタ走査では，アンテナは角度セグメントの全域を往復する．これによって主ビーム間に 2 種類の時間間隔をもたらす．A は受信機から走査セグメントの右端までを往復する時間，B は受信機から左端までを往復する時間である．

scan）を行う．この走査は，ブラウン管のビームが画面にテレビ画像を表示する方法とそっくりで，2次元の角度区域を横切る一連の水平走査となる．図2.13に示すように，EW受信機では，TWSレーダのセクタ走査に似た走査パターンに見えるが，主ビームのピーク振幅は，受信機の位置に応じて各走査の高低（elevation）とともに変化する．この例では，レーダのビームはEW受信機の位置を2走査目に通過する．

円錐走査レーダは，目標をその走査の中心に維持するための補正データを作るため，自身のアンテナのビームを円錐状に回転運動させる．図2.14に示すように，受信機には明確な主ビームパターンではなく，受信電力の正弦波状の変動が見える．正弦波の振幅が最高となるのは，アンテナビームが目標の最も近傍を通過するときである．すなわち，アンテナは目標を走査の中心に置くように回転する．

SOROレーダでは，（一般に同一のアンテナで作られた）2本のアンテナビームを使用する．一つ目は目標からのリターンパルス（return pulse）を受信し，ビーム走査の修正量を計算するために，ある走査パターン（例えば円錐走査）内を移動する．二つ目のビームは走査するのではなく，走査中の受信ビームからの補正情報を用いて目標を照準する．この場合，EW受信機はどのアンテナ走査も見ない代わりに，送信アンテナの一定照射のほうを見ることになる．

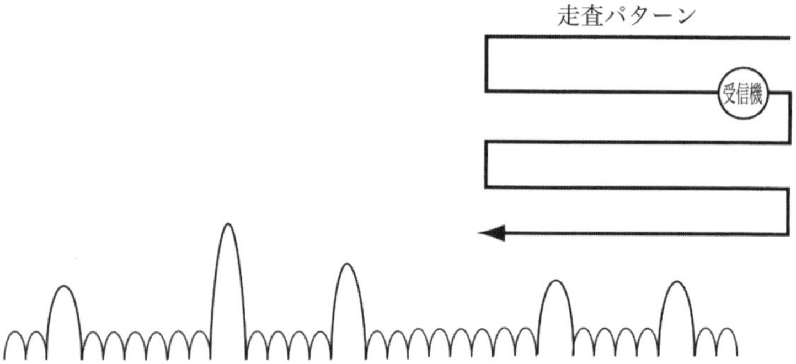

図2.13　EW受信機では，ラスタ走査はセクタ走査と似た走査パターンに見えるが，主ビームのピーク振幅は，受信機位置からそれぞれの水平走査線までの距離に応じて変化する．

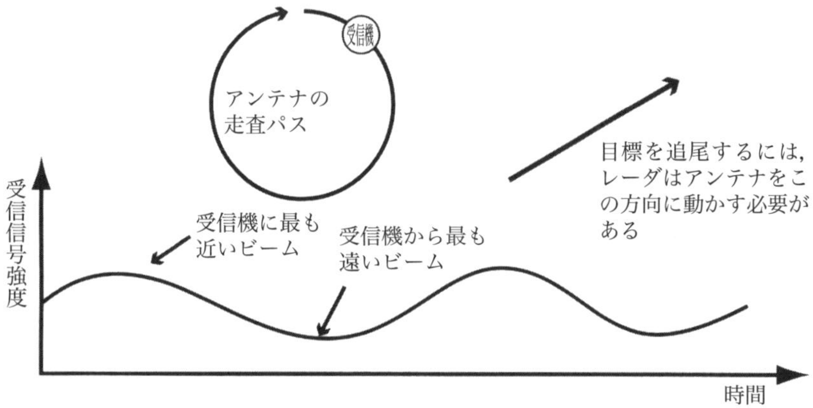

図 2.14　受信機では，円錐走査は受信信号電力が正弦波状に変化するように見える．

2.5　脅威レーダの変調特性

レーダ信号の変調特性は，レーダの機能によって決まる．本節では，捕捉，誘導（追尾）および信管起動の各用途のパルス，パルスドップラおよび連続波レーダについて考察する．

2.5.1　パルスレーダ

一般的なパルスレーダは，パルスのエコーを受信する期間だけ封止して固定周波数の各パルスを送信する．図 2.15 に示すように，パルス変調（pulse modulation）方式は，パルス幅（pulse width; PW），パルス間隔（pulse interval），

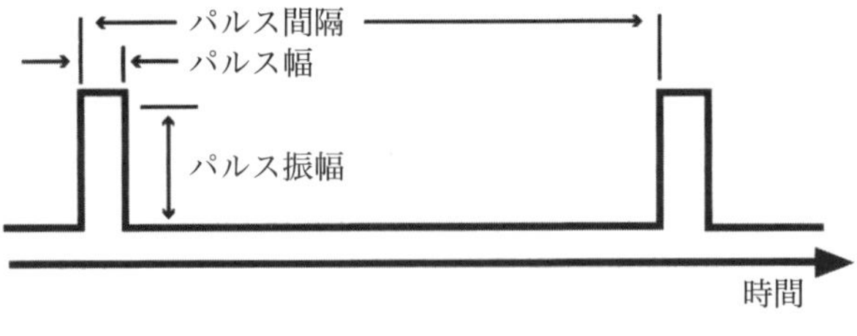

図 2.15　一般的なパルスレーダ変調は，パルス幅がパルス間隔の 0.1% 程度の低デューティサイクルである．

およびパルス振幅（pulse amplitude）で特徴付けられる．パルス幅は，パルス持続時間（pulse duration; PD）とも呼ばれる．パルス間隔は，一つのパルスの前縁（leading edge）から次のパルスの前縁までの時間のことである．信号内のパルス間隔は通常，パルス繰り返し周波数（pulse repetition frequency; PRF）あるいは，パルス繰り返し間隔（pulse repetition interval; PRI）とも言われるが，パルス繰り返し時間（pulse repetition time; PRT）と呼ぶこともある．パルス幅と繰り返し速度は，レーダと目標が動いていない限りは，送信機出力，目標，受信機のいずれで測定しても同じであるが，パルス振幅は大きく変化する．

放射された信号内のパルス振幅とは，パルスが持続している間の信号強度のことである．パルスが送信アンテナから離れる際の電力が，実効放射電力（effective radiated power; ERP）である．パルスが目標に到達したときのパルス振幅が，目標に当たった瞬間の電力である．レーダ受信機に到達した反射信号の強度が受信信号強度である．

レーダのデューティサイクル（duty cycle）とは，パルス間隔に対するパルス幅の比率である．このデューティサイクルは，標準的なパルスレーダでは，0.1% から多くても 20% である．ここで言う低デューティサイクルとは，レーダの平均出力電力が，そのピーク電力（peak power; 尖頭電力）よりかなり小さいという意味である．レーダ開発における重要動向の一つは，進行波管（traveling wave tube; TWT）に取って代わる半導体増幅器の性能向上である．この傾向は水上・地上用はもちろん，航空機搭載レーダにおいても 10%，あるいはそれ以上のデューティサイクルに移りつつある．

パルスレーダの一義的な最大探知距離は，パルス間隔で決まる．図 2.16 に示すように，一つのパルスを送信後，次のパルスが送信されるまでに，最初のパルスが目標に到達する時間とその反射波がレーダに返る時間が必要である．さもなければ，受信されたパルスが（遠方の目標で反射された）最初のパルスであるのか，あるいは（もっと近い目標で反射された）2 番目のパルスであるのかが，わからなくなってしまう．レーダ信号は，光速（3×10^8m/sec）で伝搬するので，一義的最大探知距離は，PRI から次式で決定される．

$$R_{\max} < 0.5\mathrm{PRI} \times c$$

ここで，

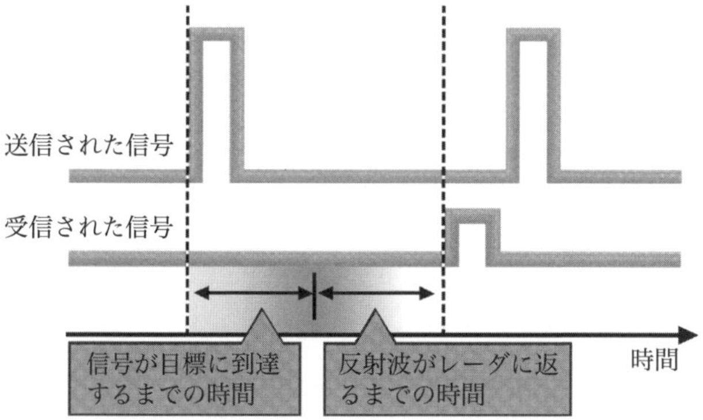

図 2.16　一義的距離測定においては，信号がレーダから目標まで伝搬する時間の 2 倍以上のパルス間隔が必要である．

$R_{\max}$：一義的最大探知距離〔m〕
PRI：パルス繰り返し間隔〔sec〕
c：光速（3×10^8m/sec）

である．

レーダの最小探知距離はパルス持続時間に制約される．図 2.17 に示すように，送信されたパルスは，パルスの前縁が目標まで伝搬して，目標からの反射波がレーダまで返るのに必要な時間より前に終わらなければならない．レーダ

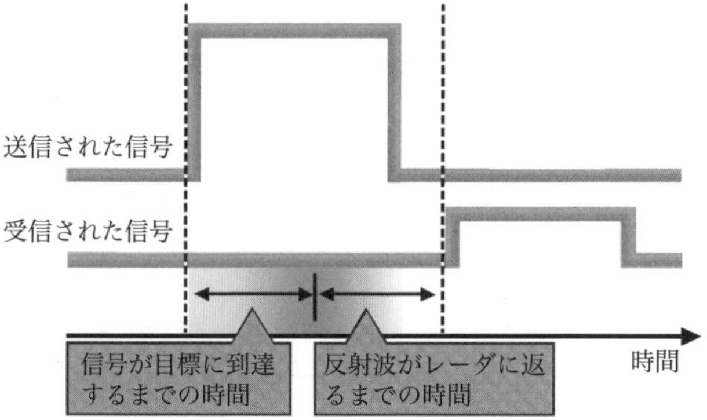

図 2.17　最小運用距離では，送信パルスが終了するまでは，パルス受信を開始できない．

受信機は一般に，自身の送信機が送信中は受信機への信号を遮断するので，その時間より長いパルスのリターンの前縁は失われることになる．最小探知距離は，パルス幅から次式で得られる．

$$R_{\min} > 0.5\mathrm{PW} \times c$$

ここで，

$R_{\min}$：最小探知距離〔m〕
PW：パルス幅〔sec〕
c：光速（3×10^8m/sec）

である．

効率的に運用するためには，レーダは目標に向けて適正なエネルギーを発射しなければならない．図 2.18 に示すように，送信信号強度は，送信機からの距離の 2 乗に比例して減少するので，長距離レーダは目標に当たるエネルギーを増大するために，一般に長いパルス幅を有する．

これらの考慮事項から，短距離レーダはどちらかと言えば短パルス幅で短パルス間隔になるのに対し，長距離レーダでは，パルス幅とパルス間隔が長くなる．

レーダの距離分解能（range resolution）は，そのレーダのパルス幅によって決まる．パルス幅が長いほど距離分解能は粗くなる．したがって，長いパルス幅を有する長距離レーダの距離分解能は相対的に悪くなる．分解能を改善するためには，送信パルスを周波数変調またはデジタル変調（digital modulation）

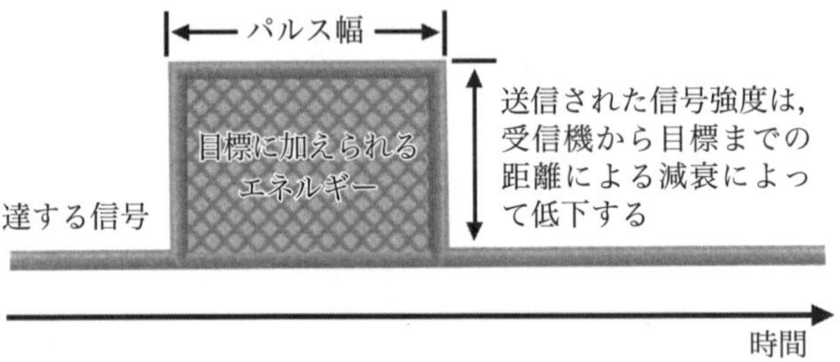

図 2.18　目標に当たるエネルギーは，パルス幅と目標の距離における信号強度との積になる．

することによって，「パルス圧縮」(pulse compression) できるようにする．パルスを周波数変調すると，そのレーダは「チャープ化」(chirped) されたと言われ，受信機で追加処理を行うことにより距離分解能を改善することができる．デジタル変調は，2位相偏移変調 (binary phase shift keyed; BPSK) であり，各パルス間のデジタルビット数に比例した分，距離分解能を改善することが可能となる．これら双方のパルス圧縮技法については，第3章で説明する．少数ではあるが，最新の追尾レーダもパルス圧縮のために長パルスを使用していることに注意しよう．

2.5.2　パルスドップラレーダ

パルスドップラ (pulse Doppler; PD) レーダは，航空機に広く用いられており，また，多くの地上設置型レーダにおいてもPD処理が実施されている．PDレーダは，コヒーレント信号 (coherent signal) を使用している．コヒーレント信号パルスは，連続基準信号を間隔をあけて送信することにより作られる．信号は連続的ではないので，(送信中は受信機を「断」にして) 単一のアンテナを使用できるが，デューティサイクルは一般に10〜40%である．この大きいデューティサイクルのために，目標から戻ってきたエコーは，それに続くパルスの送信により失われる可能性がある．これは，目標までの距離の往復時間がパルス間隔の倍数に等しくなると起こる．PDレーダは，数個のパルス繰り返し周波数 (PRF) を使用することから，各PRFは「ブラインド距離」(blind range) の異なる距離パターンを作る．PD処理では，目標までの距離とその距離の変化率を測定するために，レーダ内でデジタル処理を行うことにより，目標距離でPRFからのリターンが見えなくならないように考慮されている．「下方監視・射撃」(look down, shoot down; LD/SD) 運用においては，目標から返ってきた信号と地上から返ってきた信号とを区別することが可能になる．この目標までの距離の変化率は，レーダ方向に対する目標の相対速度の構成要素である．ドップラの原理によって，距離の変化率に比例した量に応じたレーダの受信周波数の変化がもたらされる．

2.5.3　連続波レーダ

連続波レーダ（CW radar）は，パルスではなく連続信号を使用するが，このことは送信機が受信機に対して干渉しないよう十分なアイソレーション（isolation）を備えた，複数のアンテナを必要とすることを意味している．ドップラシフトから目標の距離変化率を測定し，距離測定処理が可能な周波数変調を行うものもある．

2.5.4　脅威レーダのアプリケーション

脅威レーダは多くの場合，捕捉レーダ，追尾（誘導）レーダ，および信管起動用レーダに分類される．それぞれについて，運用距離と一般的な変調パラメータを表 2.2 に示す．

捕捉レーダは，目標を捕捉するために広域を捜索する．目標を捕捉すると，目標を誘導用レーダに引き渡す．捕捉レーダは，戦闘機を目標に誘導する管制装置への目標位置の提供も行うことから，早期警戒/地上管制要撃（early warning/ground control intercept; EW/GCI）レーダと呼ばれることが多い．

誘導（追尾）レーダは，より直接的に武器と連携している．誘導レーダは，砲やミサイルが効果的に目標を攻撃できるように，目標に関する航跡ファイル（track file）（すなわち，一連の位置と速度の履歴）を作成する．

信管起動用レーダの目的は，目標から最適な距離で弾頭を爆発させることにある．地表の目標に対しては，この距離は，一般に地上高がプログラムされて

表 2.2　脅威レーダの運用距離と変調パラメータ

脅威の種類	運用距離	変調パラメータ
捕捉レーダ	極めて長距離	パルス，長 PW，低 PRF，たいていはパルス圧縮方式
追尾レーダ	短距離，関連武器の致命範囲	パルス，パルスドップラ，または CW．短パルス，高 PRF（最新の追尾レーダは，パルス圧縮も可能）
信管起動用レーダ	極めて短距離，弾頭の爆発半径の数倍	CW または極めて高 PRF のパルス

いる．航空目標に対しては，レーダは目標が弾頭の爆発パターン内に入った時点を決定し，弾頭部が爆発したときに，最大の破片数が目標に当たるようにしている．

2.6　通信信号の脅威

EW では，脅威に関連する信号を慣行的に「脅威信号」あるいは簡単に「脅威」と呼ぶ．説明したように，通信信号は極度に「脅迫的」になることがあるので，通信信号の脅威を議論することはまさにふさわしい．通信信号には，音声通信とデジタルデータ伝送の両方が含まれる．

2.6.1　通信信号の特性

通信信号は，一つの場所から別の場所へ情報を伝達するものであるので，生来一方向性である．しかしながら，ほとんどの通信所はどちらの方向にも片方向伝搬を可能にする（送信と受信の双方を行う）送受信機（transceiver）を保有している．このことは，電波源位置決定機能では送信機しか見つけ得ないことから，通信傍受システムにとって大切なことである．

一般に，通信信号は連続波変調方式を持ち，どちらかと言えば，レーダ信号に比べて極めて高デューティサイクルである．歴史的に見て，通信は AM 方式または FM 方式の変調を用いて，HF 帯，VHF 帯，および UHF 帯の周波数範囲で行われてきた．一方，無人機（unmanned aerial vehicle; UAV）や通信衛星（communication satellite）の利用の増加につれて，マイクロ波帯通信用の信号も普及してきた．信号帯域が広いほど，単位時間に伝送できる情報は多くなる．信号の周波数が高いほど保有可能な帯域幅は広くなるが，その伝送経路の見通し線への依存は増大する．

次項からの通信脅威の特性についての説明は，2 種類の重要な通信信号を中心に行うこととする．戦術通信信号とデジタル回線信号である．

2.6.2　戦術通信

戦術通信（tactical communication）信号には，地対地通信（ground-to-ground communication），空対地通信（air-to-ground communication），および空対空通

信（air-to-air communication）がある．これらの信号は一般に HF 帯，VHF 帯および UHF 帯であり，送受信機は 360° 方向の覆域を持つアンテナを有する（図 2.19 参照）．地上設置型の通信所では，ホイップアンテナ（whip antenna）が，空中プラットフォームでは，折り返しダイポールアンテナ（folded dipole antenna）が最も一般的である．無指向性アンテナを使用することで，通信回線の対向通信所の位置についての情報がなくても通信が可能になる．360° アンテナは低利得なので，固定通信所間における通信実施には，（例えば対数周期（log periodic）などの）指向性アンテナを使用することが望ましい．これらのアンテナによって，よりいっそうの利得と不要信号からのアイソレーションが得られる．

戦術通信用送信機は一般に 1〜数 W の実効放射電力を有し，その回線は数 km 程度の通信距離で使用される．HF 帯の回線は，HF 帯伝搬における見通し外通信の性質から，はるかに長距離になる（より多くの実効放射電力が必要になる）ことがあることに注意しよう．VHF 帯や UHF 帯における航空機からの通信，または航空機への通信も，より大きな見通し距離を得られるため，通信距離を延伸できる．戦術通信回線で伝送される情報は音声やデータであり，音

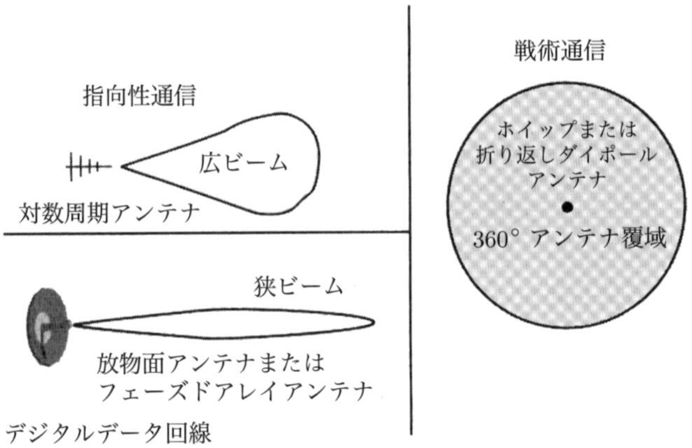

図 2.19　通信信号におけるアンテナビームの覆域は，アプリケーションによる．すなわち，360° 方位覆域アンテナは通信所の位置が不明な場合に使用され，指向性アンテナは通信所の位置が既知である場合に使用される．

声はデジタル形式あるいはアナログ形式で伝送できる．情報は暗号化が可能であり，その信号は固定周波数あるいは任意のスペクトル拡散技術を活用することで，探知や妨害から防護できる周波数ホッピング（frequency hopping; FH）が最も一般的である．

戦術通信は，たいてい「プッシュ・トーク」（push-to-talk）式の通信系で行われる．これは，同一周波数を数台の送受信機が使用するが，一度に 1 か所の通信所しか送信できない．図 2.20 に示すように，一般的な通信系には一つの統制通信所（net control station; NCS）と数個の下位通信所を含む．通信のほとんどは統制通信所と下位通信所との間で行われ，統制通信所は下位通信所より著しく高いデューティサイクルで送信する．一般に，単一通信系（例えば，図 2.20 の通信系 1）を単一の編成部隊が使用する．図に示すように，下級部隊の通信系は，その上級部隊に連接されている．同一地点設置（共用）の二つ（各通信系につき一つ）の通信所は，下級部隊指揮所の位置を表す．下級部隊指揮官は，通信系 1 内の下位通信所と（周波数の異なる）通信系 2 内の統制通信所を使用する．精密電波源位置決定技法（precision emitter location technique）が使用される重要な理由の一つは，このような共用通信所を特定す

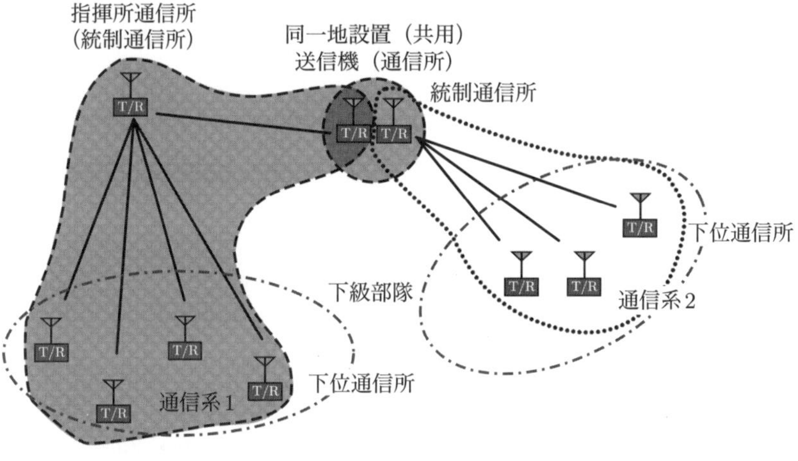

図 2.20　戦術無線通信系は，一般に編成部隊の指揮・統制のための通信系として構成される．

ることにある．

多くの戦術通信傍受システムは，図 2.21 に示すような，周波数に対する到来電波入射角（angle of arrival; AOA）を表示する装置を有する．画面上のそれぞれの点が 1 台の送信機による一つの送信を表すが，「戦況」（battlefield situation）によっては，信号は方位角や周波数的にランダムに広がる傾向がある．同一送信機によるそれ以後の送信信号は，同一の周波数と角度で繰り返しヒットすることになる．一つの例外は，同じ到来電波入射角を持つ一連の周波数は周波数ホッピング信号であるということである．

この種の表示を数秒間分だけでもまとめることができると，ある通信波帯域で使用される全周波数がほとんど見られるだろう．どんな瞬間においても，チャンネル占有は 5〜10% にすぎない．これは戦術通信捜索システムの運用においては重要な要素である．

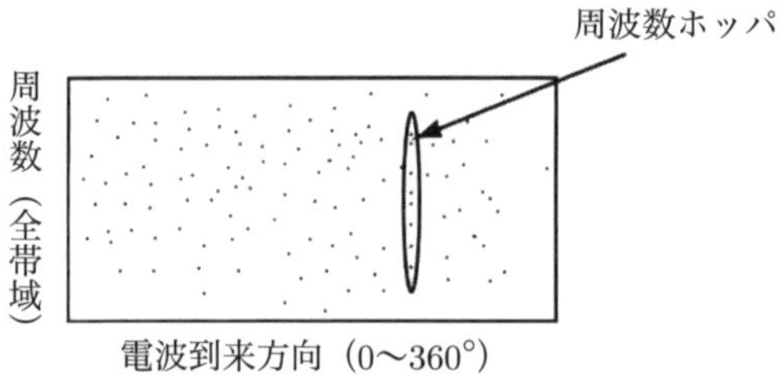

図 2.21　通信傍受システムで見られる戦術通信信号は，一般に周波数と到来電波入射角が一面にランダムに広がる．どの瞬間も，5〜10% のチャンネル占有が見込まれる．

2.6.3　デジタルデータ回線

デジタルデータ回線は，一般にマイクロ波帯の周波数でデジタル情報を伝送する．代表例として，UAV から管制局までの回線について考えてみよう．図 2.22 に示すように，UAV は管制局からコマンドを受信し，ペイロードのデータをその管制局に返す．コマンド信号はデータ速度が比較的低いため，コマンド回線（つまり，アップリンク（uplink））は一般に狭帯域である．通常このアップリンク信号は暗号化され，高レベルのスペクトル拡散がなされてい

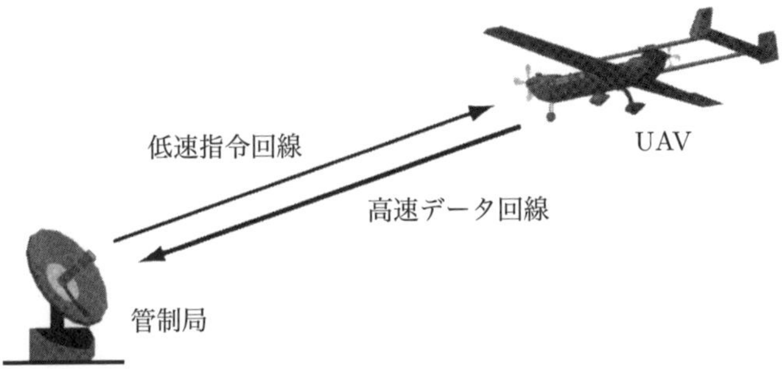

図 2.22 UAV とその管制局との間の回線は，一般にデジタル回線である．

る．これは，敵の電波源位置決定システム（emitter location system）による探知と位置決定から管制局を防護するとともに，敵による UAV あるいはそのペイロードの管制に対する妨害を困難にするためである．

UAV から管制局への回線は，ダウンリンク（downlink）と呼ばれる．これはペイロードからの出力データを伝送することから，「データリンク」（data link）とも呼ばれる．これは大量の情報を伝送するので，アップリンク信号よりはるかに広帯域の回線となる．最も一般的な UAV のペイロードとしては，毎秒何百万ビットものデータ伝送速度をしばしば必要とする画像（テレビジョンまたは前方監視型赤外線（forward-looking infrared; FLIR））がある．通常これらの信号は暗号化され，スペクトル拡散によってある程度防護されている．しかしながら，広いデータ帯域幅は利用できる周波数拡散量を制約する．

アップリンク用のアンテナは，一般にビーム幅が狭く高利得を備えているので，敵の電波源位置決定システムによる傍受をより困難にする．ダウンリンク用アンテナは，UAV 機体規模および航空力学上の考慮から，その寸法が制約される．したがって，ダウンリンク用アンテナは，一般にアップリンク用アンテナに比べて低利得で，ビーム幅が広い．

2.6.4 衛星回線

衛星回線（satellite link）は，重要な通信信号を伝送する．通常，マイクロ波帯を使用し，極めて長距離にわたり音声およびデータを伝送する．ほとんどの衛星が認可された多数のユーザに対して同時アクセスを提供するので，その信号帯域幅は何 MHz もの広さに及ぶ．一部の衛星は，民間と軍ユーザの双方をサポートしている．一般的な民間アプリケーションには，テレビ放送および電話サービスがある．軍用衛星（military satellite）は，基本的に同じサービスを行っているが，その信号形式は極めて多岐にわたる．信号は適切な場合暗号化され，対妨害防護（antijam protection; AJ 防護）のためにスペクトル拡散が使用されていることがある．

第3章

レーダ特性

本章では，レーダの概念とシステムについて，EWの視点から記述・説明する．レーダが何をどのように処理しているのか，さらに，傍受した受信機ではその信号がどのように見えるのかを究明するために，各種レーダについて考える．ここでは，分解能，探知距離（detection range），探知能力および妨害に対する弱点といった項目を議論するのに必要なレベルに限定してレーダ処理を扱うことにする．付録Cに，レーダの理論とシステムそれぞれのより詳細な推奨参考図書を挙げる．

3.1　レーダの機能

レーダの機能は，レーダの位置と方向に対して相対的な物体の距離と角方位を計測することにより，その物体の位置を決定することである．レーダは，信号がある物体（目標と呼ぶ）まで光速で伝搬して，目標から返ってくるまでの時間を測定することによって，目標までの距離を決定する（図3.1参照）．目

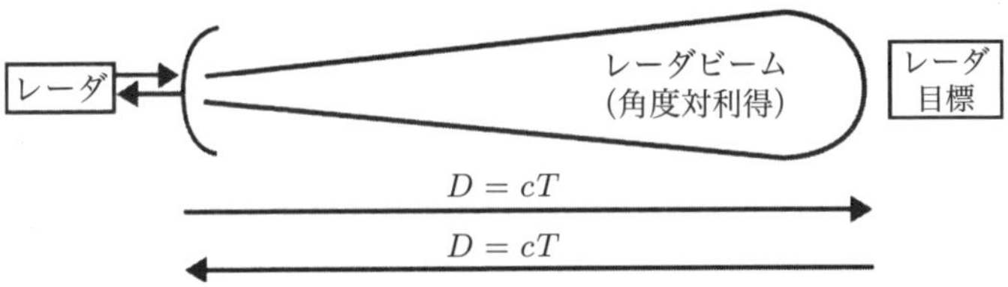

図3.1　レーダは，伝搬時間を測定することによって目標までの距離を決定し，レーダアンテナの方位に対するリターン信号振幅を比較することによって，その方位を決定する．

標までの距離は，信号が送信された時刻から同じ信号が目標に反射して返ってくるまでの時間の半分を光速に掛けたものとなる．

レーダは目標の角方位（angular position; 位置角）を，アンテナのボアサイト（boresight）からの角度の関数として変化する利得パターンを持った指向性アンテナを用いて決定する．目標に対するアンテナの方向を変化させ，返ってくる信号の振幅を比較することによって，レーダ位置から目標までの水平角と垂直角の両方または一方を計算できる．レーダアンテナのボアサイトが目標の方向をゆっくり通過すると，目標は受信信号振幅のピークが測定されたときのレーダアンテナの角度方向に所在することがわかる．

非常に一般的で，大雑把な説明書と同じく，これは必ずしもそのまま当てはまるとは限らない．例えば，あるレーダはリターン信号（return signal）を時間領域で処理することによって，付加的な角度情報を得ている．その処理が相当複雑であるとはいえ，それでもそこには基本的な測定機能に由来する，ある基礎となるメカニズムが常に存在しているのである．

レーダのもう一つの特性は，追尾する目標の測定された位置の履歴の一貫性を探すことである．追尾目標が移動していれば，レーダの処理は，直前の数回の測定値で続けてきた経路と同様の経路をたどり続けるであろうことを予測する．

3.1.1　レーダの種類

レーダは，変調方式またはアプリケーションによって分類される．基本的な変調方式は，パルス，CW，変調 CW（modulated CW），あるいはパルスドップラに分かれる．レーダアプリケーションはたくさんあるが，EW にとって重要なのは目標捕捉（target acquisition），目標追尾（target tracking），高度測定（altitude measurement ），マッピング（mapping），移動目標探知（moving target detection），および信管起動である．

さらに，レーダを区別するものには，レーダの特性や属性もある．EW で考慮すべき重要な項目として，以下が挙げられる．

- レーダの実現方式としては，（送信機と受信機が同じ位置にある）モノスタティック（monostatic）と，（1 か所から送信し，別の位置でリターン信号を受信する）バイスタティック（bistatic）がある．

- モノパルスレーダは，（数個のパルスの並びからではなく）各受信パルスからの情報によって目標角を測定する．
- トラック・ホワイル・スキャンレーダは，より多くの目標を捜索し続けると同時に，一つ以上の目標を追尾できる．
- 合成開口レーダは，高分解能のレーダマップを作るため，極めて精巧な処理に加えて，アンテナの移動を利用する．

3.1.2　レーダの基本ブロック図

EW にとって重要なレーダの考慮すべき事柄を説明するのに便利な方法として，レーダの三つの基本ブロック図を考える．

図 3.2 は，パルスレーダの基本的な（極めて簡単な）ブロック図である．パルスレーダは，短い，低デューティサイクルの大電力 RF 信号を送信する．パルスは時間的にほんのわずかな比率でしか送信されないので，送信と受信の両方に同じアンテナを使用できる．変調器は，送信機が大電力の RF パルスを出力するもとになるパルスを発生させる．送受アンテナ共用器（duplexer）は，送信パルスをアンテナに通し，また反射してきた受信パルスを受信機に通す．ここで留意すべきなのは，送信パルスのほうが受信パルスよりはるかに電力が高いので，パルスが送信されている間の反射エネルギーから受信機を保護するする何らかの対策が必要になることである．受信機は受信されたパルスを検知し，それらを処理装置に渡す．この処理装置は，アンテナを目標に向け続ける追尾機能を果たすために適切な場合，受信信号の振幅を利用する．また，レー

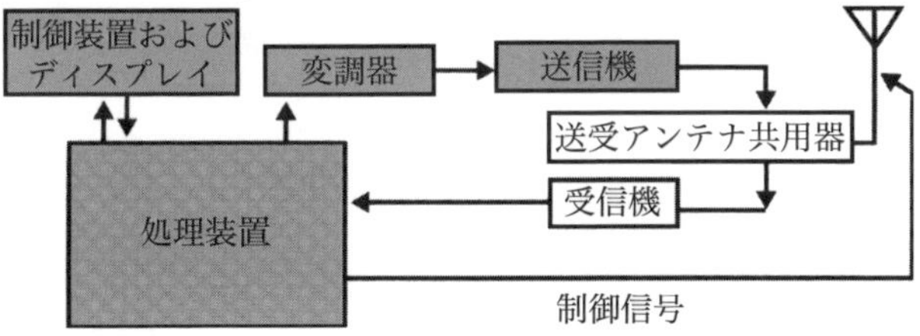

図 3.2　パルスレーダの送信機と受信機は，一つのアンテナを共用する．

ダに一つの目標を注視させ続けるために，距離追尾（range tracking）も行う．目標位置についての情報は，ディスプレイに出力される．制御入力には，運用モードや目標選択が含まれる．

図3.3は，CWレーダ（CW radar）のブロック図である．CWレーダは，その信号が常に存在している点がパルスレーダと異なる．これは，送信中に非常に微弱なリターン信号を受信しなければならず，アンテナを二つ持つ必要があるということである．この二つのアンテナは，送信信号により受信機が飽和するのを回避するため，十分なアイソレーションを確保しておく必要がある．受信機は，目標の相対速度により生ずるドップラ偏移（Doppler shift）を測定するため，受信信号周波数と送信信号周波数とを比較する．距離測定を考慮して，変調器が送信機に置かれることがある．処理装置は，目標追尾とアンテナ制御機能を果たすとともに，パルスレーダと同じように，制御装置とディスプレイに連接する．

図3.4は，パルスドップラレーダ（pulse Doppler radar）のブロック図である．このレーダは，各送信パルスがコヒーレントである点がパルスレーダと異なる．これは，各送信パルスが同じ信号の継続であるために，位相に一貫性があるということである．したがって，受信機はリターンパルスをコヒーレントに検波できる．通信信号において説明したように，コヒーレント検波は一般に，感度（sensitivity）において著しい利点を有する．この検波では，目標の相対速度も測定できるように，ドップラ偏移の測定も行える．

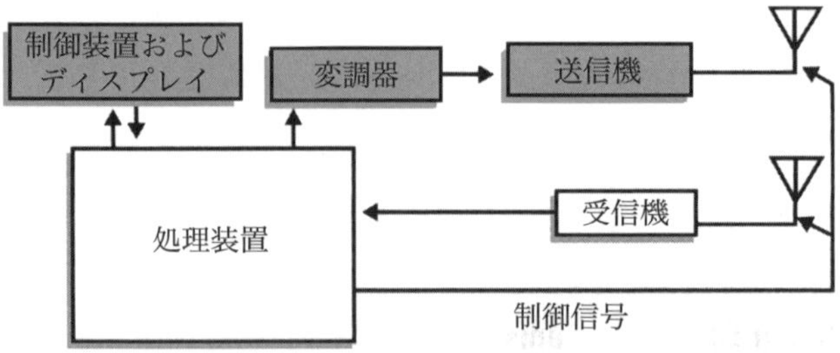

図3.3　CWレーダでは，送信用と受信用アンテナを分けなければならない．

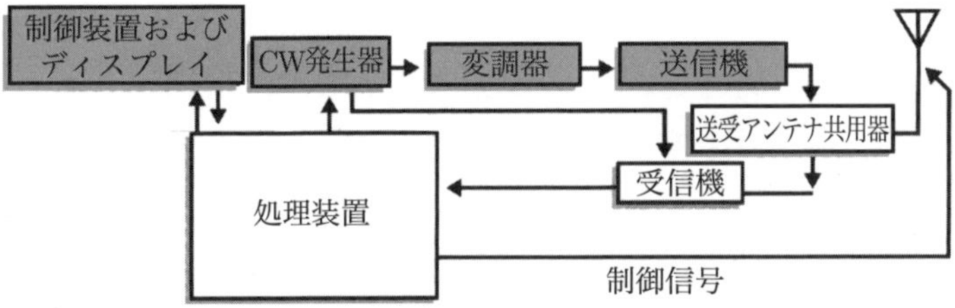

図 3.4 パルスドップラレーダはコヒーレント信号を送信し，リターン信号をコヒーレントに処理する．

3.2 レーダ方程式

レーダ方程式（radar range equation）は，レーダ受信機に到達する信号エネルギーを，送信機出力，アンテナ利得，レーダ断面積（radar cross section; RCS），送信周波数，レーダの目標照射時間，およびレーダから目標までの距離の関数として計算する，広く用いられている方程式である．この方程式の一般的な形を示す．

$$\mathrm{SE} = \frac{P_{\mathrm{AVE}} G^2 \sigma \lambda^2 T_{\mathrm{OT}}}{(4\pi)^3 R^4}$$

ここで，

SE：受信信号エネルギー〔Wsec〕

P_{AVE}：平均送信電力（尖頭電力 × デューティサイクル）〔W〕

G：アンテナ利得（非 dB 形式）

λ：送信信号の波長〔m〕

σ：目標のレーダ断面積〔m^2〕

T_{OT}：パルスが目標を照射する時間

R：目標までの距離〔m〕（SE/NE が受信可能な最小値のときの最大探知距離．ここで NE は雑音エネルギー〔Wsec〕）

である．最大探知距離とは，SN 比が受信可能な最小値（通常 13dB）における距離をいう．

また一方で，電子戦では通常，レーダ受信機内の受信電力を考えるほうが，より有用である．これはレーダ受信電力方程式（radar received power equation）と言えるもので，（間違って）レーダ距離方程式と呼ばれることもよくある．この式は，妨害対信号比（jamming-to-signal-ratio; J/S）を計算する際に使用する．レーダ信号の経路とこの電力方程式との関係を図 3.5 に示す．これには，送信機と受信機は同位置に配置されており，同一のアンテナ利得を有しているという暗黙の前提がある．この方程式の最も一般的な形を示す．

$$P_R = \frac{P_T G^2 \lambda^2 \sigma}{(4\pi)^3 R^4}$$

ここで，

P_R：受信信号電力（任意の電力単位）
P_T：送信電力（同じ電力単位）
G：アンテナ利得
λ：送信信号の波長〔m〕
σ：目標のレーダ断面積〔m^2〕
R：目標までの距離〔m〕

である．

（周波数と無関係な式になる）送信モードにおけるアンテナ利得と受信モードにおけるアンテナ面積を使用した，この方程式と若干形が異なる方程式がある．この式は，次のように書ける．

$$P_R = \frac{P_T G A \sigma}{(4\pi)^2 R^4}$$

ここで，A は受信アンテナの有効面積（effective area）である．

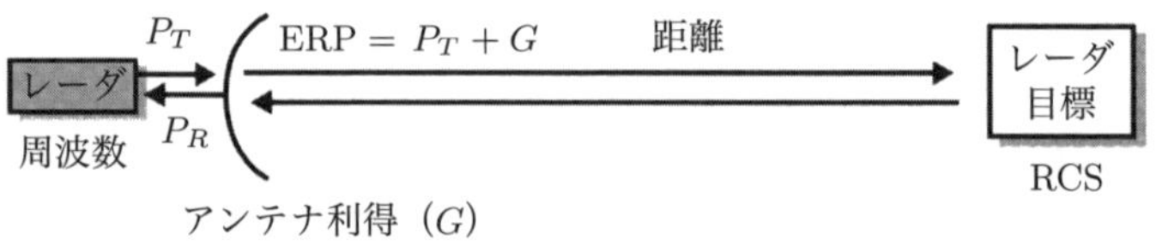

図 3.5　レーダ受信電力方程式は，受信機への入力電力を，送信電力，アンテナ利得，送信周波数，目標のレーダ断面積，および目標までの距離の関数として決定する．

電子戦アプリケーションで頻繁に用いられるレーダ受信電力方程式の形は，前出の 1 番目の式を，受信電力を dBm，距離を km，周波数を MHz で表した dB 形式に変換することによって得られる．

波長の項は，λ を c/f（光速を周波数で割ったもの）と入れ替えることによって，周波数に変換される．そこで，定数と変換係数を組み合わせると，

$$\frac{c^2}{(4\pi)^3(1{,}000\mathrm{m/km})^4(1{,}000{,}000\mathrm{Hz/MHz})^2} = 4.5354 \times 10^{-11}$$

となる．

この値は，dB に変換すると -103.43dB となる．そこで，このレーダ受信電力方程式は，次のようになる．

$$P_R = -103 + P_T + 2G - 20\log_{10}(F) - 40\log_{10}(D) + 10\log_{10}(\sigma)$$

ここで，

P_R：受信電力〔dBm〕
P_T：送信機出力電力〔dBm〕
G：アンテナ利得〔dB〕
F：送信周波数〔MHz〕
D：レーダから目標までの距離〔km〕
σ：目標のレーダ断面積〔m^2〕

である．

dB 形式のレーダ受信電力方程式の定数項が 103 にまとめられていることに気づくであろう．これは，計算精度が必ずしも 1dB 以下でなくてもよい場合に適している．それ以外では，定数 103.43 が用いられる．dB 式では，$\log_{10}(x)$ を $\log(x)$ と短縮する用法も一般的である．この種の dB 式は，適切な単位を厳格に使用する場合に限って正しいという点に気づいてほしい．そのほかの単位を使用する場合（例えば，距離に km ではなく海里を使用する場合），定数を修正する必要がある．

3.2.1　レーダ断面積

通常，記号 σ で表される目標のレーダ断面積（RCS）は，その幾何学的な断面積，反射率（reflectivity），および指向性（directivity）の関数である．

- 幾何学的な断面積とは，レーダ側から見た目標の大きさのことである．
- 反射率とは，目標から離れる電力と目標を照射するレーダ電力との比率をいう．残りの電力は吸収される．
- 指向性とは，レーダ方向に後方散乱して返される電力と，全反射電力が全方向に散乱されるとした場合にレーダ方向へ反射されるであろう電力量との比率をいう．

RCS の式は，

$$\sigma = \text{幾何学的断面積} \times \text{反射率} \times \text{指向性}$$

となる．

実際の目標，例えば航空機あるいは艦船の RCS は，対象物の各部分からの反射のベクトル和となる．この値は一般的に，アスペクト角（aspect angle）によって非常にむらがあり，また，レーダの周波数によっても変化する．

目標の RCS は，RCS 暗室（RCS chamber）で測定するか，またはコンピュータシミュレーションで求めることができる．RCS 暗室は，実際の目標，目標の各部分，あるいは目標の縮小模型からのレーダリターンを測定する計測器を特別に備えた電波暗室（anechoic chamber）である．コンピュータの RCS モデルは，（円柱，プレートなど）多数の反射面によって目標を表現し，これらすべての表面からの反射を位相調整して合成した全 RCS を計算することにより作成される．

図 3.6 に示すように，レーダ信号の伝送経路内には，RCS の関数である，ある実効的「利得」が存在する．この利得は次式で表せる．

$$G = -39 + 20\log(F) + 10\log(\sigma)$$

ここで，

G：目標から離れる信号と目標に到来する信号との比（両方ともに等方性アンテナ（isotropic antenna）を基準とする）〔dB〕

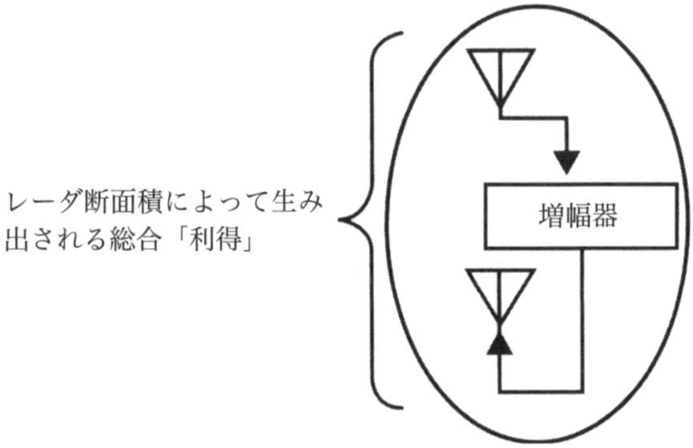

図 3.6　レーダ断面積は，二つのアンテナと増幅器の各利得の合計値のように機能する実効的な信号「利得」を作り出す．

F：送信周波数〔MHz〕

σ：目標のレーダ断面積〔m^2〕

である．

図 3.7 に，一般的な航空機のヨー平面（yaw plane）内の角度に応じた RCS を，図 3.8 に，一般的な艦船の艦首からの水平面角度（horizontal plane angle; 水平角ともいう）の関数としての，仰角約 45° 方向からの RCS を示す．図の単位は，dBsm（すなわち，$1\mathrm{m}^2$ に対する dB 値または $10\log(\mathrm{RCS}/1\mathrm{m}^2)$）である．これらの RCS 図は，航空機や艦船の種類によって大きく変わることに注意しよう．これらは，「ステルス」(stealth) 用に作られた新しいプラットフォームでは，著しく小さくなるだろう．

3.2.2　レーダ探知距離

レーダが目標を探知できる距離を決定するには，さらにもう一つの値を考慮する必要がある．それはレーダ受信機の感度である．感度は受信機が受信可能でさらに指定された機能を果たせる最小の信号レベルと定義される（図 3.9）．

探知距離を決定するには，どの形のレーダ方程式でも，受信電力が感度に等しいとおいて距離 d について解けばよい．dB 形式の方程式を用いる場合のレーダ方程式は，次式で表される．

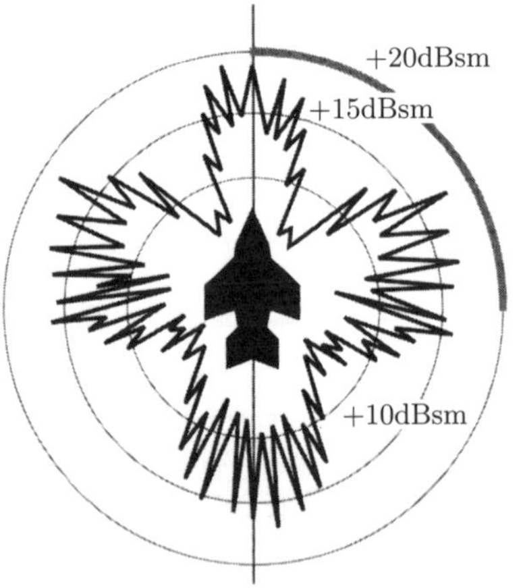

図 3.7　旧式の航空機のレーダ断面積は，レーダがエンジン部分を「見る」ことができるので，前方と後方からのほうが高い値になる．胴体，および翼と胴体で作るコーナーのレーダ断面積はより大きいので，側面からはレーダ断面積がさらに大きくなる．これら両方の影響は，最新の航空機では設計によって軽減されている．

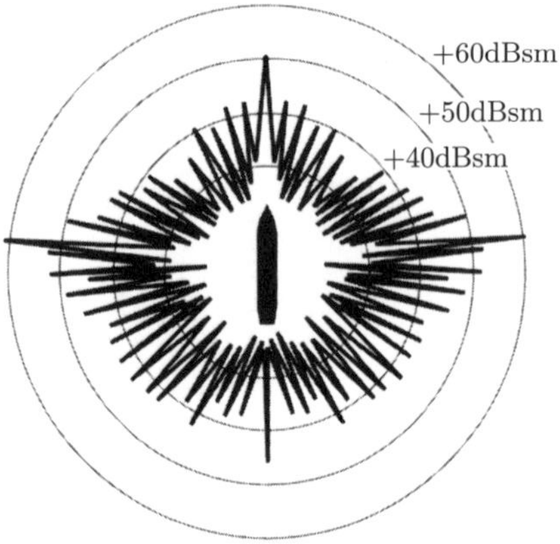

図 3.8　艦船のレーダ断面積は，一般に右舷/左舷対称である．艦首から 90° の RCS が極めて高く，艦首および艦尾方向では低いという特徴がある．

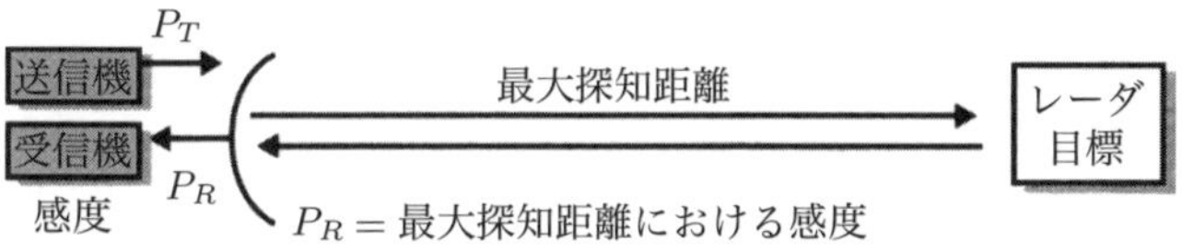

図 3.9　レーダ受信機で受信した電力を，受信機の感度に等しいとおけば，レーダ方程式を最大探知距離について解くことができる．

$$P_R = 感度 = -103 + P_T + 2G - 20\log(F) - 40\log(d) + 10\log(\sigma)$$

そこで，

$$40\log(d) = -103 + P_T + 2G - 20\log(F) + 10\log(\sigma) - 感度$$
$$d = 10^{40\log(d)/40} = 10^{(-103+P_T+2G-20\log(F)+10\log(\sigma))/40}$$

となる．

3.3　探知距離と探知可能距離

レーダの探知距離とは，レーダが目標を探知できる距離のことである．レーダの探知可能距離（detectability range）とは，レーダ信号を EW あるいは偵察受信機で受信・探知できる距離のことである．これら両方の距離は，まさしく状況によって決まる．レーダの探知距離は，レーダ諸元と目標のレーダ断面積の関数である．

レーダの探知可能距離を決めるには，次のことを知る必要がある．受信機は目標の位置にあるのか，あるいは目標から離れているのか？ レーダを探知する受信装置の諸元は何か？

図 3.10 に示すように，目標はレーダアンテナの主ビーム内にあるものとす

図 3.10　レーダアンテナ利得のピーク点が，目標を追尾するか，あるいはビーム走査中に目標位置を通過する．

る．レーダは，目標を自身の主ビームのピークに保持するよう追尾しているか，あるいは目標位置をビームが通過するよう走査しているかのどちらかである．これは，3.2 節で説明したように，レーダ探知距離式が適用できるということである．受信電力を感度に等しいとおくと，そのようになる場合の距離について解くことができる．すなわち，

$$40\log(d) = -103 + P_T + 2G - 20\log(F) + 10\log(\mathrm{RCS}) - \text{感度}$$

となる．ここで，

d：レーダから目標までの距離〔km〕
P_T：レーダの送信機出力〔dBm〕
G：レーダのアンテナ利得〔dB〕
F：送信周波数〔MHz〕
RCS：目標のレーダ断面積〔m^2〕
感度：レーダ受信機の感度〔dBm〕

であり，距離 d は次式で得られる．

$$d = 10^{40\log(d)/40} \quad \text{すなわち} \quad 40\log(d)/40 \text{ の逆対数（antilog）}$$

関数電卓を用いて，$40\log(d)$ の値を入力し，40 で割り，“=” を押した後，シフトキーを押して逆対数をとると，d は簡単に求まる．しかし，レーダ受信機の感度がわかっている（あるいは，推定する）場合を除いて，その距離を決定することはできない．

3.3.1　レーダ受信機感度の推定

EW 状況下では，レーダ受信機の実際の感度はたいていわからないので，レーダの探知距離を見積もるためにそれを推定しなければならない．感度は，受信機が受信でき，しかもその機能を果たしうる最も低い信号レベルであると規定されている．高感度であることは，受信機が極めて低い信号レベルを受け入れられるということである．

図 3.11 に示すように，どの受信機の感度も，kTB，受信機の雑音指数（noise figure; NF），およびレーダの所要 SNR の積（つまり，各デシベル値の和）で

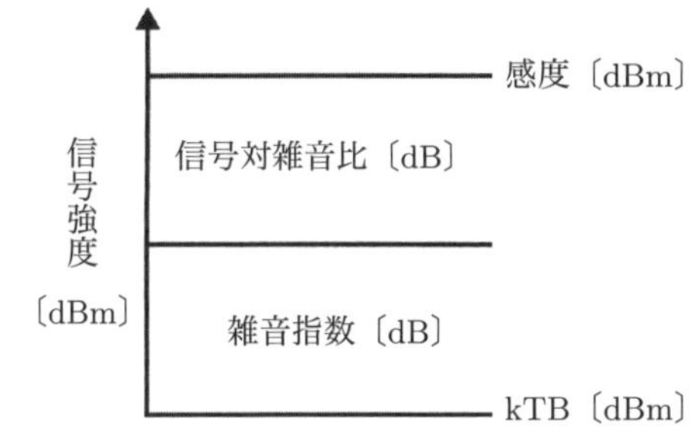

図 3.11　受信機の感度は，kTB，雑音指数，および所要信号対雑音比の和（デシベル値）である．

ある．kTB は受信機内の熱雑音（thermal noise）であり，受信機の帯域幅から次式により求まる．

$$\mathrm{kTB} = -114\mathrm{dBm} + 10\log\left(\frac{\text{帯域幅}}{1\mathrm{MHz}}\right)$$

レーダの帯域幅がわかれば，それを使用して kTB を計算する．それ以外に，帯域幅はレーダのパルス幅から次式により推定できる．

$$\text{帯域幅} \cong \frac{1}{\text{パルス幅}}$$

信号対雑音比（signal-to-noise ratio; SNR）は，実際の所要値がわかっている場合を除いて，≒ 13dB（標準値）と見なしうる．雑音指数の標準値を 5dB としてもよい．

例えば，レーダのパルス幅が 1μsec であれば，帯域幅は 1MHz と見なして，

$$\mathrm{kTB} = -114\mathrm{dBm}$$

となる．

雑音指数および信号対雑音比に各標準値をとることによって，感度が得られる．すなわち，

$$\text{感度} = -114\mathrm{dBm} + 5\mathrm{dB} + 13\mathrm{dB} = -96\ \text{〔dBm〕}$$

となる．

3.3.2 レーダ探知距離の計算例

この計算には上記の方法を用いる．感度を –96dBm とし，その他のレーダ諸元は次のとおりとしよう．

P_T：100kW（すなわち +80dBm）

G：30dB

周波数：10GHz

目標のレーダ断面積：10m^2

これらの数値を $40\log(d)$ の数式に代入すると，

$$\begin{aligned}40\log(d) &= -103 + 80\text{dBm} + 2(30)\text{dB} - 20\log(10,000)\text{dB}\\ &\quad +10\log(10)\text{dB} - (-96\text{dBm})\\ &= -103 + 80 + 60 - 80 + 10 + 96 = 63\ \text{〔dB〕}\end{aligned}$$

となる．そこで，

$$d = \text{antilog}(40\log(d)/40) = \text{antilog}(1.575) = 37.6\ \text{〔km〕}$$

となる．

3.3.3 探知可能距離

受信機がレーダ信号を探知できる距離について考えてみよう．二つの事例を取り上げる．一つは，目標に搭載されているレーダ警報受信機（radar-warning receiver; RWR）である．二つ目は，目標から離れた位置に設置されているELINT受信機（ELINT receiver）である．これら両方の事例を図3.12に示す．ここでは，両方の事例における探知可能距離を決定し，それぞれをレーダの探知距離と比較する．

3.3.3.1 レーダ警報受信機における探知可能距離

RWRは，脅威から目標となるプラットフォームを防護する手順の一環として脅威に付随するレーダを探知することを目的とするものである．RWRはさまざまなレーダ信号を探知しなければならず，そして，それらの信号はどの方向からも到来しうるのである．レーダアンテナの主ビームのピークは目標に

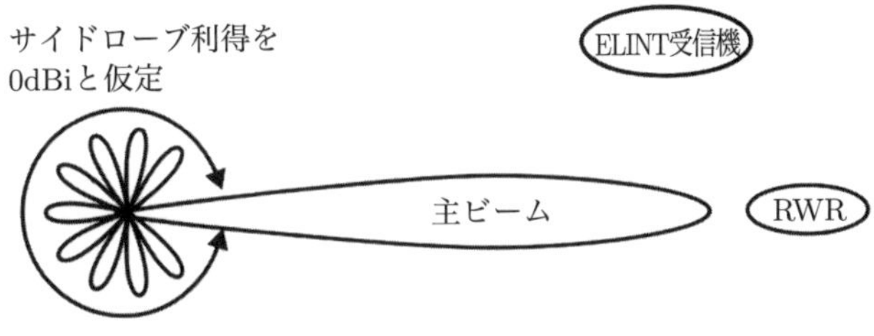

図 3.12 RWR は目標に装備されているので，レーダアンテナの主ビームを探知できる．ELINT 受信機は，一般に，レーダアンテナのサイドローブでレーダを探知する必要がある．

指向されるので，RWR はレーダアンテナのピーク利得が見えることになる．RWR は特定のレーダ向けに最適化することはできないので，その帯域幅は予想される最も狭いパルス幅を受信するのに十分な広さがなければならない．したがって，代表的な RWR のビデオ帯域幅（video bandwidth）は，10〜20MHz である．その RF 帯域幅は一般に 4GHz であるので，RF 利得があれば（あるものもあり，そうでないものもある），その雑音帯域幅は数百 MHz となり，次式により決まる．

$$\mathrm{BW}_{\mathrm{EFF}} = \sqrt{2B_{\mathrm{RF}}B_{\mathrm{VID}}}$$

ここで，

$\mathrm{BW}_{\mathrm{EFF}}$：有効帯域幅
B_{RF}：RF 帯域幅
B_{VID}：ビデオ帯域幅

である．

例えば，RF 帯域幅が 4GHz，ビデオ帯域幅が 10MHz の場合，有効帯域幅（effective bandwidth）は，$\mathrm{BW}_{\mathrm{EFF}} = \sqrt{2 \times 4,000 \times 10} = 283\mathrm{MHz}$ である．

RF 利得がない場合には，ビデオ帯域幅が有効受信帯域幅となる．信号はどの方向からも到来しうるので，RWR は広いビーム幅のアンテナを使用する．このアンテナは広い周波数帯域も持っている．これら二つの要件の組み合わせから，RWR のアンテナの利得は低いとされる（最高周波数では約 2dBi，最低周波数では約 –15dBi である）．代表的な RWR アンテナは，10GHz でおおむね 0dBi のピーク利得を有する．これらのアンテナは組み合わせて用いられるので，RWR システムにおける（10GHz での）アンテナの実効利得係数は，どの到来方向に対しても 0dBi となる．

レーダから RWR への回線を図 3.13 に示す．RWR における受信電力は，

$$P_R = P_T + G_M - 32 - 20\log(F) - 20\log(d) + G_R$$

となる．ここで，

P_R：受信電力〔dBm〕
P_T：送信電力〔dBm〕
G_M：レーダアンテナの主ビームのピーク利得〔dB〕
F：送信周波数〔MHz〕
d：レーダから受信機までの距離〔km〕
G_R：受信アンテナの利得〔dB〕

である．

受信機の探知可能距離を決定するため，受信電力が受信機感度に等しいとおいて，距離について解く．

$$P_R = \text{感度} = P_T + G_M - 32 - 20\log(F) - 20\log(d) + G_R$$
$$20\log(d) = P_T + G_M - 32 - 20\log(F) + G_R - \text{感度}$$

次に，次式から d を求める．

$$d = 10^{20\log(d)/20} \quad \text{すなわち} \quad 20\log(d)/20 \text{ の逆対数（antilog）}$$

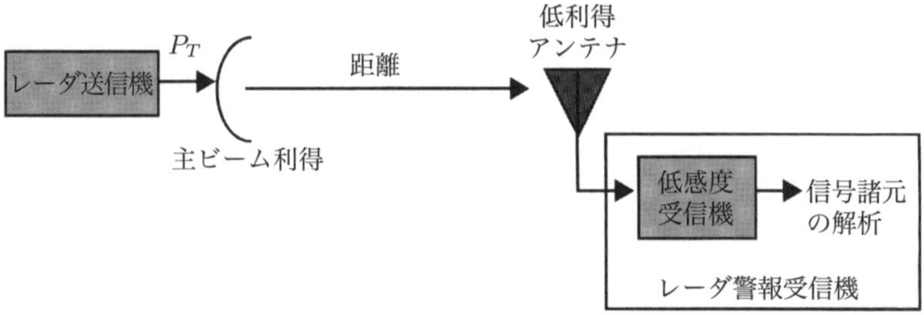

図 3.13　RWR は一般に，低利得アンテナと低感度受信機を使用して，多様な型式のレーダをその主ビームで探知・識別する目的で作られている．

最も一般的な種類のレーダ警報受信機では，おおむね感度 −65dBm の前置増幅形クリスタル（鉱石）ビデオ受信機（preamplified crystal video receiver）が用いられる．レーダの各諸元に前記の値を使用すると，その探知可能距離は，

$$20\log(d) = +80 + 30 - 32 - 20\log(10,000) + 0\text{dB} - (-65) = 63 \text{〔dB〕}$$
$$d = \text{antilog}(63/20) = 1,413 \text{〔km〕}$$

となる．

この場合の探知距離に対する探知可能距離の比率は相当大きい（≒ 37.6）．

3.3.3.2　ELINT 受信機における探知可能距離

ELINT 受信機は通常，レーダアンテナの主ビーム内に位置していない．したがって，送信アンテナ利得は，レーダアンテナのサイドローブ利得となる．狭ビームアンテナ（narrow-beam antenna）のサイドローブは，旧式レーダで 0dBi，最新の多くのレーダ脅威ではこれより最大で 20dB 低いと見なすのが一般的である．0dBi 利得とは，サイドローブ利得が主ビームより，主ビーム利得と同じだけ低いということである．

ELINT 受信機は一般に狭帯域の受信機であるので，その感度は kTB，雑音指数および所要信号対雑音比（required signal-to-noise ratio）から計算する．RWR 同様，ELINT 受信機は，多様なレーダ型式に対応しなければならないので，そのビデオ帯域幅は約 10MHz を要する．ほとんどの ELINT システムで，広い前置帯域幅（front-end bandwidth）を持つスーパヘテロダイン受信機（super heterodyne receiver）が使用されることに注意しよう．とはいっても，スーパヘテロダイン受信機の各段の帯域幅は，一般にその先行段より狭くなっている．スーパヘテロダイン受信機の有効帯域幅は，大体の目安では，検波前最終段の帯域幅（AM 検波でビデオ帯域幅の 2 倍）とおおむね等しい．したがって kTB は，$-114 + 10\log(20) \fallingdotseq -101$dBm である．雑音指数および所要信号対雑音比は，おおむねレーダのそれ（それぞれ，10dB と 13dB に設定している）と等しくする必要があるので，一般的な ELINT 受信機の感度は，次のようになる．

$$\text{kTB} + \text{NF} + \text{SNR} = -101\text{dBm} + 10\text{dB} + 13\text{dB} = -78 \text{〔dBm〕}$$

このELINT受信機システムは中程度の利得，つまり10dB程度のアンテナ利得を無理なく有していると考えられる．これから，（前にRWRの例で導いたように）有効距離式は次のようになる．

$$20\log(d) = P_T + G_S - 32 - 20\log(F) + G_R - \text{感度}$$

ここで，G_S はレーダアンテナのサイドローブ利得（−10dBと仮定）であり，

$$20\log(d) = +80 - 10 - 32 - 20\log(10,000) + 10 - (-78) = 46$$
$$d = \text{antilog}(46/20) = 200\ \text{〔km〕}$$

となる．

（前に計算した）レーダの探知距離は37.6kmであるので，探知距離に対する探知可能距離の比率は，この例では ≒ 5.3となる．

3.4　レーダ変調方式

レーダの信号を変調することにより，レーダが送信した信号を反射する目標までの距離を測定することが可能になる．電磁信号はほぼ光速（約 3×10^8m/sec）で伝搬するので，その間の往復伝搬時間を計測することにより，レーダから目標までの距離が測定される．この距離は，受信信号が送信信号から遅延した時間の半分に光速を掛けたものになる（図3.14参照）．

いつ信号が送信され，いつリターンが受信されたかを測定することが，まさに実際的な問題である．単一周波数のCW信号は，（マイクロ波信号では1mよりはるかに短い）波長を繰り返すので，レーダ/目標の関係で使われる伝搬遅延を計測するのに役立たない．しかしながら，信号をかなり低い周波数で変調すると，所要の時間間隔（msecオーダ）について計測・比較するための何か

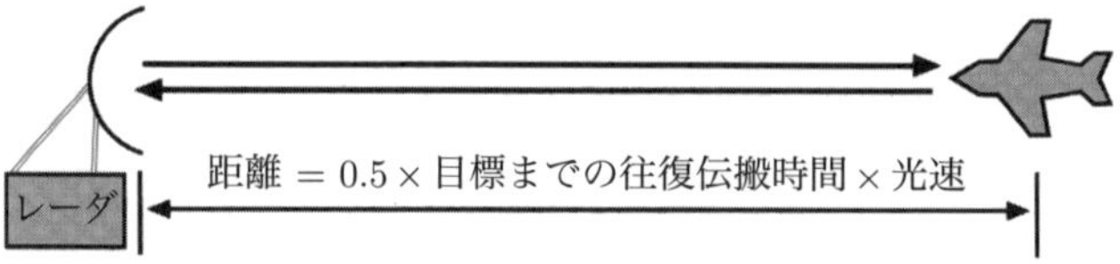

図3.14　レーダは，往復伝搬時間の関数として目標までの距離を測定する．

が得られる．

用いられる変調方式には多くの種類があるが，パルス，線形 FM，2 値変調および雑音（あるいは擬似雑音）変調方式に分類される．無変調 CW は，目標とレーダの相対速度を計測でき，極めて便利である．これについてはもう少しあとで考察する．

3.5　パルス変調

パルスは，図 3.15 に示すように，かなりきれいな立ち上がり・立ち下がり特性を持つ，極めて短い送信信号である．パルスは，その基本形では固定周波数を持ち，パルス幅（つまり，パルス持続時間）とパルス繰り返し間隔（あるいは，パルス繰り返し周波数）で特徴付けられる．そのデューティサイクル（パルス持続時間/パルス繰り返し間隔）は，比較的低い．パルスは，明確に測定可能な信号内の時間事象を与える．計測される事象は，パルス全体に及んでもよく，あるいは（レーダの受信機が十分な帯域幅を持っている場合）パルスの前縁でもよい．いずれの場合でも，パルスの送信から反射パルスの受信までの時間を測定することは容易である．

パルスレーダには，パルスの送信中は受信機が停止するという大きな長所がある．これによって，レーダは送信と受信に一つのアンテナを使用し，飽和と

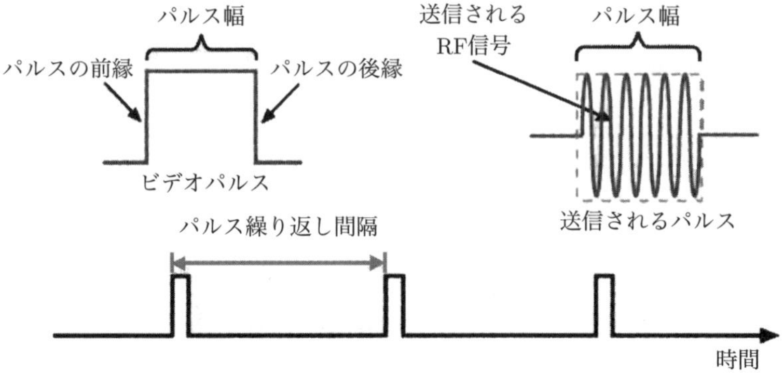

図 3.15　パルス（ビデオ）は，パルスの持続時間の間，RF 送信機を作動させ，パルス繰り返し間隔でこれを繰り返す．

損傷の両方から受信機を防護することが可能になる．

図3.16に示すように，パルス繰り返し速度は，レーダが曖昧さなく距離測定できる最大の距離を決定する．目標からの最初のパルスの反射がレーダに到達する以前に2番目のパルスが送信される場合，その時間遅延測定が2番目のパルス送信と同時に開始され，最初のパルスの受信で終了する．したがって，（パルスはまったく同じとすると）往復伝搬時間は正確に測定されない．

パルス持続時間は，レーダが信号を探知しうる最小距離を決定する．パルスの後縁（trailing edge）が送信機を離れるとき（プラスある保護時間）までは，受信機が作動されることはない．後縁が送信されるより前に反射されたパルスの前縁は，受信機に到達することはできない．

パルス幅はまた，レーダの距離分解能，すなわち，二つの目標が存在しているとレーダが判断できる2目標間の距離差を決定する．これを図3.17に示す．二つの目標が極めて近接している場合のパルスについて考えてみよう．受信機（および処理装置）が二つのリターンを分離できるためには，最初と2番目の目標間のパルス往復時間は，パルス幅より大きくなければならない．

3.5.1　パルス不規変調（UMOP）

レーダパルスをもっとよく見ると，パルスには立ち上がり時間と立ち下がり時間があることがわかるだろう．立ち上がり時間とは，パルスが送信電力の10%から90%に達するまでに要する時間のことである．立ち下がり時間とは，（後縁における）その逆の時間のことである．また，リンギング（ringing）や，その他の不規則な周波数変調など，意図しない変調の効果もあるかもしれない．これらのパルス不規変調（unintentional modulation on pulse; UMOP）波形の効果は，特定電波源識別（specific emitter identification; SEI）を行うEWシステムにとって重要であるが，レーダにおけるパルスの基本的機能に影響するものではない．

3.5.2　パルス圧縮

パルス圧縮は，長パルスレーダの距離分解能を改善させる一つの方法である．圧縮の効果は図3.18に示すとおりである．圧縮型レーダは，長距離探知

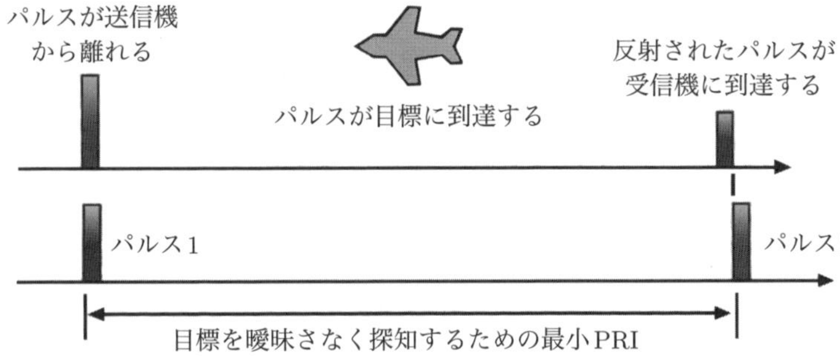

図 3.16　パルスの反射が次のパルス送信以前に受信されなければならないので，レーダ信号の PRI により，曖昧でない距離が制限される．

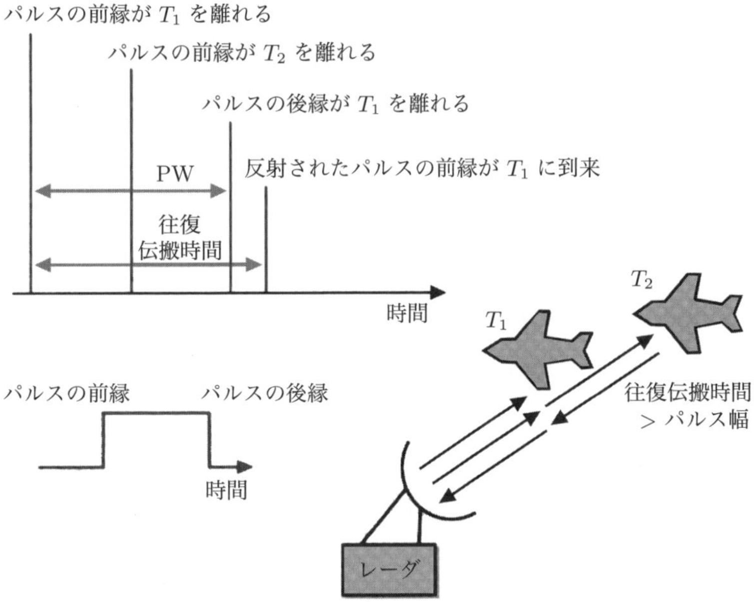

図 3.17　レーダがはっきりと異なる二つの目標の存在を探知するためには，2 目標間の往復伝搬時間がパルス持続時間より大きくなければならない．

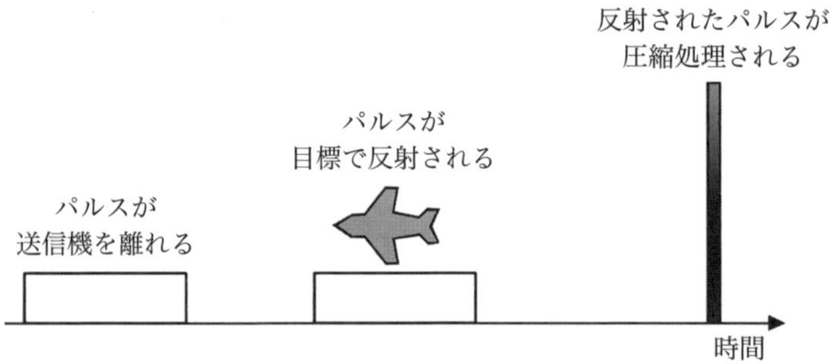

図 3.18　パルスは手頃な尖頭電力で送信され，目標で反射される．この場合，目標からの反射を圧縮することにより，レーダの動作は，あたかも送信電力が増大し，パルス持続時間が短縮したかのようになる．

に用いられるので，高エネルギーのパルスが必要であることに注意しよう．そこで，ピーク電力（尖頭電力）は実用になる程度に高くしておき，その広いパルス幅によってパルスのエネルギーを高めるようにする．レーダの探知能力は送信ピーク電力の関数であるが，その探知距離は「目標から返ってくる全エネルギー」の関数である．長パルスが目標で反射されるが，距離分解能は受信機内の圧縮機能により短縮されたパルスによって改善されている．パルス圧縮を実現する重要な技法が二つある．一つ目は周波数変調の追加と処理を伴うもの，二つ目はデジタル変調の追加と処理を伴うものである．

3.5.3　チャープパルス

図 3.19 のような線形周波数変調（linear frequency modulation）されたパルスを「チャープパルス」と呼ぶ．このパルスの周波数は，時間とともに増加するか，あるいは減少するが，図は前者を示している．この周波数変調されたパルスは，固定周波数のパルスと同様に送信および受信されるが，受信機の中で圧縮フィルタ（compressive filter）を通過する．圧縮フィルタによって，周波数が高いほど遅延量が小さくなる，周波数の関数の遅延を生ずる．この遅延対周波数の関数は線形であり，パルスに加えられた変調に整合している．最大遅延と最小遅延との差は，パルス幅に等しい．圧縮フィルタの機能を図 3.20 に示す．

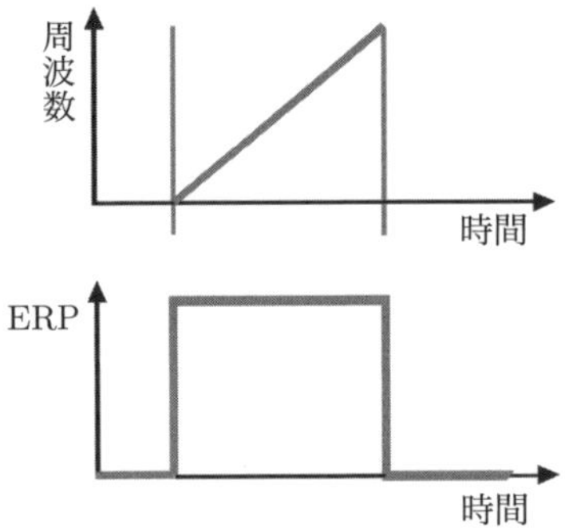

図 3.19　チャープパルスは，パルスが持続している間は，線形周波数変調される．

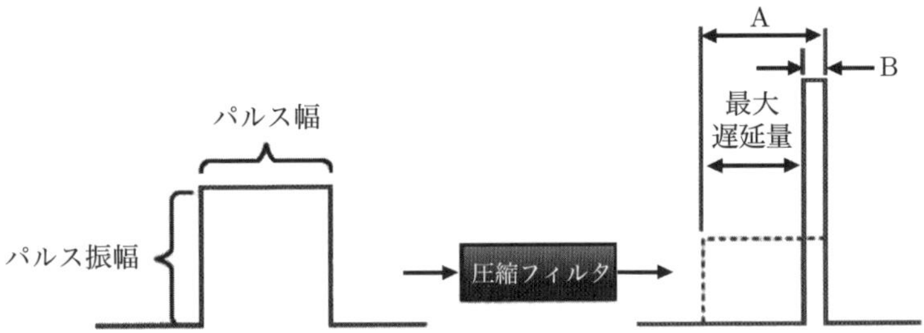

図 3.20　圧縮フィルタの周波数対遅延の勾配が，パルスの各部分をパルスの最後まで遅延させ，これが圧縮フィルタ処理前のパルスと同じ総エネルギーを持った非常に短いパルスを作り出す．

圧縮フィルタを通過したパルスには，送信されたパルス幅よりずっと短い時間内に受信エネルギーのすべてが集中されていることに注意しよう．図では送信パルス幅に “A”，圧縮後の実効パルス幅（effective pulsewidth）に “B” を付している．B の A に対する比が圧縮率（compression factor）である．チャープレーダには，極めて大きな圧縮率を持つものもある．レーダの分解能セルの奥行き（つまり，距離分解能）は，受信パルス幅の半分であり，距離分解能はこの圧縮率分だけ改善される．レーダ分解能セルとは，その中ではレーダが複数目標を区別できない範囲のことである．

目標で反射される電力は変わらないので，どのような目標であっても探知距離は何ら変わらない．これは，傍受距離が送信ピーク電力の平方根に比例することに慣れている EW 関係者を混乱させるかもしれない．これについての考え方は，圧縮されたパルスが狭いほど帯域幅を必要とするということである．帯域幅が広がると，圧縮によってパルスのピーク電力が増加した分だけ感度のしきい値が上がってしまう．圧縮処理における損失を無視すれば，どのような目標に対する探知距離も，圧縮比の 4 乗根で増加することになる（受信電力は距離の 4 乗，つまり (距離)^4 あるいは 40 log(距離) の関数であるからである）．

3.5.4　パルスのデジタル変調

レーダ距離分解能をパルス幅から得たものと比べて増大させる別の方法は，パルスをデジタル変調することである．図 3.21 は，BPSK 変調として 7 ビットの擬似ランダム符号を付加したパルスである．この RF 信号の位相は，“+” で表したビットが基準位相のままであるのに対し，“−” で表したビットの間は 180° 偏移されている．複号化のあとでは，実効パルス幅は，パルス持続時間ではなくビット持続時間（bit duration）となる．

タップ付き遅延線（tapped delay line）アセンブリを図 3.22 に示す．この遅延線には，ビット周期で時間的に分離されたタップが付いている．変調符号のビット数が多いほどタップ数が多く，遅延線はパルスと同じ長さとなる．全タップからの信号は，足し合わされて出力となる．パルスがぴったりと遅延線を満たした場合，パルス内の位相が偏移したビットは，その他のタップの出力

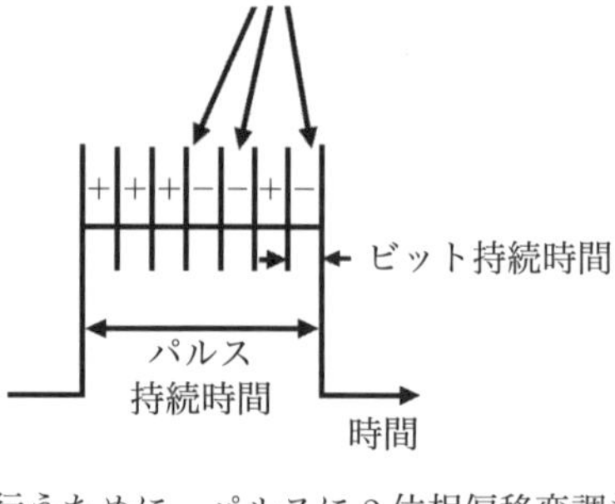

図 3.21　圧縮を行うために，パルスに 2 位相偏移変調を加えることができる．この 2 相位相偏移において，“+” は位相偏移がないことを，“−” は 180° 位相偏移していることを表す．

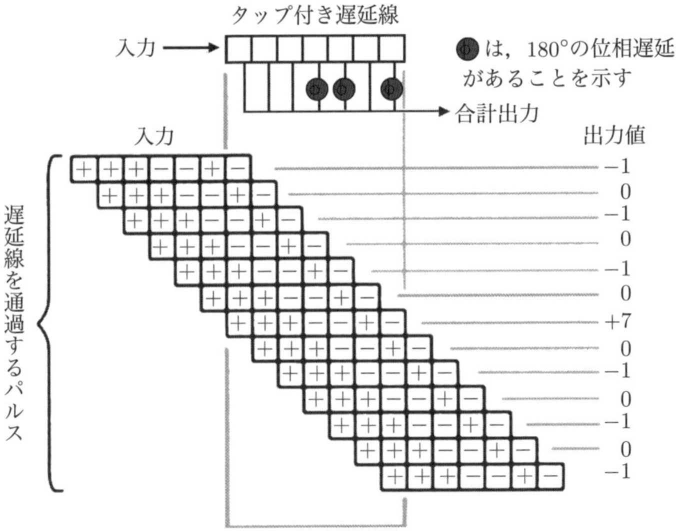

図 3.22　受信機は，間隔がビット持続時間に等しく，合計長がパルス持続時間に等しくなるような間隔でタップが付いた遅延線を持つ．パルスが遅延線を通過する際，パルスがぴったりと遅延線を満たさない場合，各タップの合計は極めて低い数になり，満たした場合，その出力は鋭いピークを持つ．

と足し合わされるのに先立って 180° の移相器（phase shifter）を通過することに注意しよう．図 3.22 の下部は，遅延線を通過するパルスの 13 個の各タップ位置におけるスナップショットを示している．1 番目の線上では，最初のビットのみが遅延線に入力され，13 番目の線上では，最後のビットのみがまだ遅延線に残っている．各ビットシーケンスの右に向かって，タップから来るプラスとマイナスの値が出力値になるように足し合わされる．遅延線内にあるビットのみが，出力で足し合わされることに注意しよう．各位置はパルスがぴったりシフトレジスタを満たした位置を除き，0 または −1 の合計値を持つ．この位置における合計値は +7 である．距離分解能は，符号のビット数に等しい分だけ改善される．

図 3.23 に，パルスが遅延線の中を直線的に移動している最中の遅延線の合計出力を時間に応じて示す．これは，擬似ランダム 2 値符号化信号に対するいわゆる「画鋲」形の相関係数を示している．後に低被探知確率レーダ（low

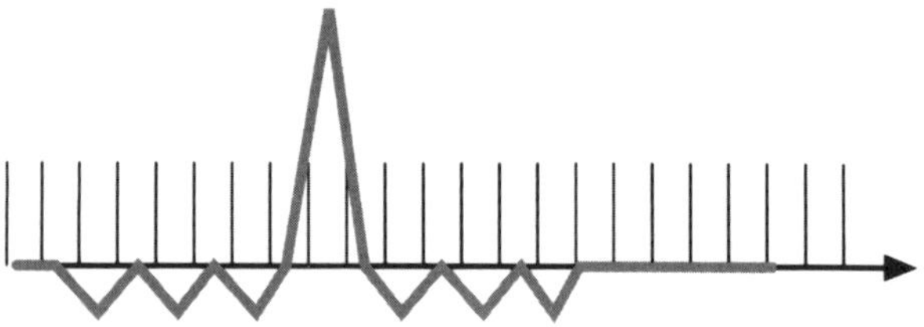

図 3.23　遅延線を通過するパルスの相関関数を示す．この相関関数は，どのデジタル信号とも同様の「画鋲」形の相関関数を持っている．

probability of intercept radar; LPI レーダ）の変調を話題にする際，またこれにお目にかかることになる．符号が遅延線との整合位置の 1 ビット以内に来ると，相関は直線的に増加し始めることに注意しよう．ビットの位相が互いに完全に一致すると，相関値は鋭いピークに達する．その後，信号の同期が再び 1 ビットずれるまで直線状に下降する．

3.6　CW およびパルスドップラレーダ

レーダがコヒーレント信号を使用していれば，ドップラ原理によって，目標までの距離変化率を測定することができる．これによって，レーダは地表反射と移動目標からの反射信号とを分離できるようになる．目標を地上と区別できるので，レーダ管制武器システムに下方監視/射撃能力を付与できる．

3.6.1　ドップラ偏移

移動中の送信機から固定受信機へ伝搬している信号は，次式で決まる送信信号からの差周波数（difference frequency）と一緒に受信される．

$$\Delta F = \frac{v}{c} F$$

ここで，

ΔF：受信周波数の送信周波数からの変化

v：送信機の受信機方向への速度成分

c：光速

F：送信周波数

である．

レーダのリターン信号は往復伝搬しているので，周波数偏移が2回起きている．さらに，レーダのプラットフォームと目標の両方が移動しているかもしれないので，レーダリターンにおけるドップラ偏移の一般式は次式のようになる．

$$\Delta F = 2\frac{V}{c}F$$

ここで，V はレーダと目標との間の距離の瞬間変化率であり，その他の定義はすべて同じである．

ちなみに，興味深い話として，空中戦で使用される防御戦法に「ノッチング」(notching) というものがある．これは，防御側の航空機が飛行経路を武器管制用レーダの方向と直角の方向になるように調整することにより，ドップラ偏移をゼロに落とそうとするものである．

3.6.2　CW レーダ

本来の CW レーダは，あまり正確ではないリターン信号電力の測定による方法以外に，目標までの距離を測定することができない．しかし，このレーダはドップラ偏移を測定することで距離変化率を測定することはできる．図 3.24 に示すように，CW レーダでは，送信機から受信機への過剰な電力の漏洩を回避するため，通常，送信アンテナと受信アンテナを別個に持つ必要がある．こ

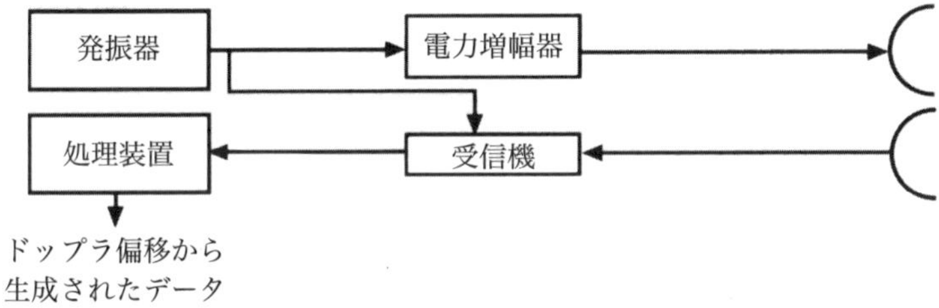

図 3.24　一般に CW レーダでは，送信機電力の受信機への漏洩を防止するため，送信アンテナと受信アンテナを別々に持つ必要がある．このレーダでは，送信信号と受信信号の周波数を比較することにより，目標までの距離変化率を測定することしかできない．

れは，送信機と受信機の双方が同時に動作するからである．受信機はドップラ偏移を測定するために，送信機と共通の周波数基準を使用しなければならない．これは，この偏移が送信周波数と比較して極めて小さいからである．例えば，10GHz のレーダでは，接近速度 km/h 当たり約 18.5Hz のドップラ偏移が生じる．George Stimson（付録 C の参考文献を参照）による経験則を表 3.1 に示す．

表 3.1　X バンドレーダにおけるドップラ周波数

距離変化率	ドップラ周波数
1 海里/h	35Hz
1 陸マイル/h	30Hz
1 km/h	19Hz
1,000 フィート/sec	20Hz

3.6.3　FM 測距

目標までの距離を正確に測定するために，図 3.25 に示すように，送信信号に線形周波数変調の傾斜を付けることができる．この変調信号が固定周波数部分を持つようにすることも，あるいは 2 方向の周波数傾斜であるようにすることもできる．

まず，図 3.26 の変調波形の直線傾斜部について考えよう．受信信号は，信号が目標に（光速で）到達して返ってくるのに要する時間だけ，送信された信号より遅延する．したがって，送信・受信双方の信号が変調波形の直線傾斜部内に存在する期間の任意の瞬間における送信・受信信号を比較することによって，距離を測定できる．これを図 3.26 の右側に示す．

さて，測定された差周波数は，実際には二つの要素，すなわち往復伝搬時間と距離変化率により発生した（正負いずれかの）ドップラ偏移によって起きたものである．変調している波形に固定周波数部分があれば，ドップラ偏移はその信号部分で測定できる．したがって，距離測定値を規正することができる．

レーダが双方向の波形を使用している場合，距離に関わる周波数偏移は，ドップラ偏移が同じ方向になるとはいえ，上向き・下向きの周波数傾斜の間で

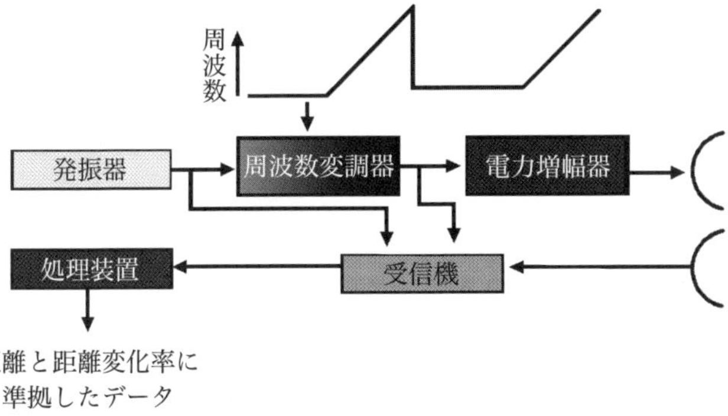

図 3.25　CW レーダ信号が線形周波数変調の場合，距離変化率と目標までの実距離の両方を測定するため，送信信号と受信信号を比較する．

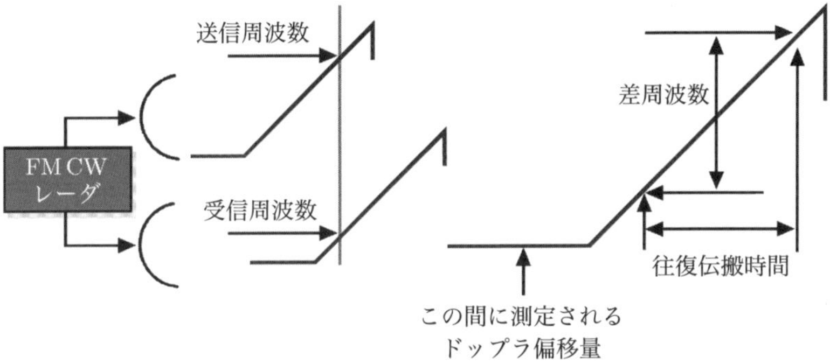

図 3.26　レーダと目標の間の往復伝搬時間は，時間傾斜に対する周波数変調に応じた送信信号と受信信号の周波数間の差をもたらす．

異なる意味を持つことになる．これによって，ドップラ成分が測定され，距離が正確に計算できることになる．

3.6.4　パルスドップラレーダ

図 3.27 に示すように，パルスドップラレーダは高 PRF モードにおいて，高デューティファクタ（duty factor）のコヒーレントパルス信号を出力する．このパルス列はまた，レーダ警報受信機の処理を困難にする極めて高い PRF を有する．各コヒーレントパルスは連続作動中の発振器を遮断することにより

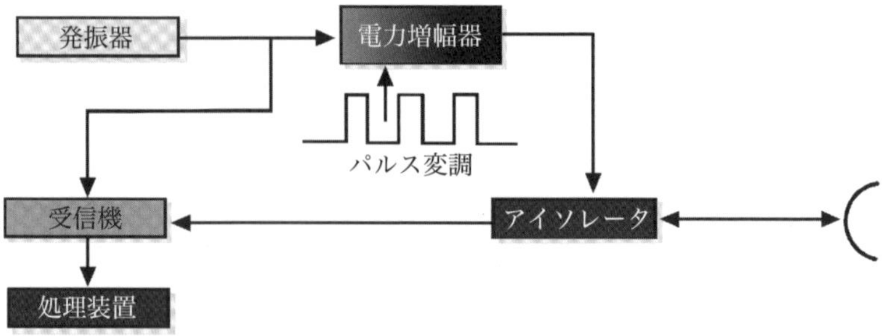

図3.27　パルスドップラレーダは，極めて高いデューティファクタでコヒーレントパルス列を出力する．受信機は，送信中は「断」となるので，単一アンテナにおける漏れ込みの問題が取り除かれる．目標までの距離は，パルスのタイミングまたは周波数変調のいずれかにより測定することができる．距離変化率は，リターン信号のドップラ偏移から決定される．

形成されるので，各受信パルスは前の全パルスの RF 波形に位相固定されている発振器と同相になる．これによって同期検波の長所が得られ，またドップラ偏移の測定も可能になる．

パルス送信中は受信機が停止するので，CW レーダに付随する極めて困難なアイソレーションの問題を起こすことなく，単一のアンテナを使用することができる．

このレーダは，その他のパルスレーダとまったく同じように距離を測定できるが，かなりのブラインド距離と距離アンビギュイティ（range ambiguity）を持つことになる．これらは，多重 FM 測距（ranging）の使用，あるいは他の運用モードの使用，ならびに複雑な処理により実行される多重パルス繰り返し速度の利用によって解決できる．

3.7　移動目標指示レーダ

移動目標指示装置（moving-target indicator; MTI）は，地上の移動目標の探知を目的とするレーダの一種である．探知した目標のドップラ偏移を感知することによって実現する．MTI レーダは，地上設置型と航空機搭載の両方がある．航空機搭載 MTI（airborne MTI; AMTI）は，レーダ自身が移動することによって，さらにドップラ偏移が加わるので，複雑さが増す．

3.7.1　基本的 MTI 動作

MTI は，ある角度範囲（最大 360°）にわたってアンテナを走査し，ある特定の距離をカバーする．図 3.28 に示すように，この装置は，各セル内の移動目標の存在を判断する．その方位分解能（azimuth resolution）は，アンテナビームの走査から導かれ，距離分解能は，パルスを反射するすべてのものからのパルスリターンにより導かれる．

どのようなレーダでも同じであるが，距離分解能は，パルス幅で規定され，このパルス幅は概して極めて狭い．距離分解能を改善する（すなわち，距離分解能セル（range resolution cell）の奥行き幅を縮小する）ために，各パルスをチャープすることがある．パルス圧縮を用いる場合は，圧縮されたパルスは，非圧縮パルスとまったく同じように処理される．

送信されたパルスも反射されたどのリターンも光速で伝搬するので，反射されたパルスは送信されたパルスから次の遅延量でレーダに到達する．

$$\frac{2d}{3 \times 10^8} \text{〔sec〕}$$

ここで，d は反射体までの距離〔m〕である．

図 3.29 に示すように，MTI は各パルス幅の間に 1 回，リターン信号を抽出

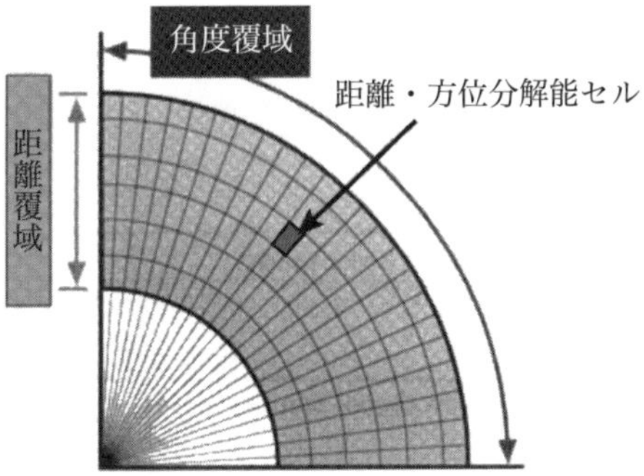

図 3.28　MTI レーダは，距離・方位分解能セル内での移動目標の存在を判定する．

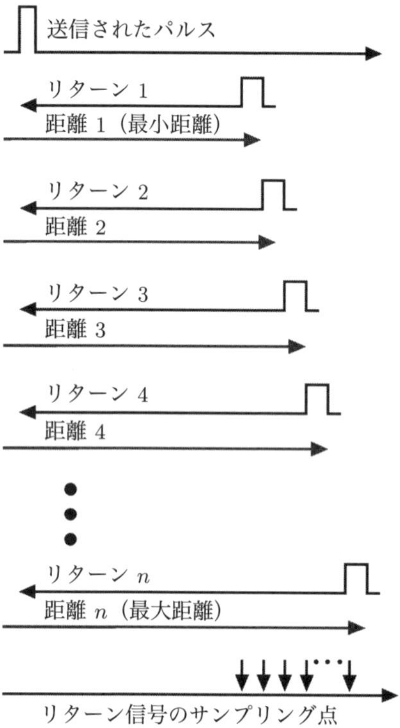

図 3.29　MTI レーダは狭パルスを送信し，最小から最大の距離に至るリターンを受信する期間にわたって，パルス幅に等しい時間間隔でパルスからのリターンをサンプリングする．

（サンプリング）する．この抽出は，次のパルスが送信されるまでの全時間の間，継続できる．したがって，抽出は，パルス幅（あるいは，圧縮パルスの持続時間）の 6.6nsec 当たり 1m に等しい距離増分からのリターンエネルギーを探していることになる．

各サンプルでは，A/D 変換器（analog-to-digital converter; ADC）が「同相-直交位相」（in-phase and quadrature; I&Q）信号のデジタル化を行う．これら二つのデジタルワードは位相が 90° 離れた受信波形の各点を表すので，これらによって，受信周波数と位相を判定することができる．この処理は（各パルスに対して）対象とする距離全体で継続される．

このサンプリング（sampling）パターンは，各パルスで繰り返される．その後，パルス1からの各サンプルに対する値が，図3.30に示すように，対応したパルス2のサンプル値から差し引かれる．パルス2からの値がパルス3のサンプル値から引かれ，…，パルス $m-1$ からの値がパルス m のサンプル値から引かれる．この m 個のパルスは，アンテナの各掃引中に各方位分解能セル（azimuth resolution cell）を照射する．さらに良好なクラッタ除去には，より複雑なデータ減算方式が実装されることもある．

さて，m 個のパルスにおけるすべての「サンプル1」測定値は，高速フーリエ変換（fast Fourier transform; FFT）の生成に用いられる．FFTによって，各距離および方位分解能セル内のドップラ偏移信号の存在を判断する．

このドップラ偏移は，レーダと目標の間の距離変化率に起因する．したがって，MTIは，レーダ方向にまっすぐに向かうか，またはレーダから遠ざかる方向に向かういくらかの成分を持つ目標だけを探知することができる．

	パルス1	パルス2	パルス3	パルス4	…	パルス $m-1$	パルス m
サンプル1	I&Q	I&Q	I&Q	I&Q	I&Q	I&Q	I&Q
サンプル2	I&Q	I&Q	I&Q	I&Q	I&Q	I&Q	I&Q
サンプル3	I&Q	I&Q	I&Q	I&Q	I&Q	I&Q	I&Q
サンプル4	I&Q	I&Q	I&Q	I&Q	I&Q	I&Q	I&Q
…	I&Q	I&Q	I&Q	I&Q	I&Q	I&Q	I&Q
…	I&Q	I&Q	I&Q	I&Q	I&Q	I&Q	I&Q
サンプル n	I&Q	I&Q	I&Q	I&Q	I&Q	I&Q	I&Q

一つ後のパルスの同じサンプルから差し引く．その後，FFT演算を行う．

図3.30　I&Qサンプルは，移動目標分解能セルを照射する各パルスにおける各サンプル点で収集される．次に，各サンプルは，一つ後のパルスに対応するサンプルから差し引かれ，FFTが，セルから照射している全パルスにおける差し引き結果から計算される．

3.7.2　MTIのデータレート

MTIレーダは，膨大な生データを作り出す．例えば，パルス繰り返し周波数が6,250HzのMTIレーダでは，パルス繰り返し周期当たり200回抽出し，I&Q値をそれぞれ12ビットでデジタル化すると，30Mbpsもの生データを作り出すことになる．

また一方，このMTI処理は，表示や報告用としてもっと扱いやすいレベルにまで，このデータを削減している．MTIは分解能セル内の存在と移動の大きさを単に報告するものであるので，各目標報告には，セル位置およびその移動の大きさと感知（の事実）が含まれていればよい．したがって，各目標に対して80ビットというのは，一般に多いデータ量である．この場合，カバーしている領域に毎秒100個の移動目標が探知されるとすると，合計の目標報告データレート（data rate; データ転送速度）は8Kbpsとなる．毎秒30回で64ビットのステータスワードを付加するとしても，総出力データレートは10Kbpsに満たない．このデータレートは，音声帯域の回線を通して容易に伝送できるレートである．

3.7.3　航空機搭載MTI（AMTI）レーダ

MTIレーダが航空機に搭載されている場合も，このレーダは，航空機の動きによって起きるドップラ偏移の解決という副次的問題を除いては，前述した基本的なMTIとまったく同様に動作する．図3.31に示すように，このドップラ

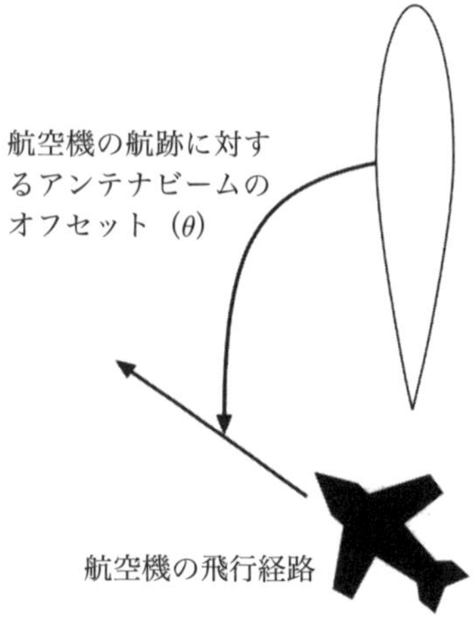

図3.31　AMTIレーダでは，移動目標を報告・通報するまでに，航空機の動きによって発生するドップラ偏移が各セル内のドップラ偏移量から差し引かれる．

偏移は，航空機の対地速度と航空機の地上航跡に対するレーダアンテナ角度の関数である．図の航空機は，誘発されるドップラ偏移を決める速度が航空機の対気速度ではなく，対地速度であることを表すよう意図して描かれている．アンテナの向きが（対地）飛行方向に対して 90° 未満であれば，航空機が誘発するドップラ偏移は正であり，90° 以上では負である．

アンテナの掃引とともに，アンテナは航空機の航跡の方向との角度（θ）が変化する．航空機によるドップラ偏移は，

$$\frac{2FS\cos\theta}{c}$$

となる．ここで，

F：レーダの周波数

S：航空機の対地速度

θ：航跡の方向とアンテナのボアサイトの間の角度

c：光速（3×10^8m/sec）

である．

各分解能セル内で MTI レーダによって観測されたドップラ偏移は，移動目標の存在が報告されるまでに，この航空機によるドップラ偏移についての修正がなされなければならない．これは，上記の量だけドップラのゼロ周波数点（zero frequency point）を上または下に移動することによってなされる．また，受信機の局部発振器または送信周波数を同量だけ変化させることによっても，これを実現できる．

3.8　合成開口レーダ

合成開口レーダ（SAR）は，実質的に，極めて長いフェーズドアレイを作り出すために航空機プラットフォームの運動を利用するものである．これによって，物理的に比較的小型のアンテナで，遠距離において極めて高い分解能を得ることができる．SAR は，その領域内に存在する各種ビークルやその他の物体と一緒に広域地図を作成することに用いられる．移動目標を識別し，その目

標が停止するとすぐにSAR画像で識別できるよう，その目標のSAR画像が作られる，MTIとSARを組み合わせたレーダがある．

SARは，所要の分解能に合わせた（図3.32に示すような）距離および方位分解能セルを作り出す．セルはよく矩形に描かれるが，それらはSARの分解能の限界であるので，実際にはむしろ，図に表示した大きさの「斑点」である．所要の分解能とは，位置決定あるいは識別すべき最小の物体の関数である．

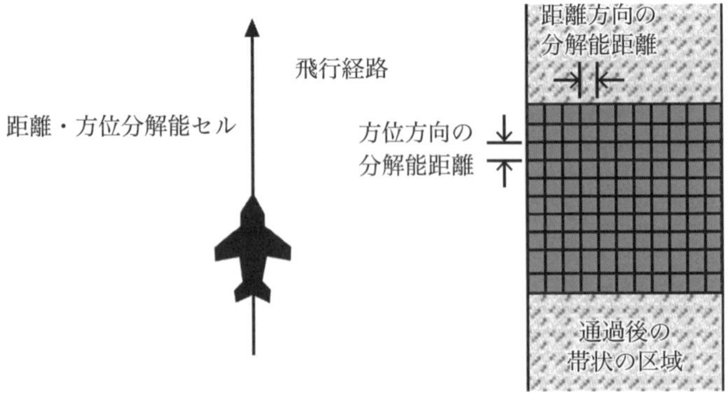

図3.32　一般的なSARは，レーダを搭載した航空機の飛行経路と平行な帯状の区域内に，距離・方位分解能セルを作る．

3.8.1　距離分解能

距離分解能は，レーダのパルス幅で決まる．レーダが距離圧縮（range compression）（チャープあるいは位相符号化）を用いている場合，圧縮されたパルス幅で距離分解能が決まる．これは，

$$d_r = c\frac{\mathrm{PW}}{2}$$

となる．ここで，

d_r：距離分解能〔m〕

c：光速（3×10^8m/sec）

PW：レーダのパルス幅（または，その圧縮後のパルス幅）

である．

MTI レーダと同様，SAR は図 3.33 に示すような，レーダからの距離の関数としてレーダリターンを測定する一連の「レンジビン」(range bin) を作成するために，パルス幅に等しい時間増分幅内のリターン信号電力を測定する．SAR 処理においては，位相が保存されている必要があるので，各セルについて I&Q サンプルが収集される．

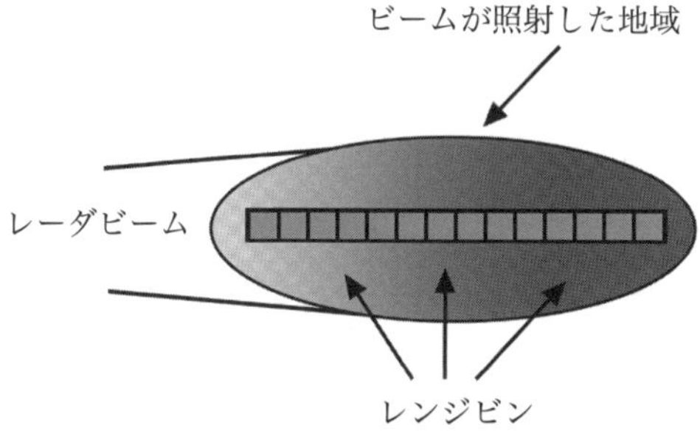

図 3.33　レンジビンは，パルス幅に等しい間隔でレーダリターンをサンプリングすることにより，アンテナビームのボアサイトに沿って形成される．

3.8.2　方位分解能

レーダの方位分解能は，そのアンテナのビーム幅に依存する．ビーム幅は，アンテナ寸法の関数である．パラボラ反射鏡アンテナにおいては，反射鏡の表面（実際の放物面部分）で受信した全エネルギーを（放物面の焦点に位置する）給電器に向けて反射する．反射鏡が大きいほど，そのアンテナビームは狭くなる．フェーズドアレイアンテナでは，多数のアレイ素子（アンテナ）で受信した，1 方向からの信号のコヒーレント加算を作り出すのに，遅延線が使用され，それによって狭いアンテナビームが形成される．アレイが長いほど，ビームは狭くなる．

ここで，飛行経路に対して直角に設置されたアンテナを持つ簡単な SAR について考えてみよう．この SAR では，コヒーレントなパルスを送信し，プラットフォームが前進しながら，各パルスからのリターンを集めることによって，フェーズドアレイの効果を生み出す．パルスとパルスの間に航空機が移動する距離は，実質的に「アレイ内にあるアンテナ」間の距離である（すなわち，300m/sec の航空機速度で毎秒 300 パルスの PRF では，1m ごとに 1 パルスが送信されることになる）．SAR が地図画像を描く領域が，データ収集で航空機が飛行する距離よりその航空機からはるかに遠い距離にあると仮定すれば，アンテナのボアサイト上の目標からのリターンは同相で加えられる一方で，ボアサイトの方向にない目標は，位相が外れた状態で足し合わされることになる．したがって，当該距離分解能セル内のデータを数個のパルスにわたって合計することは，フェーズドアレイと同じビームを狭める効果を持っていることになる．

合成アレイ長を形成するための SAR データの処理方法を，図 3.34 に要約する．各合成期間終了後は，新しいパルスからのデータが加えられ，最も古いパルスからのデータは廃棄される．ある特定の開口長の合成アレイで得られる方位分解能（つまり，クロスレンジ分解能（cross-range resolution））は，実際のフェーズドアレイアンテナで得られる方位分解能の半分であることに注意しよう．合成アレイの方位分解能を求める式は，次のとおりである．

$$d_a = \frac{\lambda R}{2L}$$

ここで，

d_a：方位分解能距離（R と同じ単位）

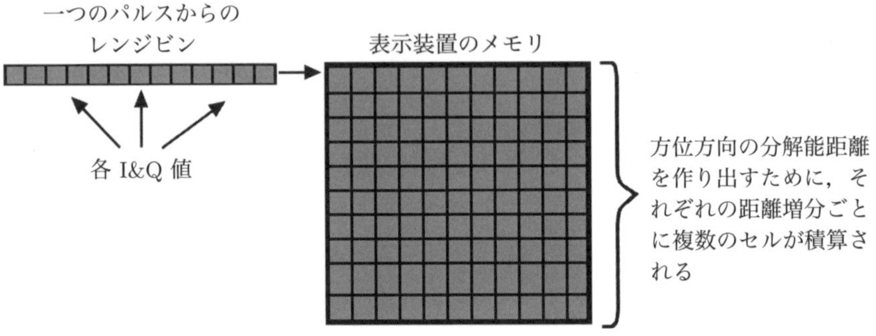

図 3.34　I&Q のサンプルは，各パルスのレンジビンごとに集められる．方位分解能距離を得るため，同じレンジビンからのデータが数パルスごとに合計される．

λ：レーダ信号の波長

L：アレイの長さ（λ と同じ単位）

R：目標までの距離

である．

合成によらない実際のフェーズドアレイアンテナの方位分解能は，

$$d_a = \frac{\lambda R}{L}$$

である．

3.8.3　フォーカストアレイ SAR

前の説明では，「非フォーカストアレイ」（unfocused array）が使用されることを前提にした．このアレイは，すべての合成パルスに対して目標からレーダまでの経路がほぼ平行となる必要があった．これが合成アレイの長さを制限し，さらに結果として方位分解能を制限することになる．非常に長い合成アレイは，フォーカストアレイ（focused array）技術を用いて形成できる．

図 3.35 に示すように，合成アレイ長が距離に比較してかなり大きい場合，異

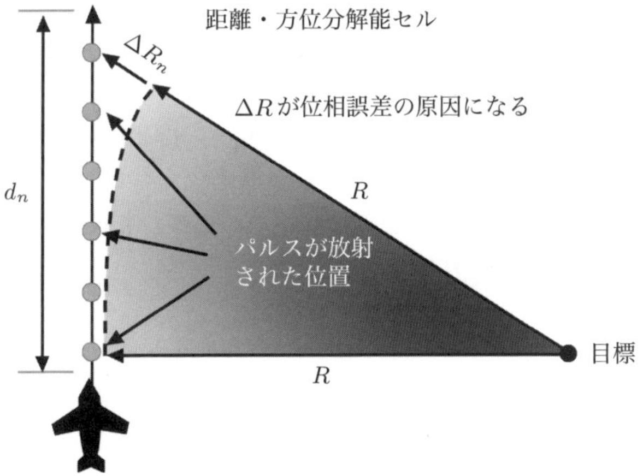

図 3.35　合成アレイが長いと，いくつかのパルスの目標リターンにかなりの位相誤差が存在する可能性がある．

なるパルスから受信された信号間の位相差は，かなり大きくなることがある．その位相誤差は，次式で表される．

$$\phi_n = \frac{2\pi d_n^2}{\lambda R}$$

ここで，

ϕ_n：飛行経路上で目標に最も近い地点から距離 d_n における測定によって引き起こされた位相誤差

λ：レーダ信号の波長

R：目標までの最近接距離

である．

フォーカストアレイでは，この位相誤差は，各距離セル（レンジビン）について方向データが積算される前に修正される．これには，膨大な処理量が必要になることがあるが，処理負荷はFFTによって形成されるドップラフィルタの使用で軽減できる．

3.9　低被探知確率レーダ

低被探知確率レーダの目的は，電子戦用受信機に探知されることなく目標を探知し，追尾することである．したがって，LPIレーダは，この非常に広い基準を満たすレーダである．レーダがLPIであるか否かは，レーダがやろうとしていることは何か，どのような種類の受信機がそれを探知しようとしているか，そして，適用される交戦配置によって決まる．これを議論するために，傍受用受信装置をESM受信機（ESM receiver）と呼ぶことにする．表3.2に，LPIレーダに関連するいくつかの定義を挙げる．

3.9.1　LPI技法

レーダを探知されにくくするために多数の手段がとられる．その一つは，信号をESM受信機が受信できないほど弱くすることである．レーダは目標を探知するために，目標まで往復した後のエネルギー（レーダ方程式で40 log(距離)

表 3.2　LPI レーダに関連する定義

用　語	定　義
コヒーレントレーダ (coherent radar)	送信信号が送信機の発振器と一定の位相関係を持っているレーダ
周波数アジャイルレーダ (frequency agile radar)	各パルスあるいはパルス群が異なる周波数で送信されるレーダ
LPID レーダ (low probability of identification radar; 低被識別確率レーダ)	ESM 受信機にレーダの型式を正確に識別されにくくする諸元を持ったレーダ
静寂レーダ (quiet radar)	目標がレーダの信号を探知できるのと同じ距離で目標を探知するレーダ
ランダム信号レーダ (random signal radar)	まったくランダムな波形（例えば雑音）を使用するレーダ
2 位相符号化 CW レーダ (binary phase coded CW radar)	送信する CW 信号に擬似ランダム位相符号変調を持つレーダ

だけ減衰）を十分に受信しなければならないので，これはレーダにとって困難である．それに対し，ESM 受信機では片道の経路損失（20 log(距離)）で済む．二つ目の方法は，レーダのビームを狭くする（したがってアンテナ利得が増大する）か，あるいはアンテナのサイドローブを抑圧することである．これによって，目標位置に設置されていない受信機が信号を傍受することはより困難になるが，目標位置にある受信機は影響を受けない．

レーダの性能に対して，ESM 受信機がレーダを捕捉する性能を相対的に低下させる三つ目の方法は，ESM 受信機では利用できない処理利得（processing gain）をレーダに持たせることである．

3.9.2　LPI のレベル

レーダは以下の三つの LPI レベルを持っていると考えられる．

- レーダは探知されやすいが容易に識別されない，すなわち，LPID レーダ（low probability of identification radar; 低被識別確率レーダ）と呼ばれるもの（図 3.36 参照）

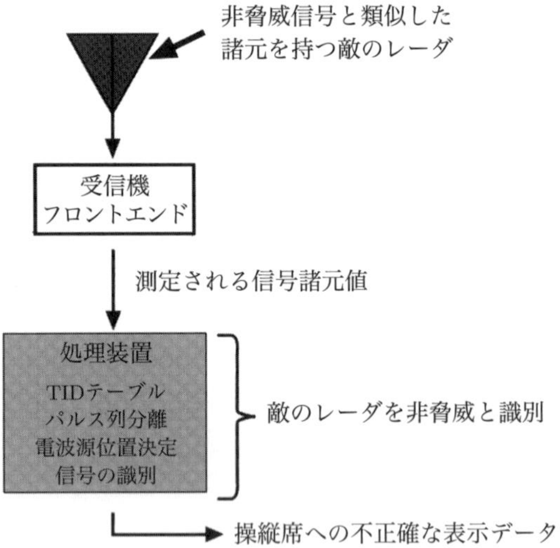

図 3.36　LPID レーダは，味方のレーダや非脅威信号と類似した諸元値を持っており，その結果，ESM 受信機はそれを適切に識別できない．

- レーダは目標を探知できるが，その主ビームの外側で同じ距離にある ESM 受信機に探知されないもの（図 3.37 参照）
- レーダは目標を探知できるが，目標位置にある ESM 受信機には探知されないもの，すなわち「静寂レーダ」（図 3.38 参照）

受信機がレーダ信号を探知する能力は，その雑音指数と帯域幅に依存する．以下の分析では，レーダの受信機と傍受受信機（intercepting receiver）の雑音指数は一般に同じであり，傍受受信機の帯域幅はその機能に最適化できるものと仮定する．ここでは ESM 受信機を，航空機のレーダ警報受信機，艦載 ESM 受信機，および地上設置の警報・ターゲティング受信機などを含む一般用語として用いることとする．

3.9.3　LPID レーダ

図 3.36 のように，ESM 受信機は脅威レーダを，その諸元をもとに識別する．一般的な ESM 処理装置は，それぞれの運用モードにおいて予期される個々の脅威信号タイプについての一連の諸元を記載した脅威識別テーブル（threat

図 3.37　さほど厳格な定義ではないが，LPI とは，レーダの主ビーム内にない受信機がレーダを探知できない距離と同じ距離で，レーダが目標を探知できることである．

図 3.38　LPI の最も魅力的な定義は，「静寂レーダ」である．このレーダは，目標に搭載した受信機がレーダを探知できる距離と同じ距離で，目標を探知できる．

identification table; TID table）を持っている．この処理装置はまた，受信されるであろう味方レーダおよびその他の（非脅威）信号に対しても識別を試みる．処理装置が信号を識別できるまでに，まず存在する多数の信号から識別対象である単一の信号を分離しなければならない．パルスレーダについては，これを「パルス列分離」(deinterleaving) と呼ぶ．これには，すべての信号について，諸元値によるデータの分類とともに，周波数，変調パターン，および電波到来方向（direction of arrival; DOA）の測定が含まれている．処理装置は，個々の信号が分離された時点で，脅威または非脅威信号と照合するために自身のその諸元値を TID テーブルと比較する．その後，ESM 受信機は，識別した脅威種別の存在，運用モード，および所在を操縦席の表示装置に送る．

レーダが味方レーダの型式と類似した諸元を用いていれば，ESM 受信機は，それを味方として識別し，その結果，仮に明瞭に受信されたとしても脅威の存在を報告しない場合がある．また，識別されにくくするもう一つのやり方は，パラメトリックアジリティ（parametric agility）を取り入れることである．RWR にとって，固定諸元を持つ脅威信号を識別することはずっと簡単である．アジャイル信号，特にそのアジリティがランダムに諸元を変えるものであれば，その諸元が既知であっても，分析時間がさらに必要になる．

LPID アプローチの欠点は，ESM 処理がより精巧になってきている点，および，レーダはその使命を果たすために，その変調からの確かな情報を必要とする点である．最新の ESM 受信機では，処理装置の能力増大によって，アジャイル諸元のさらなる効率的処理とともに，TID の選択とは一致しない信号に対して機能およびパターン分析を実行できるようになってきている．さらなる高度な処理と精密な電波源位置決定技法によって，将来の ESM 受信機では，味方信号と敵のプラットフォーム上の模倣味方信号を分離するために位置相関と運動解析を実行することも可能になるであろう．

3.9.4　探知 vs. 探知可能性

レーダが目標を探知できる距離は，次式で与えられる．

$$R_{\mathrm{DR}} = \mathrm{antilog}\left(\frac{P_T + 2G - 103 - 20\log(F) + 10\log(\sigma) - S_R}{40}\right)$$

ここで，

R_{DR}：レーダの探知距離〔km〕
P_T：レーダの送信機出力〔dBm〕
G：レーダのピーク主ビームアンテナ利得〔dB〕
F：レーダの使用周波数〔MHz〕

σ：目標のレーダ断面積〔m^2〕
S_R：レーダ受信機感度〔dBm〕

である．

受信機がレーダ信号を探知できる距離は，次式で与えられる．

$$R_{\mathrm{DRCVR}} = \mathrm{antilog}\left(\frac{P_T + G_{\mathrm{R/RCVR}} - 32 - 20\log(F) + G_{\mathrm{RCVR}} - S_{\mathrm{RCVR}}}{20}\right)$$

ここで，

R_{DRCVR}：受信機の探知距離〔km〕
P_T：レーダの送信機出力〔dBm〕
$G_{\mathrm{R/RCVR}}$：受信機方向のレーダのアンテナ利得〔dB〕
F：レーダの使用周波数〔MHz〕
G_{RCVR}：受信機のアンテナ利得〔dB〕
S_{RCVR}：受信機感度〔dBm〕

である．

これらの式は，図 3.37 と図 3.38 の双方に適用される．これらに代入するいくつかの数値を選定し，帯域幅と（感度を左右する）処理利得を指定することによって，実際の LPI レーダの性能を調べることができる．

3.9.5 LPI 性能指数

レーダの LPI 性能指数（figure-of-merit）は，レーダの目標探知可能距離と ESM 受信機のレーダの信号探知可能距離の比率と考えることができる．受信機の探知距離とレーダの探知距離の比率は，受信機のアンテナ利得とともに上昇し，目標のレーダ断面積とともに低下する．これは，受信機の感度レベルとレーダ受信機の感度レベルの比率が低下しても上昇する．

感度問題における混乱を避けるためには，感度レベルとは，受信機が受信でき，なおかつその機能を果たせる最小の信号レベルであることを思い出すとよい．したがって，感度が改善されるに従って，感度レベルは低下する．前記の両方の距離方程式における感度の数値は，大きな負の値（感度レベル）であり，それゆえ，それぞれの感度が向上すると，対応する探知距離は増加する．

3.9.6　探知距離に影響を与えるその他の要因

以下に示す数式に現れない二つの留意事項がある．一つは，レーダの探知距離は実際にはピーク出力に左右されるのではなく，目標から反射されレーダでコヒーレントに処理されるエネルギーに左右されることである．二つ目は，いくつかの要因が感度に影響を与えることである．

3.9.6.1　コヒーレント処理された目標からのエネルギー

受信エネルギーについてのレーダ方程式には，信号エネルギーが目標に当たっている時間の要素も入っているが，この時間とは，その間にレーダがリターン信号をコヒーレントに積分できる時間のことである．したがって，レーダ距離は平均電力と目標に当たっている時間の関数で表される．目標がレーダアンテナのビーム内に留まっており，リターンがコヒーレントに積分されうる限り，このレーダ距離は，電力を増大するか，あるいは信号の持続時間を増大することにより，増大させることができる．

レーダに対するもう一つの制約は，レーダが目標までの距離を決定する能力はパルス幅によって決まるということである．距離分解能は，通常，次式で規定される．

$$\Delta R = \frac{\tau c}{2}$$

ここで，

ΔR：距離分解能
τ：パルス幅
c：光速

である．

信号に加えた変調は，所与のいかなる信号持続時間に対しても良好な距離分解能を与える．この変調は，3.5 節で説明した周波数変調（チャープ）または位相反転（2 位相偏移変調）となる．レーダはまた，4 位相偏移変調方式（quadrature phase shift keying; QPSK），あるいは，さらに多相の位相変調（M 相 PSK）といった，他の位相変調方式も使用できる．

探知用受信機は，レーダを探知するのにレーダ信号のピーク電力を当てにしているので，レーダは，妥当な距離分解能が得られるいくつかの変調方式に加えて，より低い電力，より長い持続時間の信号を使用することによって，探知距離における優位性を獲得できる（図 3.39 参照）.

3.9.6.2　感度要因

通常，受信機感度は帯域幅，雑音指数，所要信号対雑音比の関数であると考えられている．図 3.40 に示すように，dBm で表す感度（つまり，受信機が受信でき，かつその機能を発揮できる最小の信号電力レベル）は，kTB〔dBm〕,

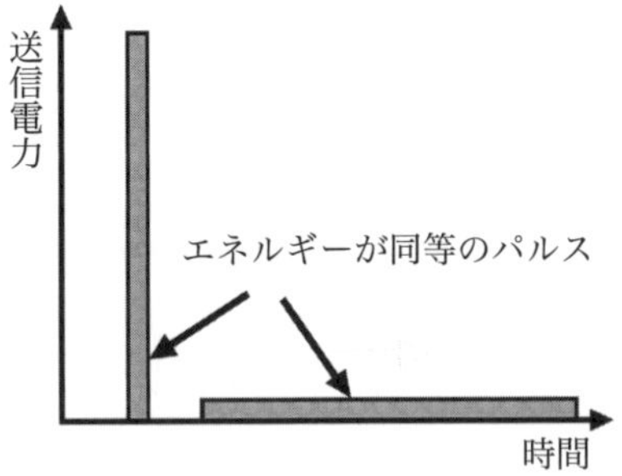

図 3.39　パルス持続時間を増大することによって，レーダは，目標に当てるエネルギーを減少させることなく，その送信電力レベルを下げることができる.

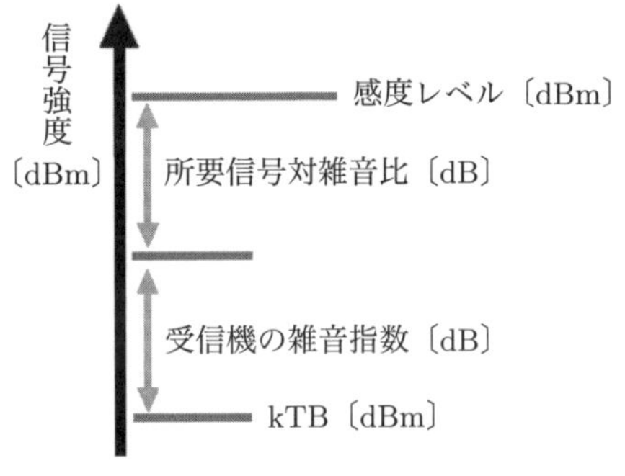

図 3.40　受信機の感度〔dBm〕は，kTB，雑音指数，所要信号対雑音比の合計〔dB〕である.

雑音指数〔dB〕，および所要信号対雑音比〔dB〕の合計である．レーダ解析問題では，通常，所要信号対雑音比は 13dB に設定され，kTB は通常次の値がとられる．

$$\mathrm{kTB} = -114\mathrm{dBm} + 10\log(\mathrm{BW})$$

ここで，

kTB：熱雑音〔dBm〕
BW：受信機の有効帯域幅〔MHz〕

である．

また一方，LPI 信号との関連で考えるのに役立つもう一つの要因として，処理利得がある．これには，信号変調のある特徴をうまく利用することによって，受信機の有効帯域幅を狭める効果がある．この長所は，レーダ受信機が処理利得を獲得できる一方で，敵の受信機は処理利得を獲得できないときに生じる．

傍受受信機は多種の信号を受信しなければならず，また，受信している信号のタイプを識別するために一般に詳細な諸元測定を行わなければならないのに対し，レーダは，自身の受信機とその処理を自身の信号に整合させることができることから，傍受受信機よりも帯域幅の利点を得ている．例えば，パルスレーダはパルスの往復伝搬時間の測定だけが必要であり，そしてその時間を測定するために数個のパルスを積分することができる．受信するパルスの形状を気にしなくてもよいので，（処理利得を含む）その有効帯域幅は，パルス幅の逆数より著しく小さい．一方，傍受受信機はパルス幅を測定しなければならない．これには前縁と後縁を限定できるパルスが必要であるが，そうすると約 2.5 倍の帯域幅，あるいはパルス幅の逆数以上の帯域幅が必要となる（図 3.41 参照）．

3.9.6.3　コヒーレント探知

レーダ信号のコヒーレント探知（coherent detection）は，EW 受信機では実現できないが，LPI レーダでは一般に送信機が受信機と一緒に置かれているので可能である．信号変調に不規則性がある場合には，これはいっそう顕著にな

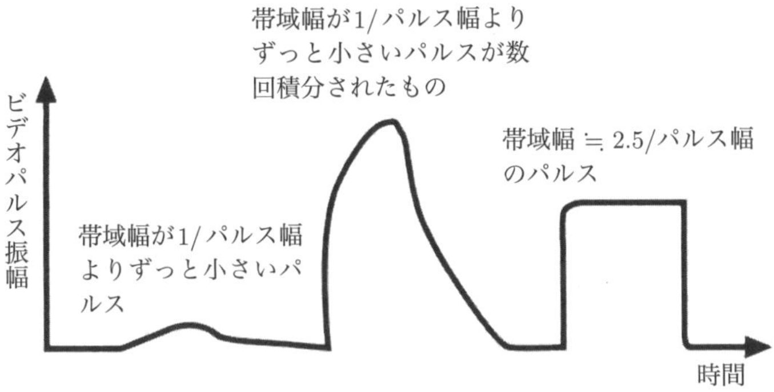

図 3.41　受信機の帯域幅がパルス幅の逆数未満の場合，パルス諸元を測定することは極めて難しいが，そのようなパルスでも，積分することによってパルス到来時刻を決定できる．帯域幅がパルス幅の逆数より大きいと，パルス諸元を測定できる．

る．この効果の最も極端な例として，レーダ信号を変調するのに本物の雑音を使用するという例がある．雑音変調を用いる LPI レーダは，ランダム信号レーダ（RSR）と呼ばれている．RSR は，図 3.42 に示すように，リターン信号と送信信号の遅延サンプルとの相関をとるために各種の技法を用いている．相関ピークを得るのに必要な遅延量が，目標までの距離を決定する．送信信号は完全にランダムで，傍受受信機は送信信号と相関をとる方法を一切持っていない

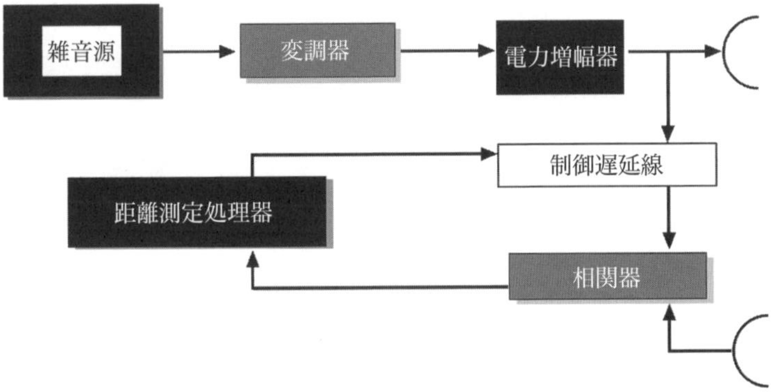

図 3.42　ランダム信号レーダは，ランダム変調方式で信号を送信する．このレーダは，送信信号の遅延サンプルとリターン信号の相関をとることによって，目標までの距離を決定する．

ので，変調特性の探知よりむしろ，エネルギー探知（energy detection）技法によってレーダが存在していると判断することができる．これは，レーダ受信機よりずっと効果が少ない処理である．

3.9.6.4　最新のLPIレーダ

過去20年にわたって，LPIと考えられるレーダが開発され，配備されてきた．これらは，持続時間が長く低電力の信号を送信することにより，その探知可能性を低下させる一方で，距離分解能を獲得するために周波数変調と位相符号化を用いてきた．そのようなシステムもいくつか存在しており，ランダム信号レーダは技術論文にも述べられている．

いかなる場合でも，レーダのLPIレベルは，既定の多様な交戦パラメータ（例えば，目標のレーダ断面積）と探知距離の比率の観点から説明される．これらはまた，目標に搭載された敵の受信機によるレーダの探知から，レーダによるその目標の探知までの時間である「警告時間」（warning time）の観点からも説明される．この場合も，交戦パラメータは明示されなければならない（例えば，目標の接近速度とレーダ断面積，および使用される受信機の型式）．

第4章

電子戦における赤外線・電子光学の考慮事項

電子戦の目的は，我が部隊における電磁スペクトルの利益を保持しつつ，敵によるその利益享受を拒否することにある．電磁スペクトルの無線周波部分のみを考えがちであるが，電磁スペクトルのうちIR，可視光線（visible light），および紫外線（ultraviolet; UV）においても相当のEW活動がある．本章では，これらのスペクトルの一般的性質，この領域で運用される各システム，およびこれらの各システムへの対抗手段の特質を取り上げる．

4.1　電磁スペクトル

図4.1は，電磁スペクトルの中で電子戦の分野にとって最も興味のある部分を示している．われわれは一般にスペクトルのRF部分を規定するのに周波数を使用するが，それより高い周波数では波長を使用するのがより一般的である．波長と周波数は，次式のような光速との関係があることに注意しよう．す

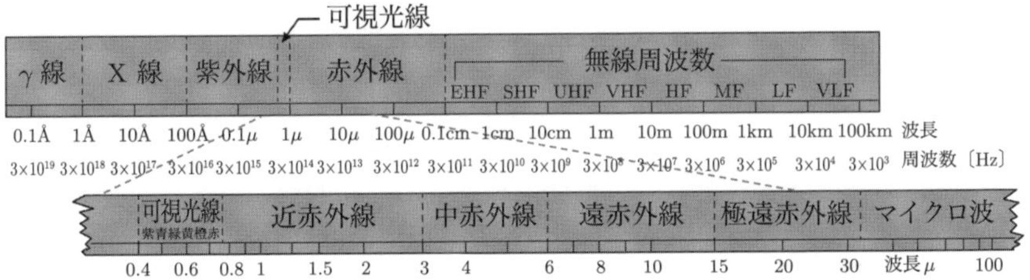

図4.1　電磁スペクトルには，RF，IR，可視光線，および可視光線を超える周波数がある．

なわち，

$$c = f\lambda$$

である．ここで，

c：光速（3×10^8m/sec）

f：周波数〔Hz〕

λ：波長〔m〕

である．

300GHzより下の周波数（すなわち，0.1cmより長い波長）が，無線周波数の範囲である．われわれはそれより上の周波数では波長だけを用いる．波長の一般的な単位は，マイクロメートル（μm; 10^{-6}m）である．極めて短い波長では，オングストローム（Å; 10^{-10}m）が使用される．

- 約30μm〜約0.75μmは，赤外線（infrared）領域
- 約0.75μm〜約0.4μmは，可視光線（visible light）領域
- 約0.4μm〜約0.01μmは，紫外線（ultraviolet; UV）領域
- これらより短い波長領域は，X線（X-ray）およびガンマ線（γ-ray）（これらの各領域は重なり合う）

である．

4.1.1　赤外線スペクトル

赤外線領域は一般に，さらに限定された以下の四つの領域に分けられる．

- 可視光領域の上縁（約0.75μm）〜3μmは，近赤外線（near infrared）領域
- 3μm〜6μmは，中赤外線（middle infrared）領域
- 6μm〜15μmは，遠赤外線（far infrared）領域
- 15μmより大きい波長は，極遠赤外線（extreme infrared）領域

一般に，高温の目標は，そのIRエネルギーのほとんどを近赤外線領域で放射する．これには，（エンジン内部を覗き込んだ）ジェットエンジン後方の光景が挙げられる．太陽のIRエネルギーも，ほとんどが近赤外線領域にある．

(ジェットエンジン外面の高温金属部やジェットエンジンの燃焼ガスといった) やや低温の目標は，ほとんどのIRエネルギーを中赤外線領域で放射する．常温範囲内の目標（すなわち，航空機その他のビークルの表面，雲，および地表）は，遠赤外線領域で放射する．

4.1.2 黒体放射

黒体（blackbody）とは，IRシステムとその対抗手段の研究に極めて有用な理論上の理想的IR放射体である．真の「黒体」は存在しないものの，IRエネルギーを放射するすべてのものが，黒体モデルと似た放射パターンで放射する．IR放射の単位は，$\mathrm{cm}^2\mu\mathrm{m}$当たりのワット数（$\mathrm{Wcm}^{-2}\mu\mathrm{m}^{-1}$）で表される．実在する物質のIR放射率（IR emissivity）は，所定の温度における黒体放射との百分率（%）で規定される．一般に，放射率の値は2〜98%で変化する．放射率の代表例としては，100°の磨いたアルミニウムで5%，100°の平均色塗料で94%，−10°の雪で85%，32°の人肌で98%である．

波長に対する黒体放射は，放射源の温度の関数である．図4.2に示すように，より高温の曲線の下ほどエネルギーは顕著に高くなる．総エネルギーは温度の4乗に比例して変化する．また，その曲線のピークは，温度が高くなるほど，

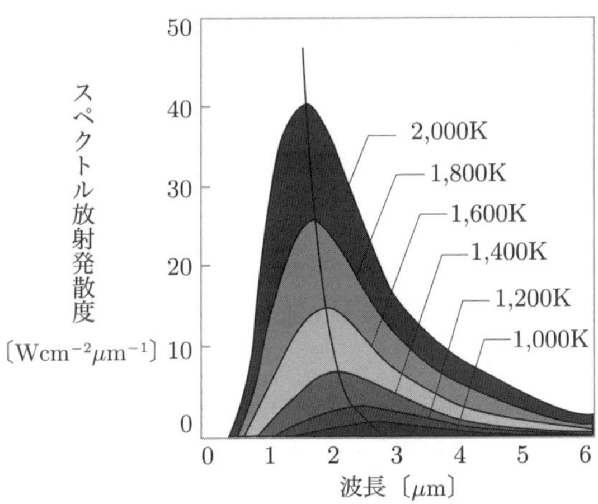

図4.2 黒体からの放射は，その温度に基づく異なった放射対波長分布を有する．

より波長の短いほうへ移動する．図 4.3 に，低温域における波長に対する放射発散度の対数曲線を示す．二つの黒体図における各曲線は絶対温度に対するものであるので，300K がおおむね室温であることに注意しよう．ここで興味深いのは，太陽表面は約 5,900K であるが，この温度が（そのスペクトル域で働く目を持つわれわれにとって都合の良い）可視光スペクトル内に放射のピークをもたらすことである．

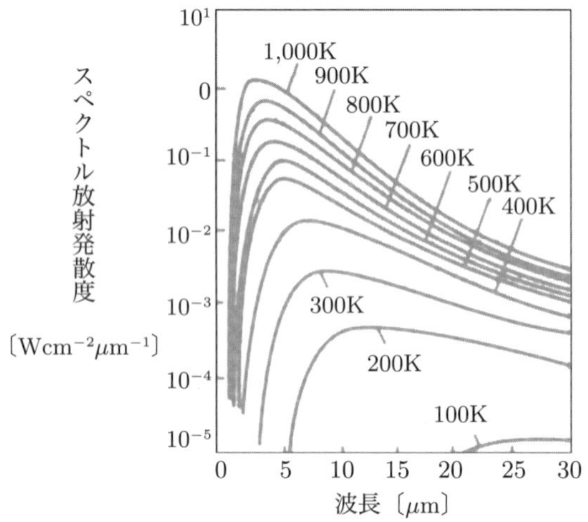

図 4.3　黒体放射曲線は低温域まで伸びている．

4.1.3　IR 伝送

図 4.4 に，波長に応じて大気を通過する IR の相対伝送度を示す．さまざまな大気ガスによる吸収線（absorption line）が存在するが，それ以外にも，近・中・遠赤外線領域に大きな伝送窓（transmission window）が存在することに注意しよう．

図 4.5 に示すように，IR 伝送において，ある距離に対する拡散損失は，その距離から受信開口を送信機周りの単位球（unit sphere）上に投影することにより計算される．そうすると，この拡散損失は，受信開口面の影像によってカバーされる単位球の表面の面積とその球の全表面積の比になる．これは，実のところ，RF 信号における拡散損失の計算と同じやり方である．また一方，

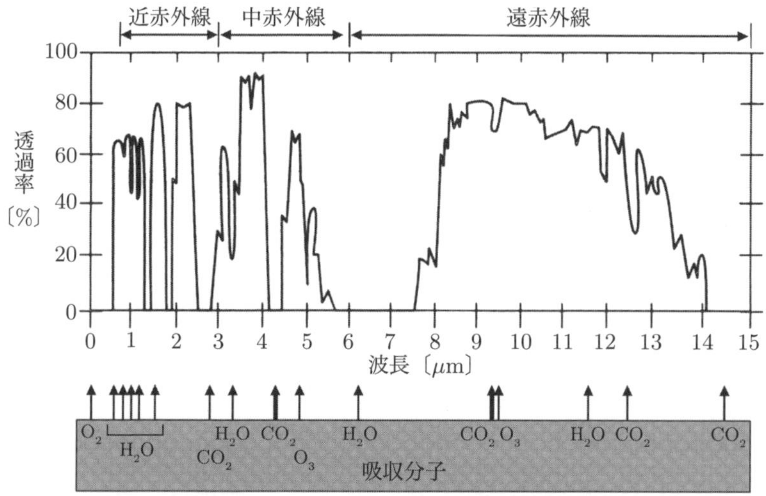

図 4.4　可降水量（precipitable water）17mm の海面上において 6,000 フィートの大気を通した透過率を示している．

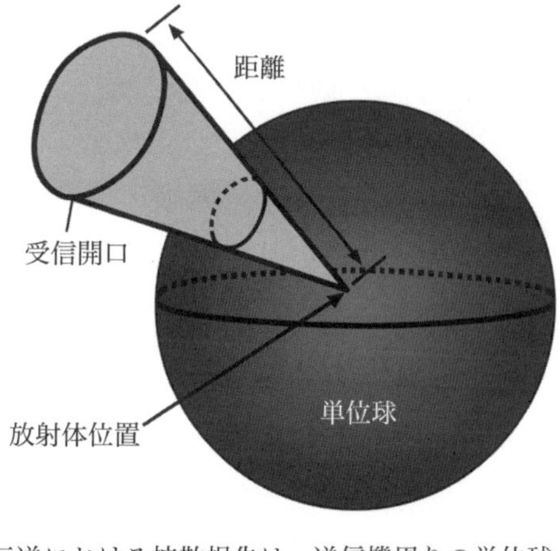

図 4.5　IR 伝送における拡散損失は，送信機周りの単位球上に投影された受信開口とその球の表面積との比である．

等方性アンテナを仮定することで，RF 方程式における距離と周波数項が得られる．

4.1.4　IR 領域における EW アプリケーション

EW システムや脅威となる武器は，IR エネルギーを受信して目標を探知，識別，標定するとともに，放射目標にミサイルを誘導する．これらのシステムや脅威となる武器の例には，IR ラインスキャナ（infrared line scanner; IRLS），前方監視型赤外線装置（FLIR），および IR 誘導ミサイル（IR-guided missile）がある．

もちろん，これらすべてのシステムに対する対抗手段が存在する．フレアあるいは IR 妨害装置（IR jammer）によって，各種センサは（一時的あるいは恒久的に）目をくらまされ，また IR 誘導ミサイルは無効化される可能性がある．

4.1.5　電子光学装置

われわれは放射された IR エネルギーを受信する装置を他の関心のある領域の装置から区分けするために，IR 装置と電子光学（electro-optical; EO; 光電）装置とをやや恣意的に区別している．これらの EO 装置のいくつかは，赤外線スペクトル領域で作動する．本章で説明する EO システムとアプリケーション（およびそれらの対抗手段）には，以下のものがある．

- レーザ通信（laser communication）
- LADAR（ライダー; レーザレーダ）
- レーザ測遠器（laser range finder; レーザ測距器）
- ミサイル攻撃用レーザ目標指示器（laser designator）
- 画像誘導ミサイル（imagery-guided missile）
- 高出力レーザ兵器（high-power laser weapon）
- 高感度テレビ（low-light television; LLTV）
- 昼間用テレビ（daylight television; DTV）

4.2　IR 誘導ミサイル

IR 誘導ミサイルは，最近のすべての戦闘に共通する最も破壊的な脅威である．これらは主として空対空および地対空のミサイルであり，また小型の肩撃ち式の火器も含まれる．IR ミサイルは，（低温の空を背にした）航空機の IR シグネチャ（IR signature）を探知し，三つの IR 帯域内の一つのエネルギー源に向かって進む．初期の IR ミサイルは高温の目標を必要としたので，その性能をうまく発揮するためにジェットエンジン内部の高温部を見る必要があった．したがって，攻撃は通常，ジェット機の後方からに限定されていた．最近のミサイルは，（燃焼ガス，後部排気管，熱せられた翼の前縁，あるいは航空機自体の IR 画像といった）より低温の目標に対しても有効に機能しうる．これによって，IR ミサイルはあらゆる機種をあらゆる要撃角（aspect angle）から攻撃できるようになった．

4.2.1　IR センサ

初期のミサイルは，2～2.5μm 領域（近赤外線域）の目標に必要な非冷却式硫化鉛（lead sulfide; PbS）検知器を使用していた．この種のミサイルは，相当な太陽干渉に悩まされ，そのため空中戦に厳しい制約があった．

近代的なシーカ（seeker; ミサイルの目標追尾センサ）では，セレン化鉛（lead selenium; PbSe），水銀カドミテルル（mercury cadmium telluride; HgCdTe）や，中・遠赤外線域で作用するものと類似した材料を用いたセンサが使用されている．これらのシーカは，全方位からの攻撃を可能にするが，センサを膨張窒素（expanding nitrogen）で約 77K まで冷却する必要がある．

4.2.2　IR ミサイル

図 4.6 は，IR 誘導ミサイルの構造の略図である．ミサイルの頭部が IR ドームである．これはシーカの光学素子を保護するための球形カバーであり，IR エネルギーをよく透過する材料でできている．シーカは IR 源の角度を感知して，誤差信号を誘導制御部に伝達し，誘導制御部はロール補助翼（rolleron）への制御コマンドによって，ミサイルを目標のほうへ誘導する．

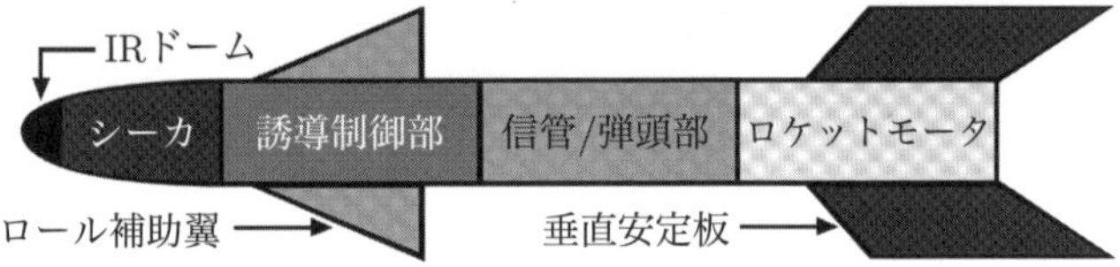

図4.6　熱線追尾ミサイルは，IRセンサからの入力によって誘導される．

図4.7は，簡単なIRシーカ（IR seeker）の機能を表す略図（断面図）である．光軸を挟んで対称な2枚の（1次および2次反射鏡となる）鏡があり，レティクル（reticle; 焦点位置に刻まれた網線）を通してIR検知セル上にエネルギーを集める．この図に示されていないものとして，レティクルを通過する信号のスペクトルを制限するフィルタと，必要に応じてセンサを冷却する装置がある．

図4.8に簡単なスピニングレティクル（spinning reticle; 回転レティクル）のパターンを示す．「朝日」（rising sun）とも呼ばれるこのパターンは，シーカの光軸を中心に回転する．このレティクルの上半分は，極低および極高透過度の各セグメントに区分されている．IR目標は，高透過度セグメントの一つに現れる．レティクルの残り半分の透過度は50%である．これにより，IRセンサに必要なダイナミックレンジ（dynamic range）を縮小している．レティクルが回転するにつれて，目標からIRセンサ上へのIRエネルギーは，図4.9に示す部分的な方形波パターン状に変化する．この波形の方形波部は，レティクルの上半分が目標を通過し始めるときに始まる．センサはレティクルの角度がわかっているので，波形の方形波部のタイミングから目標の方向を検知することができる．これによって，誘導部はミサイルを目標に向けて操舵するための補

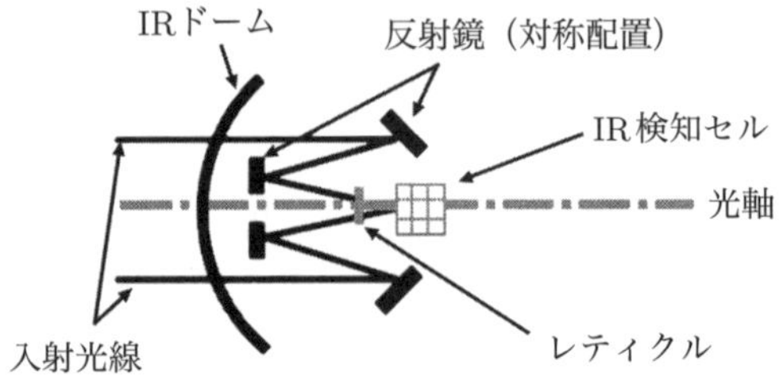

図4.7　IRシーカは，受信したIR入射光線を，レティクルを通して検知セル上に集める．

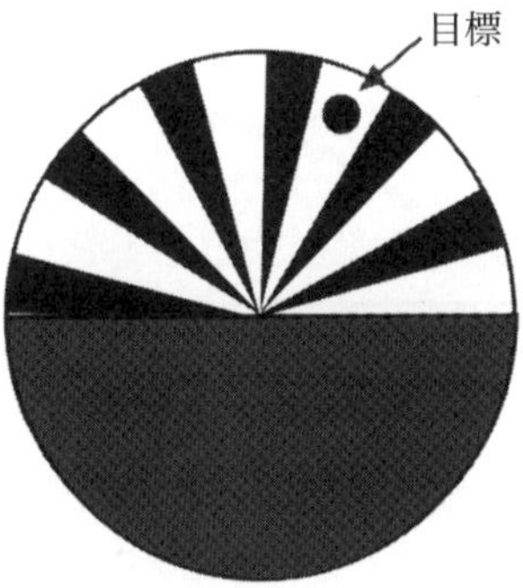

図 4.8　レティクルは，目標熱源からのエネルギーをシーカとの相対的な目標の位置に応じて変調する．

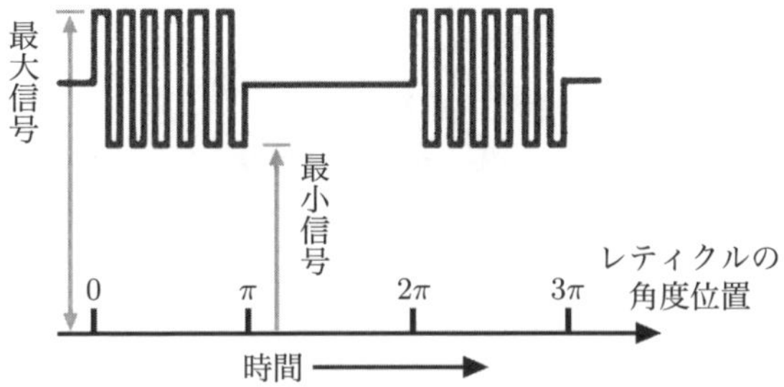

図 4.9　スピニングレティクルは，熱源方向の補正値を決定できるパターンを作り出す．

正ができるようになる．

図 4.10 は，センサの光軸からの目標角度オフセットに応じた最大信号電力量を示す．目標が中心の近傍にある場合，高透過度セグメントは目標全体を受け入れない．目標が中心から離れるほど，目標のより多くの部分が通過するようになる．目標全体が通った時点で，IR センサへのピークエネルギーレベルは，それ以上増加しなくなる．これは，目標がレティクルの中心部に非常に近いときに限って，比例した補正値をセンサに入力するということである．このことはまた，シーカにはレティクル外縁部近傍にある高エネルギーの偽目標を弁別する手段がないことを意味している．

図 4.11 に「車輪」（wagon-wheel）パターンを持つ非スピニングレティクル

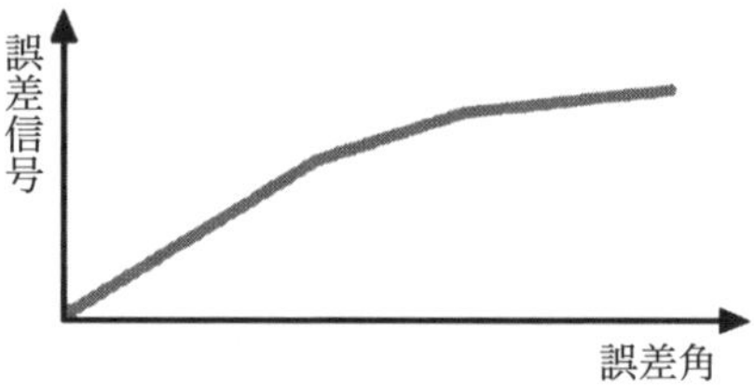

図 4.10　図 4.8 のレティクルからの誤差信号は，高透過度セグメントが目標全体を通すほどの広さになったところで平坦になる．

図 4.11　固定目標の像が章動運動をする一方，「車輪」型レティクルは固定されたままなので，目標が目標への光軸から離れるとパルスパターンが不規則になる．

を示す．操舵情報を作り出すために，シーカに入ってくるエネルギーは，光軸の周囲で章動（うなずき）運動をさせられる．目標が光軸上にあれば，このレティクルは，センサにエネルギーが一定振幅の方形波で到達するようにする．一方，目標が中心から外れていると，その像は同図に示すような中心がオフセットした円に移動する．これは，同図の下部に示す不規則な方形の波形を生じさせる．その結果，制御部は，ミサイルを狭パルスから離れる方向に操舵する必要があると決めることができる．

図 4.12 と図 4.13 に，さらに複雑で多様なレティクルの中から二つを示す．図 4.12 は多周波スピニングレティクルを示す．数個の輪のそれぞれでセグメ

図 4.12 多周波レティクルは，回転中心からの距離によって異なるセグメント数を有する．

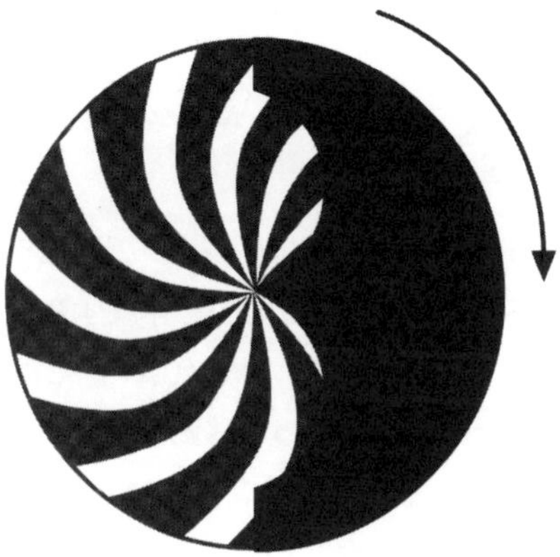

図 4.13 湾曲したスポークは，直線目標を見分ける．

ント数が異なるので，センサで見られるパルス数は，光軸から目標までの角距離に応じて変わる．これが比例操舵（proportional steering）を可能にする．図 4.13 に，（水平線のような）直線目標を見分けるための湾曲したスポークを有し，また比例操舵のために異なるオフセット角で異なるスポーク数を持つスピニングレティクルを示す．

目標に近づくにつれて，ミサイルに極端に高い加速度（g force）がかからないよう，ミサイルは図 4.14 に示すように比例航法（proportional navigation）を利用する．航空機とミサイルの双方が一定速度の場合，ミサイルの速度ベク

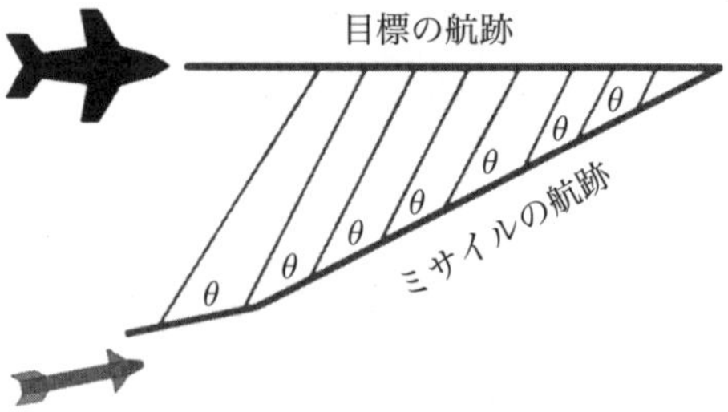

図 4.14　比例航法によって，ミサイルは最小加速度で目標を要撃できる．

トルと自身のシーカの光軸の間のオフセット角（θ）が一定となり，最適に要撃できる．どちらかが加速していると（例えば，目標が回避行動をとるなど），ミサイルを適切なオフセット角に戻すように修正しなければならない．

4.3　IR ラインスキャナ

IR ラインスキャナ（IRLS）は，各種偵察アプリケーションに役立つ IR 装置の一つであり，遮へいされた地域の IR 地図を作成する．これは，対象地域上空をかなり低空で飛行する有人機や無人機（UAV）に搭載される．IRLS は，搭載プラットフォーム自身の航跡に沿って移動して一つの次元を得ながら，航空機の航跡と交わるように走査角度を増やして IR 検知器で走査することにより，2 次元画像を作成する．

4.3.1　地雷探知アプリケーション

軍用・民間用 IRLS アプリケーションは多数あるが，IRLS の特質や限界は，埋設地雷の探知や位置決定における利用からよく理解できる．埋設地雷は周囲の土壌（あるいは砂）に比べて温度の上昇・下降率が異なることから，地雷探知にはこのやり方が実際に役立つ．そのため，例えば日没直後のように温度が変わるときに，地雷の温度は周囲と異なることになる．一方，IR センサの分解能は，土壌と地雷の温度差を適切に見分ける必要があり，また，例えば岩のような他の埋没物と地雷を見分けるために十分な角度分解能（angular resolution）も持っていなければならない．

4.3.1.1　事例

埋設地雷の直径を約 6 インチと仮定すると，地雷を適切な精度で識別するには，センサは 3 インチの分解能を持たなければならない．さらに，航空機あるいは UAV は 1 時間に 100 マイル（ノット）で飛行し，その IRST（infrared search and track system; 赤外線監視追尾システム）は，図 4.15 に示すように，地上航跡と交わる方向に 60° のセグメントを走査するものとする．最後に，この IR センサは，0.25mrad（ミリラジアン）の開口角を有し，IR のエネルギーレベルが 8 ビットでデジタル化されるとしよう．土壌は比較的広い温度範囲を持っている可能性がある上，撮影後の解析ではおそらく，この区域のどこでも地雷と土壌との比較的小さい温度差を見出す必要があるであろうから，この高分解能が求められることになる．

まず，そのセンサに必要な 3 インチの分解能を得るのに，航空機がどの程度の高度で飛行すればよいかを決定しよう．必要な高度は，

$$\frac{\text{地上分解能距離}}{\sin(\text{センサの開口角})}$$

となる．

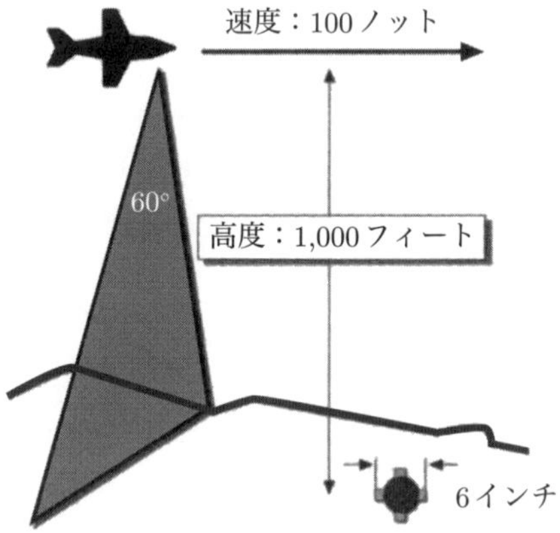

図 4.15　有人機や UAV は，6 インチしかない小型の地雷を IR センサで探知するため，ここでは地上航跡に沿って帯状に捜索している．この例では，地上高 1,000 フィートを 100 ノットで飛行している．

0.25mrad の開口角では，高度 1,000 フィートで 3 インチの分解能を得る．図 4.16 に，瞬時視野（instantaneous field of view）0.25mrad における地上分解能対高度を示す．

航空機は任意の速度で飛行できるが，掃引速度は飛行経路に沿って 3 インチごとに 1 回の航跡交差掃引（cross-track sweep）を行うのに十分な速度でなければならない．この例で選んだ速度 100 ノットでは，航空機は 1 秒当たり 169 フィートでその上空を飛行する．すなわち，

$$100 \times \frac{6,076\text{ フィート/h}}{3,600\text{sec/h}} = 169\text{〔フィート/sec〕}$$

である．

100 ノットで 3 インチごとに 1 回掃引するには，1 フィート当たり 4 回，すなわち 1 秒当たり 676 回掃引する必要がある．

IR センサのサンプリングも，航跡交差掃引においてセンサが地表面を 3 インチ移動するごとになされなければならない．航跡交差掃引範囲幅（帯の幅）は，

$$\begin{aligned} 2 \times \sin\left(\frac{1}{2} \times \text{走査角}\right) \times \text{高度} &= 2\sin(30^\circ) \times 1,000\text{ フィート} \\ &= 1,000\text{〔フィート〕} \end{aligned}$$

となる．

3 インチごとに 1 サンプルを取得するには，1 走査当たり 4,000 サンプルが必要である．そこで，サンプルレートは $676 \times 4,000 = 270$ 万サンプル/sec とな

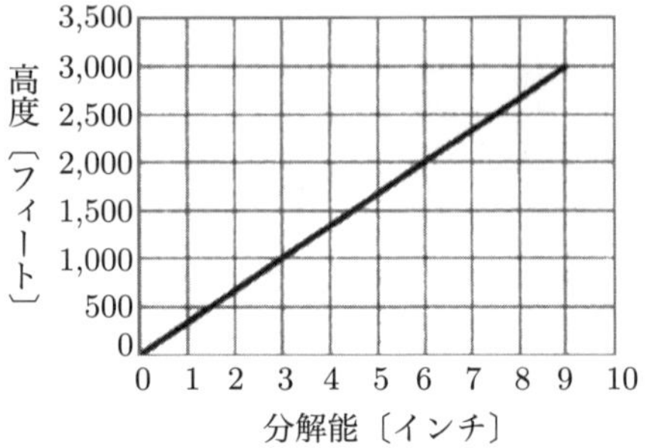

図 4.16　0.25mrad のセンサで与えられる地上分解能は，捜索範囲上の高度に応じて変わる．

る．サンプル当たり 8 ビットでは，データレートは 21.6Mbps となる．データのオーバヘッド（overhead）を標準的な 16% とすると，データレートは 25Mbps となる．

速度と高度の比（V/H）は，所要データレートをもたらす動作パラメータである．これは rad/sec で規定されている．この単位の選択について理解するために，航空機を地上の固定地点から観察することを考えてみよう．ラジアンとは，半径 1 の円の中心からその円周沿いに半径長の円弧を見る角度（弧度）であることを思い出そう．そこで，ラジアンに変換した単位時間当たりの内在角は，速度を半径（すなわち，地上からの高度）で割ったものに等しくなる．図 4.17 に，V/H が 0.174rad/sec の場合の（すなわち，3 インチの地上分解能距離を維持し，また，指定されたデータレートにおいて特定の地雷分解能の搭載機器に対して高度を最小化する場合の）高度と速度の関係を示す．

図 4.18 に，航空機の高度と速度に応じて 60° 帯幅の上の地雷解像データを再生するのに必要なデータレートを示す．この代表的な例からわかるように，埋設地雷の探知には，低高度を低速で飛行する航空機と，大量のデータ収集・分析が必要である．より大きな物体（例えば，地下掩蓋内の戦車）の探知には，さほどの角度分解能は必要とされないであろう．このため，より高い高度と速度およびより広い帯幅の両方またはいずれかによる運用が可能になるであろう．しかしながら，微細な温度分解能と広い温度範囲が必要なので，IRLS アプリケーションには常に高データレートが期待される．ビークルが無人である

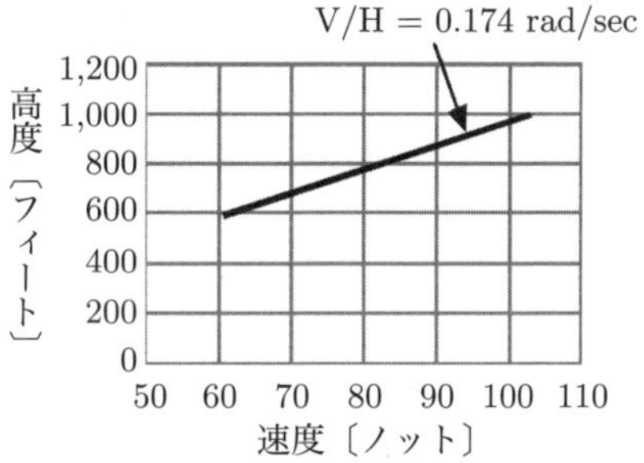

図 4.17 高度と速度の関係が，指定の地雷探知用搭載機器の V/H 仕様（0.174rad/sec）に適合していることを示している．

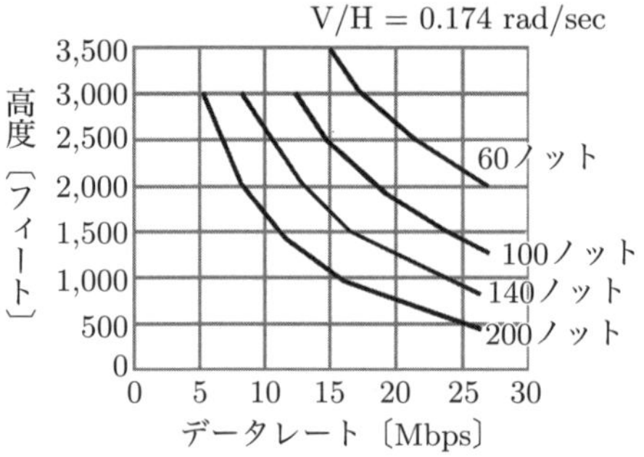

図 4.18 3インチ分解能で 60° の帯幅をカバーするのに要するデータレートを，高度との関係で示している．

か，または何らかの理由でデータが地上局に連接される場合は，広帯域のデータリンクが必要になる．

4.4 赤外線画像

画像には，2次元の像の取り込みと表示が伴う．これは可視光線波長領域（テレビジョン）あるいは非可視光線波長領域でのことである．ここでのわれわれの関心事は，赤外線波長の画像である．すべての画像を電子的に扱うために，表示画像はピクセル（pixel; 画素）に分解される．ピクセルとは，画面上の点のことである．すなわち，所要の品質の画像を作り出すには十分な数のピクセルが必要である．システムは，各ピクセルに表示すべき輝度（brightness）あるいは輝度と色（color）を記録・蓄積し，画面上の各ピクセル位置に適切な明度（value）で表示する．この画面表示は，図 4.19 に示すようなラスタ走査，あるいは図 4.20 に示すようなアレイ（array）によって作り出される．

ある画像システムで地図を作成する場合，各ピクセルと地上の分解可能距離（resolvable distance）の関係は，図 4.21 に示すようになる．システムが水平方向や上を見ていても同じ関係が当てはまるが，分解可能距離は，観測中の個々の対象までの距離の関数となる．

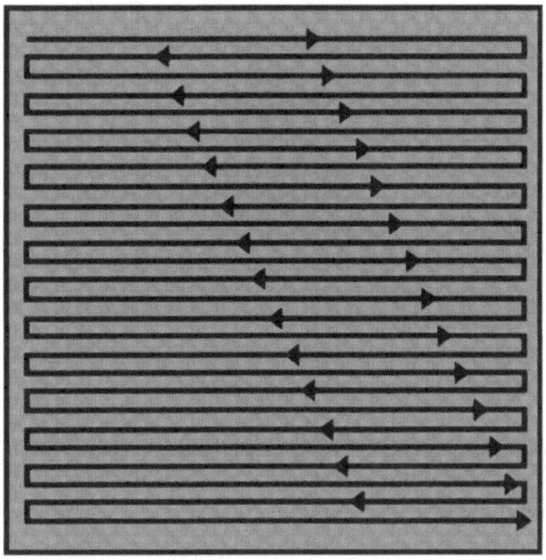

図 4.19 ラスタ走査は 2 次元領域をカバーする．各線上のピクセルの間隔は，おおむね線間隔と同じである．

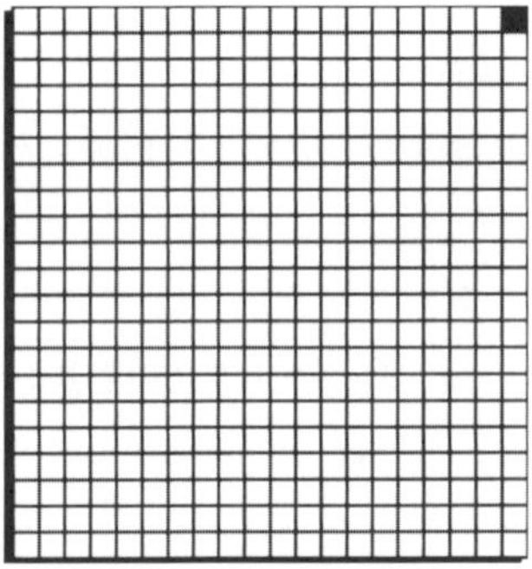

図 4.20 画像は表示ポイント，例えば液晶表示の各セグメントのグループで形成される．各素子が 1 ピクセルとなる．

4.4.1 FLIR

前方監視型赤外線（FLIR）装置は，2 次元の温度領域の取り込みと表示を行う．この装置は遠赤外線領域で動作するが，この領域で FLIR はあらゆるものが赤外線エネルギーを放射している．目標と背景の温度差を見分けることにより，FLIR は，オペレータが最もありふれたものを探知・識別できるようにする．その表示は，観測領域内の場所の温度を示すピクセルの輝度レベル（brightness level）に対応した単色（monochromatic; モノクロ）表示である．

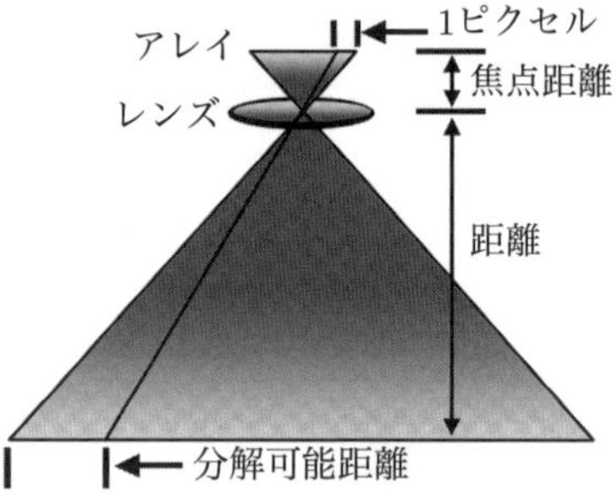

図 4.21　画面（またはラスタ）内の各ピクセルは，観測している目標の距離での分解可能距離を表す．

FLIR は，昼間も夜間も使用できるという点で可視光 TV 装置より優れたいくつかの長所を持つ．また，FLIR は温度や IR 放射率によって物体を見分けるので，植生や偽装により隠蔽された可視光 TV では見えない軍事的に重要な目標を見つけることが多い．

FLIR は，図 4.22 に示すように，直列または並列処理アレイ，あるいは 2 次元 IR アレイを使用することができる．直列処理（serial processing）型の FLIR では，2 次元視野の全域をラスタ走査するのに，単一の IR センサ方向を走査する鏡を 2 枚使用する．場面全体が CRT（画面）に表示される．ピクセル数は，走査線内のサンプル数と平行線の間隔によって決まる．並列処理（parallel processing）型では，2 次元領域をカバーするのに一つの角度セグメントを 1 列の検知器で走査する．センサアレイの各素子が一連の測定値を取り込むので，ピクセルは素子数と（各センサによる）走査線内のサンプル数で決定される．2 次元アレイは，単一のアレイ素子で取り込まれる各ピクセルを使って，カバーするすべての領域を同時に記録する．

FLIR で作り出されるデータレートは，フレーム（カバーされる 2 次元の角度範囲）内のピクセル数，毎秒のフレーム数，およびサンプル当たりの解像データのビット数の積である．ここで，ピクセルごとに一つのサンプルが作られることに注意しよう．

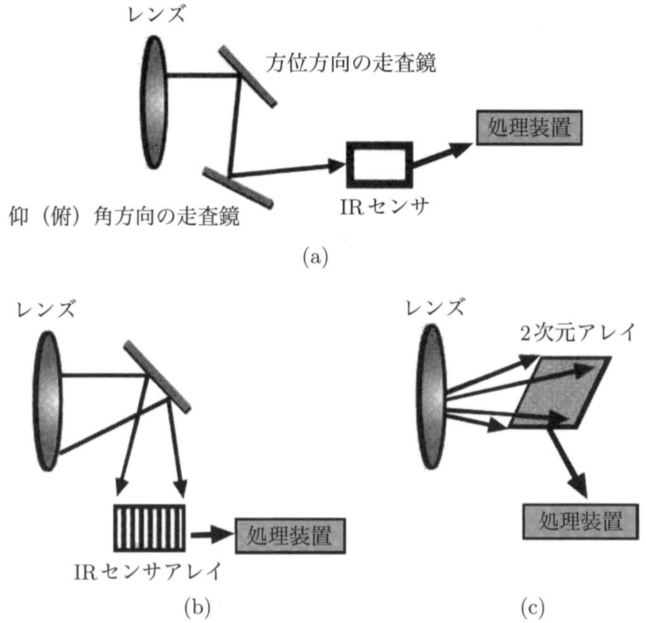

図 4.22 (a) 直列処理型 FLIR は，一つの IR センサ上にラスタパターンが順次焦点を結ぶように，2 枚の鏡で場面を走査する．(b) 並列処理型の FLIR は，各センサ内で一連のピクセルを作り出すため，鏡を回転させながら場面全域にわたって線形アレイを走査する．(c) 2 次元アレイの IR センサを使用する FLIR は，場面全体を瞬時に取り込む．

4.4.2 IR 画像による追尾

最新の地対空ミサイルの一部は，画像誘導（imagery guidance）を用いている．このやり方では，目標近傍エリアを，遠赤外線領域において動作する 2 次元 IR アレイで観測する．読者は中温度域の物体はこの領域の赤外線を放射することを思い出すだろう．つまり，このアレイは，より暖かい航空機とそれより低温の空とのコントラストを観測できるのである．処理装置は，相応のコントラストを示すアレイが提供する多数のピクセルによる輪郭を観測する（図 4.23 参照）．その後，処理装置は，このピクセル分布が目標としての基準を満たしていると確定し，ミサイルを対応する方向に誘導する．目標の大体の寸法と輪郭を判断し，また，ずっと小型のデコイと目標と区別するためには，

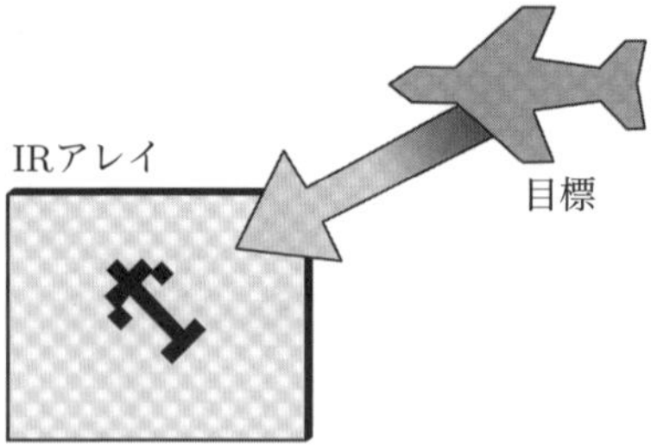

図 4.23　画像誘導システムは，追尾している目標を，わずかなピクセルをもとに認識する．

（高品質の画像を出すために多数のピクセルが必要であるのと対照的に）ほんの数ピクセルが必要とされるだけである．

4.4.3　赤外線による捜索・追尾

赤外線捜索追尾（infrared search and track; IRST）装置は，敵の航空機を探知するために航空機や艦艇で使用される．IRST は，画像を使用するのではなく，正しくは低温の背景に対してより暖かい点目標を捜索する．これは，図 4.24 に示すような IR センサアレイ（IR sensor array）を使用して広い角度範囲を掃引するものである．この装置は，自身の角度範囲を迅速にカバーしながら，IR 目標を探知する．その後，必要なデータを解明し，目標追尾情報をセンサに手渡す．

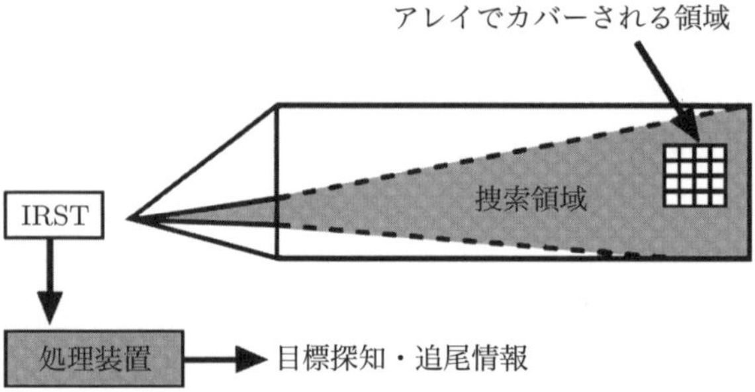

図 4.24　IRST センサは，小型のアレイで広い角度領域を走査して，低温の背景に対してより暖かい点目標を探知・追尾する．

4.5 暗視装置

砂漠の嵐作戦（Operation Desert Storm）は，1991 年 1 月 15 日夜に開始された．特にその日付に限って作戦を開始するという決断の背景には，もちろん複雑な政治的・軍事的配慮があったであろう．しかしながら，この日が新月であったことを考えると，イラクが全軍事能力を発揮できるのは昼間に限定されるのに対し，多国籍軍（coalition forces）には真っ暗闇での作戦能力があったことが一つの重要な要因であったことは明らかである．

多国籍軍は，全部隊に相当な数の暗視装置（night-vision device）を装備しており，戦術的利用について十分に訓練されていた．これらの暗視装置は第 3 世代開発品であり，完全にパッシブで，雲がかかった闇夜でも，利用可能な極めて低レベルの光を増幅するものであった．

4.5.1 装置の種類

暗視装置には，微光暗視テレビ（low-light-level television; L^3TV），トラック・戦車操縦者用の視認装置，火器照準具，および航空機搭乗員・地上部隊用暗視ゴーグル（night-vision goggles）がある．FLIR が物体から放射される赤外線エネルギーを受信するのに対し，暗視装置は物体から反射される有効な光を増幅するものである．FLIR は真っ暗闇でも使用できるが，暗視装置はある程度の（しかし極めて小さい）利用できる光を必要とする．

光増幅装置（light amplification device）は，FLIR より安価という利点があることから，かなり広く流通することができる．また，それらは光の領域で使用されるので，航空機や地上車両の操縦，ならびに地形を克服して移動する部隊に不可欠な手がかりを提供する．しかしながら，暗視装置では周辺視野（peripheral vision）が得られないので，効果的な戦術利用には相当の訓練を必要とする．

4.5.2 古典的夜間行動

夜間行動は常に軍事行動の一環として行われてきたが，隠密性と個人の感覚の伸展に頼ってきた．例えば，歩兵の新兵のすべてが嫌いな訓練の一つ，すなわち，歩兵小隊の夜間攻撃を取り上げて考えてみよう．その手順は，暗闇の中を通り抜けて敵に極力近接することであった．部隊は1列縦隊で移動する．つまり，兵士はそれぞれ帽子の後部に蛍光テープを貼り付けた前方の兵士に続いて1列になって進むのである．兵士の夜間視力を損なわないように，地図を読むための赤色光のみを使用していた．兵士は自身の目を動かし続け，（光にもっと敏感な）周辺視野を使うように訓練された．（小銃射撃を命じられたとき）一つの目標を暗闇の中で直接凝視すると，目標が見えなくなってしまうからである．理想的には，発見される前に，部隊が最終突撃線に（敵に面して横1列に）進出するほどに，敵に十分近く忍び寄ることができる．その後の昼間戦法に移行することを見込んで，砲兵部隊が戦場を照らし出す照明弾を打ち上げる（そうすることで，各人の夜間視力は完全に破壊される）．

兵士は，最新の暗視装置を使うことで，真っ暗闇でも迅速に移動し，正確な射撃ができる．

4.5.3　開発の歴史

光増幅装置が開発される前は，「真っ暗闇」（total darkness; 裸眼で感知できる光がまったく存在しないという意味）で射撃するための IR スポットライトと IR 検知スコープを使用した，いわゆる「スナイパースコープ」があった．兵士は，スポットライト点灯以前にスコープを作動させるよう注意されていた．そうすれば，点灯しているどのような点光源でも見ることができ，点灯したばかりの不運な敵を射撃できることになる．読者はこの装置の大きな欠点に気づくであろうが，それらは戦闘車両でも使用されていたのである．

ベトナム戦争中には，（スターライトスコープと呼ばれた）第1世代の光増幅装置が使用された．これらは，数百ヤードの視程を持っていたが，可聴性の「ぐずり声」を出すとともに，明るい光源が存在すると映像全体が見えなくなる「焦点ぼけ」（bloom; blooming）現象を起こした．

第2世代技術（1980年代）には，小銃と班装備火器（crew-served weapon）用照準具に加えて，ヘリコプタ操縦手用ヘルメット装着型ゴーグル（helmet-mounted goggles）が挙げられる．これらの装置は，距離増大とともに光飽和（light saturation）からの迅速な回復力を備えていた．しかし，それは電子管（真空管）寿命が短く，操縦席の照明により飽和されやすかった．青色・緑色の計器照明およびゴーグル付属のフィルタは，この飽和をさせないようにしなければならなかった．

第 3 世代技術は，感度向上，小型化，電子管寿命の改善，焦点ぼけの軽減，および近赤外線領域までの視程の延伸が図られた．IR 能力によって，暗視ゴーグルで 1.06μm レーザ目標指示器が見えるようになった．

4.5.4　スペクトル応答

図 4.25 に人間の目と第 2 世代および第 3 世代の光増幅装置とを比較した（波長に対する）相対感度を示す．

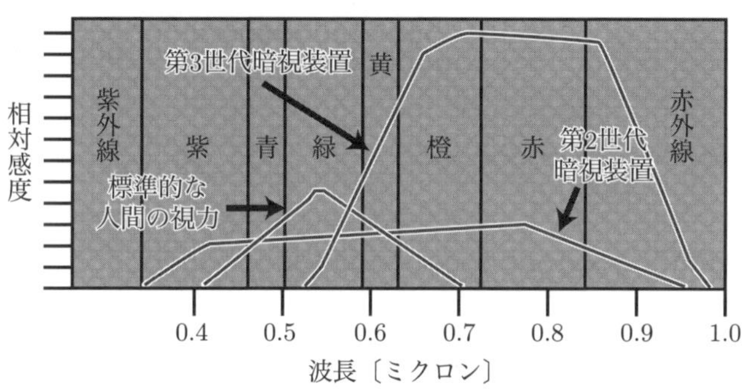

図 4.25　第 3 世代の暗視装置は，可視光の領域と赤外線の領域の双方で使用される．

4.5.5　実現方法

図 4.26 に，第 1 世代の光増幅装置の動作原理を示す．特殊コーティングを施した電極スクリーン（dynode; ダイノード）に当たった光は，高電圧によって真空中で加速された電子放射を起こし，磁場による集束を続ける．これらの加速電子が蛍光スクリーン（phosphor screen）に衝突することによって，元の光学像（optical image）へ変換される．所望の増幅を得るのに 3 段階を要した．

図 4.26　第 1 世代の光増幅装置はダイノードで増幅する．

図 4.27 に，第 2 世代の装置の動作原理を示す．必要な利得を得るため，真空装置とマイクロチャンネルプレート（microchannel plate; MCP）を組み合わせて使用する．

マイクロチャンネルプレートは，10^6 オーダの鉛ライニングが施されたホール（穴）を持つガラス塊である．電子は電子管の壁に衝突し，2 次電子を放出する．この 2 次放射は，各 1 次電子当たり約 3×10^4 個の出力電子を生ずる．これらの 2 次電子は加速され，表示用の蛍光スクリーンに像を結ぶ．

第 3 世代の装置は，図 4.28 に示すように，マイクロチャンネルプレート内ですべての増幅を成し遂げる．この電子管は，電子管の鉛ライニングによって 1 次電子を確実に衝突させるように曲げられている．

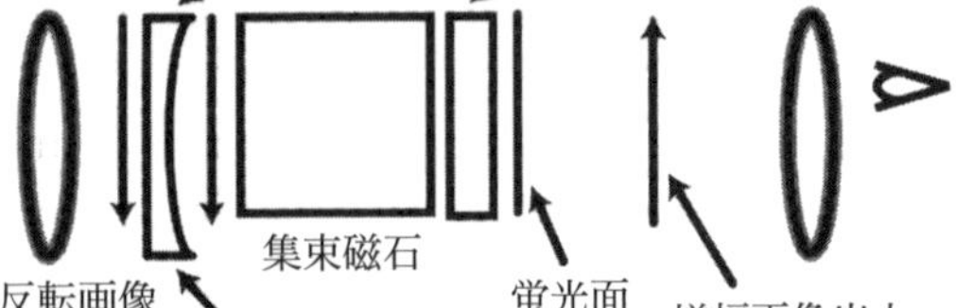

図 4.27　第 2 世代の暗視装置は，真空技術とマイクロチャンネル技術を組み合わせている．

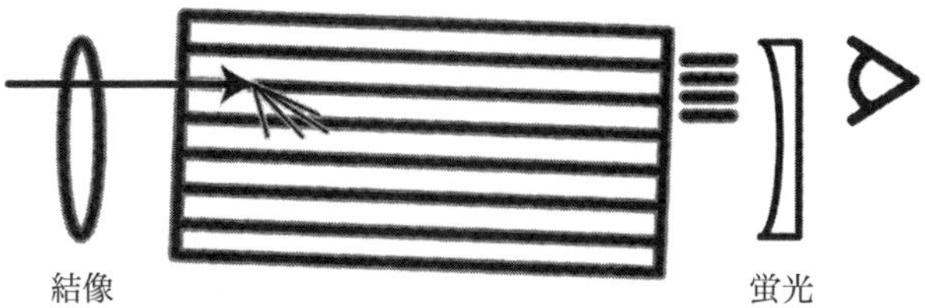

図 4.28　第 3 世代暗視装置は，マイクロチャンネルプレート内ですべての利得を生み出す．

4.6　レーザによる目標指示

レーザ目標指示器と測遠器は，長年にわたって固定地上目標および移動地上目標に対して使用されており，今日においてもヘリコプタや固定翼機にとって大きな脅威になっている．

4.6.1　レーザ目標指示器の運用

レーザが照射した目標表面からのレーザエネルギーのシンチレーションは，相当のエネルギーを有している．レーザ受信機を備えたミサイルは，このシンチレーションにホーミングできるので，目標との極めて正確な交戦が可能になる．通常，（目標指示器（designator）と呼ばれている）レーザ照射器は符号化されており，これがミサイル搭載受信機が持つ，太陽光や他の干渉エネルギー源を区別する能力を改善している．

ミサイルは，目標にホーミングするための角度誤差信号を得る（複数センサ，可動式レティクルなどの）ある種の誘導機構を持たなければならない．その受信機は，目標指示器の波長のレーザエネルギーだけを受け入れるように作られている．その処理回路は，適切な符号を識別し，角度誤差信号を誘導指令に変換する．

図 4.29 に示すように，目標指示器は必ずしも攻撃プラットフォームに搭載しなくてもよい．この場合，1 機の航空機あるいは UAV に目標指示器を搭載し，目標が移動していれば追尾させる．もう 1 機がミサイルを発射し，目標指

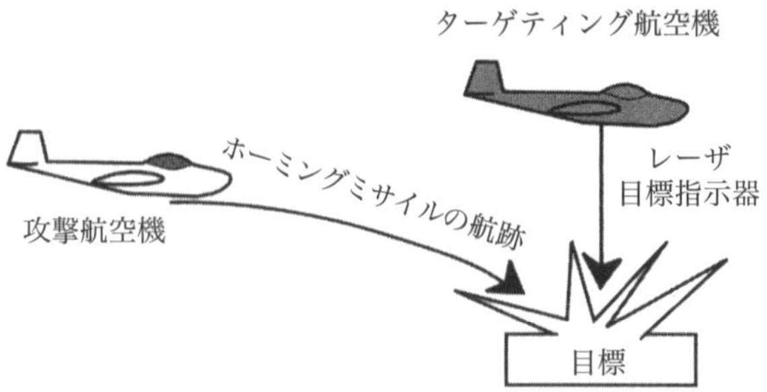

図 4.29　1機の空中プラットフォームが目標にレーザ目標指示器を当てることによって，もう1機のプラットフォームからのミサイルは，目標からのシンチレーションにホーミングできる．

示器によるシンチレーションにホーミングさせる．このミサイルは，打ち放し式の武器（fire-and-forget weapon）であり，攻撃機は複数目標と交戦し，ミサイルの発射後すぐにその区域から離れることができる．目標を指示中の航空機は，ミサイルが命中するまで目標指示器で指示する必要があるので，目標との見通し線内に留まらなければならない．

図 4.30 に，レーザ目標指示を使った地対地の戦闘を示す．攻撃プラットフォームは，レーザ目標指示器を目標に指向するとともに，自身のレーザホーミングミサイルを発射する．戦闘の全期間を通じて目標に目標指示器を指向し続けるため，見通し線内に留まらなければならない．一方，一部のシステムでは，ミサイル自身がレーザを搭載しているものもある．これによって，目標が攻撃プラットフォームとの見通し線を回避するために移動しようとしても，攻撃を続けることができる．攻撃プラットフォームのレーザ測遠器は，目標まで

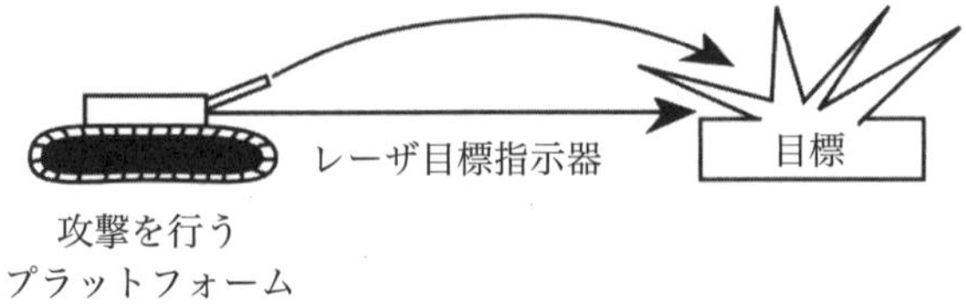

図 4.30　地上移動型の武器は，レーザで目標を指示し，自動追尾ミサイルを発射することができる．

の距離を非常に正確に測定することにより，極めて確実な射撃成果が得られるので，相手はいかなる対策も困難になることに注意しよう．

4.6.2 レーザ警戒

レーザ目標指示を利用する武器に対する防護の第1段階は，レーザ目標指示器が目標のアセットに指向されているかを判定することである．これには，図4.31に示すようなレーザ探知システムの使用が含まれる．これらは地上移動および航空機のプラットフォームに使用されている．これらのシステムは一般に，そのプラットフォームの周囲に4基ないし6基のセンサを配置している．各センサがボアサイトを中心にして90°をカバーするので，4基のセンサで方位360°，高低角約±45°の覆域となる．通常これは地上ビークルに対しては十分である．航空機は一般に6基のセンサを有し，全体でおおむね球状（4ステラジアン）の覆域を備えている．

各センサには，単一ピクセル（アレイ素子当たり1ピクセル）へのレーザ光の方向を標定する2次元アレイに入力信号を集束させるレンズがある．複数センサの出力がインターフェロメータ（interferometer）の相関成分として使用されれば，より高い位置精度が得られる．

レーザ警戒受信機（laser-warning receiver）の処理装置は，受信されたレーザの種類と到来方向を決定し，この情報を（統合脅威表示を持つ）レーダ警報受信機に渡すか，あるいは自身の特有の脅威表示装置を作動させる．これは，

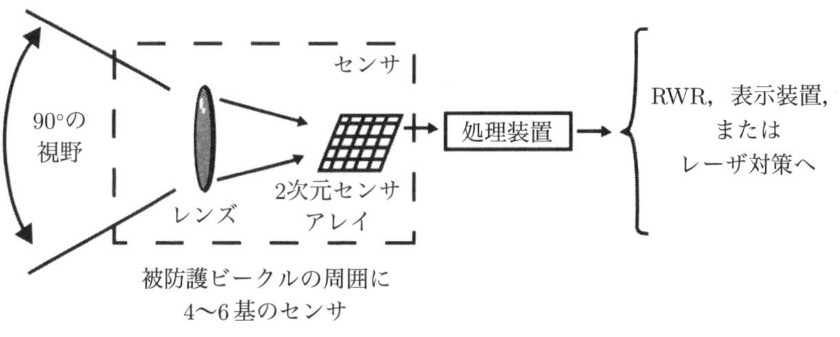

図4.31　レーザ警戒受信機は，レーザ目標指示器の存在，レーザの型式，および放射源の方向を探知する．

レーザ目標指示器あるいはその関連武器への対処を支援することもできる．

低出力レーザがミサイルを含む角度空間を通り抜ける走査をする場合，このレーザはミサイルの受信機のレンズを通過し，ミサイルの探知アレイから反射されたその反射光が再びミサイルのレンズを通して防護すべきアセットの受信機に増幅されて戻ってくる（図 4.32 参照）．受信されて反射された信号の到来方向を分析することにより，対抗システムはミサイルの方向を決定する．

プルーム探知器（plume detector; 燃焼ガス探知器）は，対抗システムがミサイルを標定することができるもう一つの方法である．

図 4.32　敵のミサイルの受信機内の検知器から反射したレーザ光は，敵のミサイルの受信機のレンズを 2 回通過するので，強められる．

4.6.3　レーザ誘導ミサイル対策

レーザ誘導ミサイル（laser-homing missile）への対策には，アクティブとパッシブがある．

アクティブな対策には，ミサイルまたは目標指示器への応射がある（図 4.33 参照）．ミサイルの位置は，そのプルーム（plume; 噴煙）を探知するか，あるいはそのホーミング受信機からのレーザ反射を探知することで決定できるので，対ミサイル用ミサイル（countermissile missile; ミサイル要撃ミサイル）に対する射撃解が得られる．目標指示器は目標と見通し線内に留まらなければならないので，正確なレーザ警戒受信機は，目標を指示している（地上または空中の）プラットフォームを攻撃するミサイルに射撃解を提供できるだろう．

このミサイルは，（受信機のセンサを飽和させて）敵ミサイル受信機を目潰しするか，あるいはそのセンサを実際に損傷させうる高出力レーザを使用して

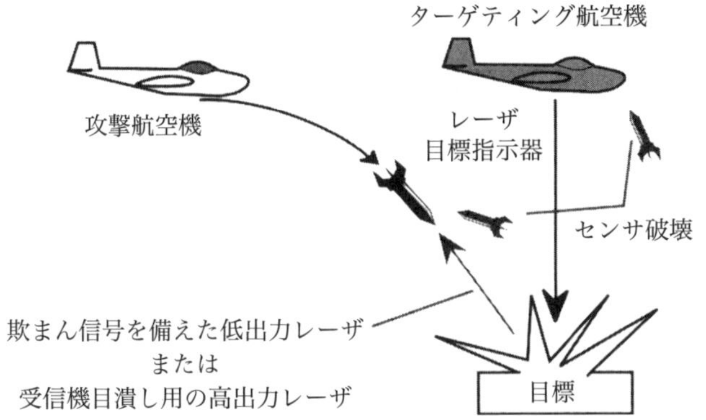

図 4.33 アクティブなレーザ対策には，目標指示器またはミサイルに対する欺まんやセンサ破壊，あるいはミサイル受信機の目潰しがある．

電子的に攻撃することもできる．

低出力レーザであっても，ミサイルの受信機に誘導誤差信号を送る欺まん機能を持っていれば，そのミサイルを目標に命中させないようにすることができる．

パッシブな対策は，目標を隠蔽し，ターゲティングプラットフォームによる目標の追尾および正確なレーザ指示を困難にするものである．レーザが目標を指示している場合は，発煙（obscuration）も，レーザのシンチレーション出力を弱めることがある．最終的に，発煙はミサイル受信機へのレーザ信号の伝搬を弱めるので，誘導に必要な誤差信号が得られなくなる．

IR，可視光線，あるいは紫外線信号を見えなくするように考案された煙幕（smoke; 煙; 発煙剤）は，有力な対策である．地上目標に対する水幕散布システム（water-dispensing system）は，防護されるプラットフォームの周囲に濃霧（dense fog）を発生させるものであり，これも広範囲の信号周波数を効果的に隠蔽することができる．

4.7　赤外線対策

赤外線誘導ミサイル（infrared-guided missile）の対抗手段には，フレア，IR 妨害機，IR デコイ，IR チャフ（IR chaff）がある．

4.7.1　フレア

IR 誘導ミサイルに対する主な対抗手段は，これまでのミサイルのロックオン（lock-on; 自動追尾）を外すために航空機から射出される高温のフレアである．フレアは航空機に対するロックオンを外し，ミサイルにフレアをホーミングさせるものである．フレアは防護する航空機よりもずっと小さいが，それよりかなり高温である．このため，かなりの IR エネルギーを発する．図 4.34 に示すように，ミサイルの追尾装置（tracker）は，その視野内の全 IR エネルギーの重心（centroid）を追尾する．したがって，フレアのエネルギーが高いほど，そのエネルギー重心はフレアにより近接する．フレアが防護すべき航空機から離れるに従って，その重心は引き離される．航空機がミサイルの追尾視野から離れた時点で，ミサイルはフレアだけにホーミングする．

最近の武器は，高温フレアのエネルギー優位を克服するため，いわゆる「2 色」（two color）追尾装置を使用している．図 4.2 の黒体曲線は，各目標の温度に対して特有のエネルギーの波長曲線が存在することを示す．図 4.35 に示すように，（2,000K の）フレアのスペクトル放射輝度（spectral radiance）に対する波長曲線は，温度がかなり低い航空機のそれとはかなり異なる形状を持ちう

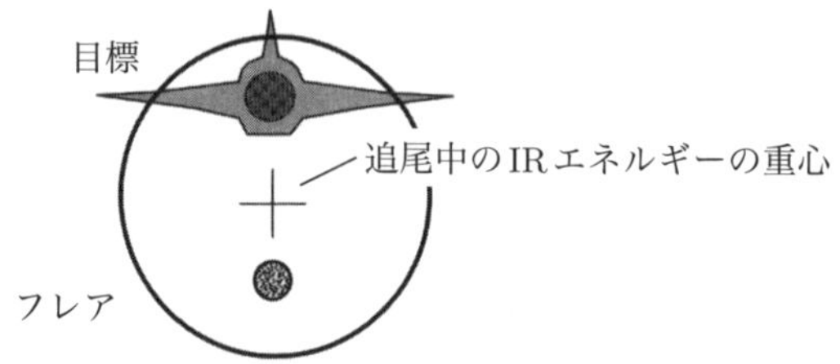

図 4.34　フレアは目標より高い IR エネルギーを持っており，ミサイルはその追尾装置内の IR エネルギーの重心に向かう．こうして，ミサイルは目標から引き離されてしまう．

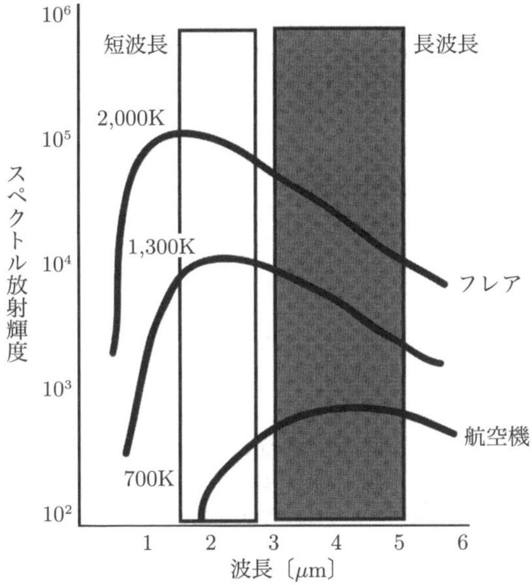

図 4.35　2 色センサは，二つの波長のエネルギーを比較することによって，その目標の温度を判定できる．

る．二つの波長（すなわち各色）のエネルギーを測定し，比較することによって，センサが追尾している目標の温度を事実上確定できる．2 色追尾によって，より高温のフレアを見分けて目標を追尾し続けることが可能になる．これが，IR 誘導ミサイルに対する対抗手段の複雑度を著しく増加させる．2 色追尾装置を欺くには，的確な温度の大型の使い捨て型目標（expendable object）を使用するか，あるいは，正確に測った二つの波長で本来のエネルギー比を受信させる他の何らかの方法によりミサイルのセンサを欺く必要がある．

フレアには使い捨てという欠点があり，それゆえ数量に制約がある．その上，極めて高温であるため，民間機には使用できないという，安全上重大な問題が指摘されている．

4.7.2　IR 妨害機

IR 妨害機（IR jammer）は，IR 誘導武器のセンサに送る誘導信号を妨害する IR 信号を作り出す．それらは，4.2 節に記述したように，レティクルを通過する目標の IR エネルギーによって作られる信号と似たような IR 信号を供給する．妨害信号と変調された目標のエネルギー信号の両方がミサイルの IR センサで受信されると，追尾装置は誤った誘導指令を作り出すことになる．

IR 妨害機を最適に使用するには，妨害されるミサイルシーカのスピン・アンド・チョップ周波数（spin-and-chop frequency）についての情報が必要である．これは，ミサイル追尾装置をレーザで走査することによって測定できる．IR 検知器の表面は反射することから，レンズはレーザに（入射時および反射して戻る途中の双方で増幅することによる）二重の利点を与える．レティクルがセンサ上を移動する際に，反射信号のレベルが変化することになる（4.2 節参照）．これによって，処理装置は武器の IR センサに到達するエネルギーパターンの波形と位相を再現できるようになる．

ミサイル追尾信号を判定した時点で，IR 妨害機は，いわば欺まん RF 妨害機（deceptive RF jammer）の意図と同様に，ミサイルの追尾信号に図 4.36 に示すような誤ったパルスパターンを送信することで，不正確な操縦指令を出させることになる．攻撃してくるのが明白なミサイルに関する直接的な情報がなくても，一般的な擬似の追尾信号を作って送信することもできる．

この IR 妨害信号は，いくつかの方法で作り出せる IR エネルギーのパルスからなる．一つの方法は，キセノンランプ（xenon lamp）かアークランプを発

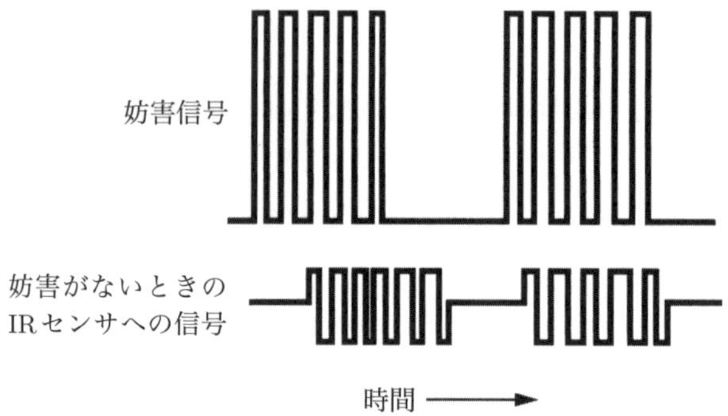

図 4.36　より強力な妨害信号がミサイルの IR 受信機内で目標の IR シグネチャと結合し，ミサイルシーカで処理された角度追尾信号を歪めてしまう．

光させることである．もう一つの方法は，図 4.37 に示すように，(「ホットブリック」(hot brick) と呼ばれる) 大量の高温物質を時間制御して暴露するものである．所要の妨害信号を作り出すホットブリックを機械式シャッタで照射する．これらはいずれも，さまざまな防護局面において広い角度範囲にわたって妨害信号を作り出す．

妨害信号を作り出す第三の方法は，IR レーザ (IR laser) を用いるものである．このレーザは変調が容易で，極めて高水準の妨害信号を作り出せるが，ビーム幅は本来狭い．したがって，妨害中の追尾装置を正確に指向させなければならない．これには，高い角度分解能を持つ IR センサによって，ビーム走査を制御する必要がある．一般にこのセンサは，追尾装置を搭載するプラットフォーム (例えばミサイル) の IR シグネチャを検知するものである．受信機における信号レベルが高いので，この IR レーザ妨害機は，大型のプラットフォームを防護することができる．

ここで留意すべきなのは，防護される目標に搭載している妨害機がミサイルの追尾装置の欺まんに失敗した場合，それが逆にミサイルの追尾精度を向上させるビーコンとなるかもしれない点である．

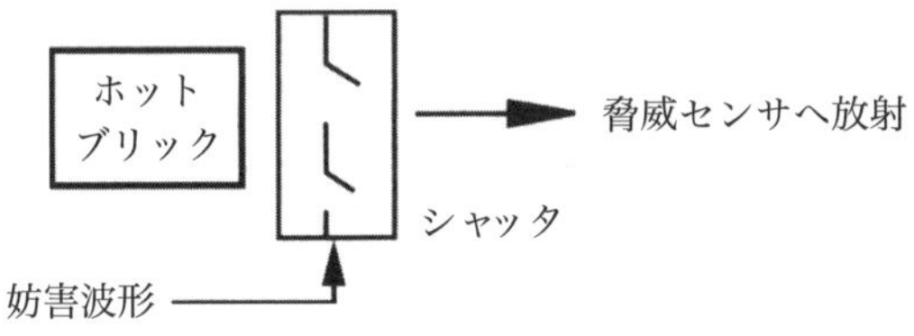

図 4.37 IR 妨害装置は，機械式シャッタを開放し，脅威センサに対して大量の高温の「ホットブリック」を連続して露出させることによって，妨害信号を作り出す．

4.7.3 IR デコイ

IR デコイ (IR decoy) は，IR ミサイルをいかなる種類の被防護プラットフォームからも引き離すように利用できる．デコイは，固定する方法あるいは運動させる方法によって，武器の追尾装置を最適に欺まんする．ある状況下では，デコイはフレアよりも低い温度でより大きいエネルギーとなる．

固定式または移動式の地上アセットと同じ大きさの IR エネルギーを放射するデコイは，敵のターゲティング能力を飽和させることが可能である．

4.7.4　IR チャフ

航空機や艦艇から発射するロケットによって大量の IR シグネチャを有する物質が散布されると，それは，IR 制御武器に対しても，レーダ用のチャフがレーダ制御方式の武器に対して防御するのとほとんど同じ能力を有するものと思われる．IR チャフは，燃焼させるか，くすぶらせるか，あるいは，その温度を適正レベルに上げるように急速に酸化させることで，適切な IR シグネチャを作り出せる．チャフ雲は大きな幾何学的領域を満たすので，ある種の追尾に対してはより効果を発揮するかもしれない．RF チャフ（RF chaff）同様，IR チャフもミサイルのロックオンを外すか，あるいは目標捕捉をより困難にするために背景温度を高める目的にも利用できる．

第5章

通信信号に対するEW

本章では通信信号に関わるEWを扱う．取り上げる項目は，電波伝搬，脅威環境の特質，個々の信号の特性である．さらに，通信信号に関わる捜索，傍受，妨害における論点も検討する．戦場の戦術通信環境は密度が極めて高く，このことはすべての通信EW活動において考慮すべき重要事項である．

5.1　周波数範囲

戦術通信は図5.1に示すように，主としてHF帯，VHF帯，およびUHF帯の各周波数帯域で行われる．また一方，同様に考察すべき通信信号として，固定2地点間，衛星，空地データ回線もある．表5.1に各用途区分における各種

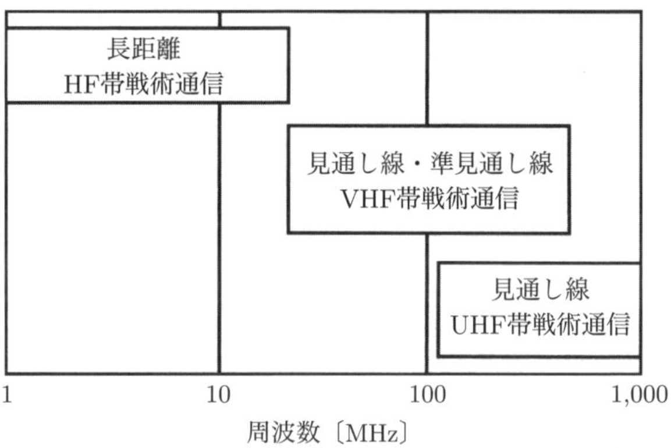

図5.1　一般に戦術通信はHF帯，VHF帯，UHF帯の各周波数帯域で実施される．

表5.1　各種通信回線

軍事用途	回線の型式	周波数帯域
戦術指揮・統制（地上）	地上2地点間および空地	HF，VHF，UHF帯
戦術指揮・統制（空中）	空地および空対空	VHF，UHF帯
UAV指令・データ	空地および空中中継，衛星	マイクロ波帯
戦略指揮・統制	衛星	マイクロ波帯

通信回線の典型的な利用法を列挙する．

一般に通信回線は，送信機と受信機の間の障害のない見通し線に依存するが，周波数が高いほどより広い帯域幅を利用できる．また，各帯域特有の考慮事項も存在する．

5.2　HF帯の伝搬

本節では，非常に複雑なHF帯伝搬の一般的な意味解釈に限定して説明する．その伝搬特性は時刻，時節，場所，および（太陽の黒点活動のような）電離層（ionosphere）に影響を及ぼす諸条件によって変化する．*Journal of Electric Defense* 誌1990年6月号のRichard Grollerの卓越した記事 “Single Station Location HF Direction Finding” は，さらに研究を進める出発点としてお勧めである．さらに，*Reference Data for Radio Engineers*（RDRE）といったハンドブックもお勧めであり，これにはHF帯伝搬における代表的な曲線が収録されている．最後に，具体的な電離層の状態，伝搬パラメータ，その他の事例については，連邦通信委員会（Federal Communication Commission; FCC）が，ウェブサイトhttp://www.fcc.gov/で大量のデータとともに公開している．

本節では，電離層，電離層反射（ionospheric reflection），HF帯伝搬経路，および単一局方向探知装置の働きについて説明する．本節の主な参考文献は，Groller氏の記事とRDREである．

HF帯の電波は，直接波（line of sight），地表波（ground wave），または上空波（sky wave）で伝搬しうる．見通し線においては，5.3節のVHF帯および

UHF 帯伝搬で示される式によって予測する．地表面に沿う地表波伝搬は，経路に沿った地表面地質の影響を強く受ける．FCC のウェブサイトには，この伝搬モードについてのかなりの量の曲線が掲載されている．HF 帯伝搬は，伝搬距離がおおよそ 160km を超えると，電離層で反射される上空波に依存する．

5.2.1 電離層

電離層とは地表面上空約 50〜500km にある電離ガス領域のことである．ここにおける主な関心事は，電離層が中〜短波帯の無線伝送を反射することにある．電離層は図 5.2 に示すように，いくつかの層に区分される．

- D 層（D layer）は，地上約 50〜90km 上空に存在する．これは吸収層（absorptive layer）であり，吸収量は周波数の増加とともに減少する．その吸収は正午に最大となり，日没後は最小になる．
- E 層（E layer）は，地上約 90〜140km 上空に存在する．これは昼間の短〜中距離の HF 帯伝搬における無線信号を反射する．その強度は太陽放射（solar radiation）の働きによるもので，季節と太陽の黒点活動

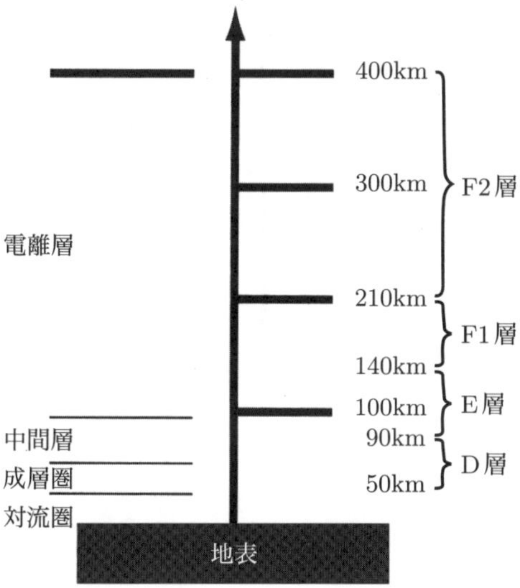

図 5.2 電離層は D 層，E 層，F1 層，F2 層からなる．

(sunspot activity) に応じて変化する．

- スポラディック E (sporadic-E) とは，主として東南アジアや南シナ海地域の夏季に短期間かつ一時的に現れる，電離層を発生させる条件のことである．これが HF 帯伝搬に短期変動を引き起こす[1].
- F1 層 (F1 layer) は，地上約 140〜210km 上空に広がっている．これは昼間のみに存在し，夏季および太陽黒点活動の最盛期に最強となる．中分緯度で最も顕著である．
- F2 層 (F2 layer) は，地上約 210〜400km 上空に広がっている．これは常在するが，極めて変化しやすい．これによって長距離および夜間の HF 伝搬が可能になる．

5.2.2　電離層反射

電離層からの反射は，見掛けの高度 (virtual height) と臨界周波数 (critical frequency) を特徴とする．見掛けの高度とは，図 5.3 に示すように，信号の電離層による見掛け上の反射点 (apparent point of reflection) の高度をいう．こ

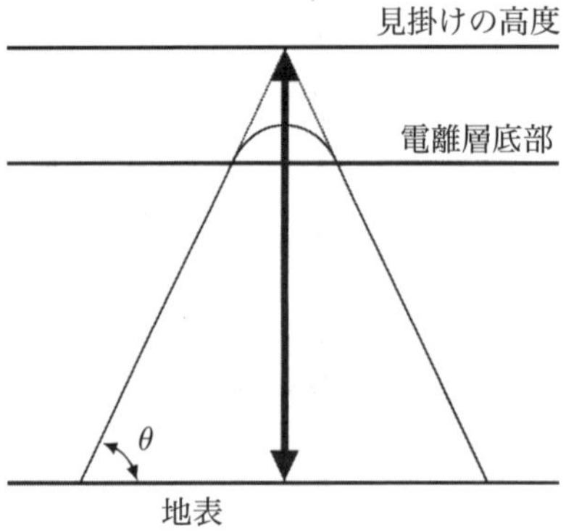

図 5.3　電離層の見掛けの高度とは，HF 伝送における見掛け上の反射点のことである．

1. 【訳注】電子密度が極度に高い場合，VHF 帯の電波も反射されることがあり，不規則かつ短期ではあるが，VHF 帯の長距離伝搬も起こりうる．

れは垂直に送信して往復伝搬時間を測定するサウンダ（sounder; 電離層高度測定装置）で測った高度のことである．周波数を増加させていくと，この見掛けの高度は臨界周波数に達するまで上昇する．送信信号は，この周波数において電離層を突き抜ける．さらに高高度の層が存在していれば，見掛けの高度はその高い層まで上昇する．

反射が起こりうる上限の周波数もまた，仰角（図 5.3 の θ）と臨界周波数（F_{CR}）の関数である．最高使用可能周波数（maximum usable frequency; MUF）は，次式で決定される．すなわち，

$$\mathrm{MUF} = F_{\mathrm{CR}} + \sec\theta$$

である．

5.2.3 HF 帯の伝搬経路

図 5.4 に示すとおり，電離層の状態によって，送信機と受信機の間にはいくつかの異なる伝搬経路が存在しうる．上空波が一つの層を通り抜けても，より高い層で反射されるかもしれない．伝送距離によっては，E 層で 1 回以上の跳躍が起こりうる．E 層を突き抜けても，F 層で 1 回以上跳躍が起こることもある．これは，夜間は F2 層，昼間は F1 層における反射となる．個々の層の局所密度によってはさらに F 層から E 層へ跳躍し，それが F 層へ戻り，そして最後に地上へ至るという跳躍もありうる．

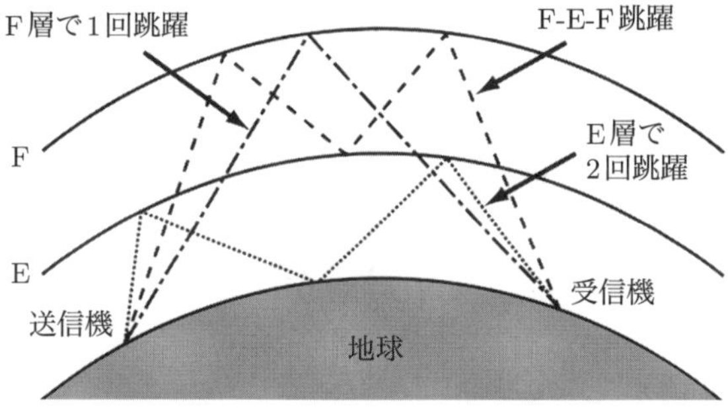

図 5.4　信号周波数，電離層の状態，および送信機と受信機の位置関係によって，送信機から遠方の受信機までの伝搬経路がいくつか存在しうる．

上空波伝搬からの受信電力 P_R は，次式で予測される．

$$P_R = P_T + G_T + G_R - (L_B + L_i + L_G + Y_P + L_F)$$

ここで，P_T は送信機出力，G_T は送信アンテナ利得，G_R は受信アンテナ利得，L_B は拡散損失，L_i は電離層吸収損失，L_G は（複数回跳躍における）大地反射損失，Y_P は（集束，マルチパス，偏波などの）雑損失，L_F はフェージング損失である．上式の全項が dB 形式である．

5.2.4　単一局方向探知装置

単一局方向探知（単局方探）装置（single site locator; SSL）は，到来信号の方位と仰角を測定することによって，HF 帯電波源の位置を見つけ出すものである．これによって測定される仰角が，電離層反射角である．図 5.5 に示すように，送信機と受信機における仰角は同じなので，SSL 局から電波源までの距離は次式で与えられる．

$$D = 2R\left(\frac{\pi}{2} - B_R - \sin^{-1}\left(\frac{R\cos B_R}{R+H}\right)\right)$$

ここで，D は SSL 局から電波源までの地表距離，R は地球半径，B_R は受信機位置で測定した仰角，H は信号が反射された電離層の見掛けの高度である．

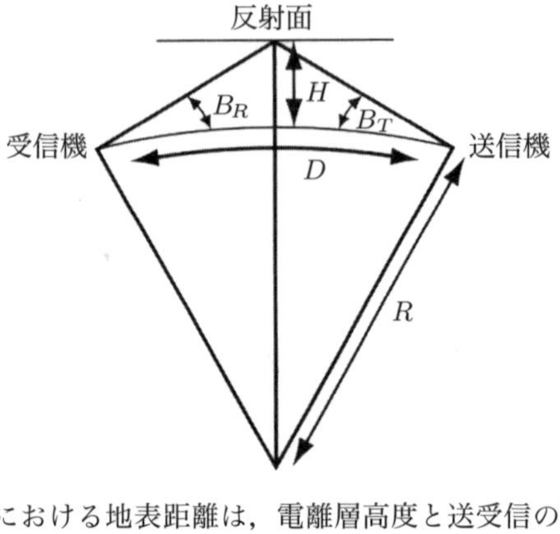

図 5.5　跳躍における地表距離は，電離層高度と送受信の距離に応ずる仰角との関数である．

5.2.5 航空機搭載システムによる電波源位置決定

見通し線受信を利用して，HF 帯送信機の傍受と位置決定を目的とする機上電子戦や偵察システムが多数存在している．直接波および上空波の双方の信号は航空機に到達はするが，伝搬経路長差による深刻なマルチパス干渉（multipath interference）を引き起こす．これが傍受を困難にするとともに，電波源位置決定システムの運用に重大な問題を引き起こすことになる．

この問題に対する一つの解決策は，例えば水平ループなど，頂部にヌルの利得パターンを持つアンテナを使用することである．直接波電波源は，相対的に航空機の機体下部に近いのに対して，上空波信号は極めて高仰角で到来する．したがって，上空波信号は，このアンテナ利得パターンによって大幅に減衰されることになる．

5.3 VHF 帯と UHF 帯の伝搬

VHF 帯と UHF 帯の電波伝搬は，HF 帯伝搬より行儀が良い．つまり，VHF 帯と UHF 帯伝搬は公式でうまく表現できる．本節では，一般に使用される伝搬モデル（propagation model）とそれらの一般的な適用について説明する．ここでは回線の位置関係に関わる損失のみを考慮することにする．大気と降雨による付加的な損失も存在するが，この周波数帯域では，それらは一般にそれほど大きな影響を与えるものではない．

5.3.1 伝搬モデル

Communications Handbook（通信ハンドブック）の第 84 章（p.1182）は，伝搬モデルについての優れた参考資料であり，単純モデルと複雑モデルの両方を説明している．これには屋外伝搬（outdoor propagation）用の奥村–秦モデル（Okumura-Hata model）と Walfish-Bettroni モデル（Walfish-Bettroni model），および屋内伝搬（indoor propagation）用の Saleh モデルと SIRCIM モデル（simulation of indoor radio channel impulse response model）が収録されている．これらのモデルは，具体的な経路の特性値を入力すると固定位置間

の通信に対しては有益な情報を与えるが，電子戦にはさほど役立たない．一般にEW伝搬では，多数の実在および潜在する回線に影響を与える動的なシナリオを取り扱う．したがって，EW用途では通常，自由空間伝搬（free space propagation），平面大地伝搬（2-ray propagation; 2波伝搬），あるいはナイフエッジ回折（knife-edge diffraction; 刃形回折）伝搬モデルのいずれかを使用する．

5.3.2　自由空間伝搬

図5.6に示すように，自由空間伝搬（見通し線伝搬と呼ぶこともある）モデルは，大きな影響を与える反射経路が存在しない伝搬にふさわしいものである．これは高域周波数帯や高高度での伝搬で起こるが，狭ビームアンテナを使用して伝搬に対する反射経路の影響を弱めるときにも起こる．

自由空間における伝搬損失（propagation loss）は，次式で与えられる．

$$L = \frac{(4\pi)^2 d^2}{\lambda^2}$$

ここで，Lは直接損失比（direct loss ratio），dは距離〔m〕，λは送信波長〔m〕である．

広く使用されているこの式のdB形式は次のとおりである．

$$L = 32.44 + 20\log(f) + 20\log(d)$$

ここで，Lは損失〔dB〕，fは送信周波数〔MHz〕，dは距離〔km〕である．

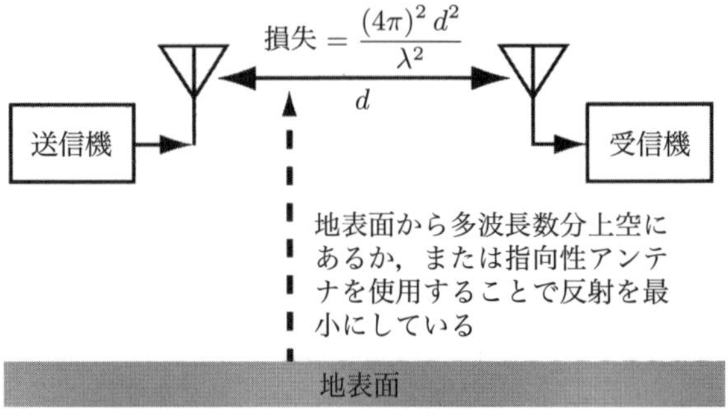

図5.6　一般に自由空間伝搬モデルは，高域周波数帯，高高度の両方または一方における伝搬に適用する．

ここで，定数の 32.44（通常，四捨五入して 32）を用いる際は，距離を km 単位で入力する必要があることに注意しよう．距離が陸上マイルであれば，この定数は 36.57（通常，四捨五入して 37）となり，海上マイルであれば 37.79（通常，四捨五入して 38）となる．

5.3.3　平面大地伝搬

大地から 1 回反射する伝搬特性を持つ地域においては，平面大地伝搬モデルが使用されるのが普通である．これは図 5.7 に示すように，低域周波数帯，かつ地表面に近接して伝搬する信号において起きる．

平面大地伝搬における伝搬損失は周波数に無関係である．これは次式で与えられる．

$$L = \frac{d^4}{h_t^2\, h_r^2}$$

ここで，L は直接損失比，d は経路距離〔m〕，h_t は送信アンテナ高〔m〕，h_r は受信アンテナ高〔m〕である．

上式のさらに使いやすい dB 形式は次のとおりである．

$$L = 120 + 40\log(d) - 20\log(h_t) - 20\log(h_r)$$

ここで，L は損失〔dB〕，d は経路距離〔km〕，h_t は送信アンテナ高〔m〕，h_r は受信アンテナ高〔m〕である．

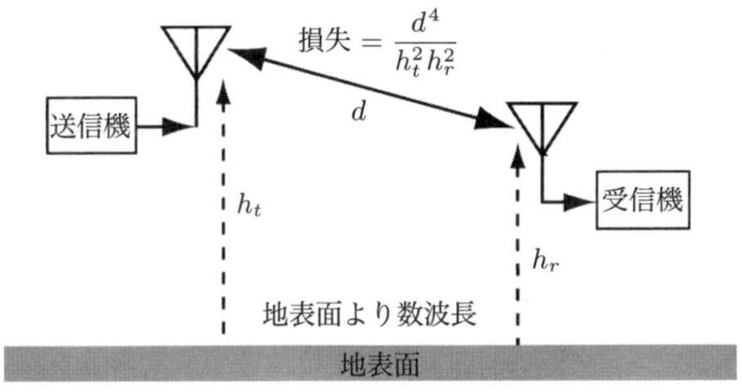

図 5.7　平面大地伝搬モデル（2 波伝搬モデル）は一般に，低域周波数帯域かつ低高度における伝搬に適用する．

図 5.8 に示すように，どの伝搬モデルを使用するかはフレネルゾーン（Fresnel zone; FZ）を計算することによって決定できる．経路長が FZ に満たない場合は自由空間モデルを使用し，経路長が FZ より長い場合は平面大地伝搬モデルを使用する．選択したモデルは全経路長で使用する．ここで，距離 = FZ の場合，二つのモデルの伝搬損失は同じになることに注意しよう．フレネルゾーン距離（Fresnel zone distance）の計算式は次のとおりである．すなわち，

$$\mathrm{FZ} = \frac{4\pi h_t h_r}{\lambda}$$

である．ここで FZ はフレネルゾーン距離〔m〕，h_t は送信アンテナ高〔m〕，h_r は受信アンテナ高〔m〕，λ は送信周波数の波長〔m〕である．また，次の式からも FZ が得られる．

$$\mathrm{FZ} = \frac{h_t h_r f}{24,000}$$

ここで，FZ の単位は km，アンテナ高の単位は m，f は周波数〔MHz〕である．

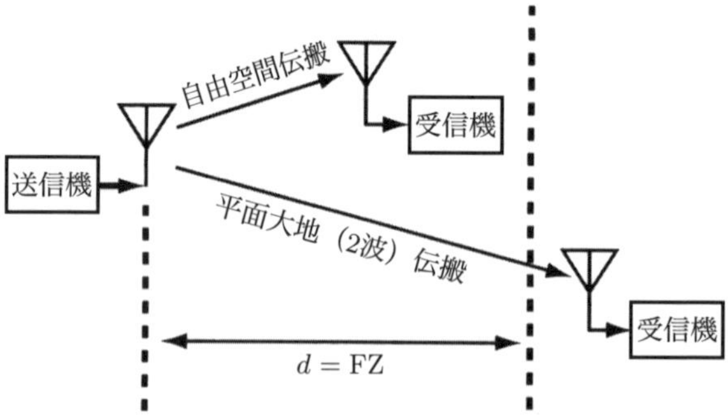

図 5.8　フレネルゾーン距離は，伝送距離全体を通して自由空間と平面大地伝搬モデル（2 波伝搬モデル）のいずれを使用すべきかを決定する．

5.3.4　ナイフエッジ伝搬

伝搬経路が稜線に近接しているか，あるいは稜線にかかっている場合，上記の伝搬モデルの損失にもう一つの損失が加わる．この損失は，図 5.9 に示すように，ナイフエッジ伝搬モデルで近似される．ここで，ナイフエッジの受信機

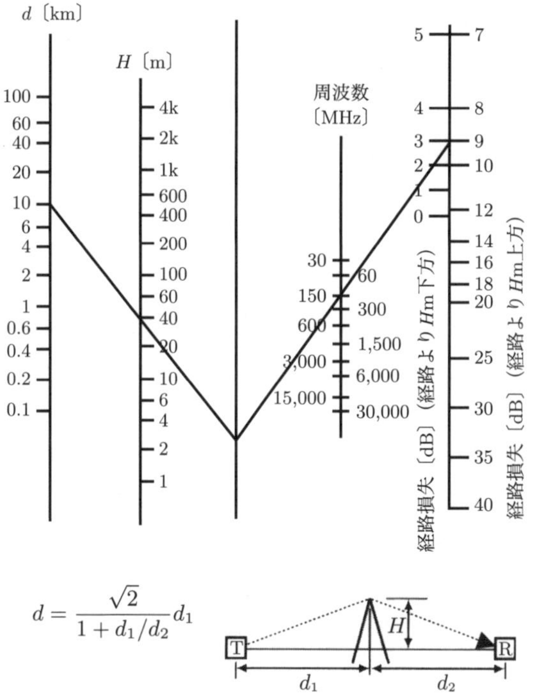

図 5.9　ナイフエッジ回折損失は，周波数，およびエッジに対する送信機と受信機の位置関係の関数である．

側との距離 d_2 は，送信機側との距離 d_1 以上でなければならないことに注意しよう．また，距離項 d も次式で計算する必要がある．

$$d = \frac{\sqrt{2}}{1 + d_1/d_2} d_1$$

図 5.9 の例では，d_1 と d_2 はともに 14km であり，直線の伝送経路はナイフエッジの下方 40m を通過し，送信周波数は 150MHz である．

d は計算から 10km となるので，10km から目盛り線の 40m に線を引く．2 番目の線を，最初の線と指標線の交点から 150MHz を通って右の目盛りへ引く．この線は 9dB の位置を通過するので，障害のない経路の伝搬損失にナイフエッジによる損失 9dB が加わることになる．ここで，伝送経路がナイフエッジの下方40mではなく，上方40mを通過するとすれば，ナイフエッジ損失は3dBとなることに注意しよう．

5.4　伝搬媒体内の信号

通信回線を記述する場合，送信アンテナから離れる信号を実効放射電力としてdBmで規定する．dBmは電気回路内のみで規定される単位であるので，そっくりそのまま当てはまるわけではない．伝搬媒体内（大気圏あるいは宇宙空間）に出ると，信号は電界強度（field strength）を単位として正確に定義され，正式の単位はμV/mである．また一方，回線全体を通して信号レベルをdBmで記述すると極めて便利なので，それを都合良く説明するためにある工夫をする．その工夫とは，空間の信号レベルを，図5.10に示すように，等方性（isotropic）の無指向性アンテナ（omnidirectional antenna）で受信されるであろう電力として，dBmで記述することである．信号伝送経路内のどこでもこの仮想アンテナで信号を受信するとすれば，厳密にはアンテナ出力はdBm単位となる．

受信感度や他のいくつかの重要項目はμV/mで規定できるので，伝搬問題を解くために，電界強度とdBm形式の等価信号強度（equivalent signal strength）の間で変換したり元に戻したりすることもときどき必要である．これは，電界強度値を2乗し，等方性アンテナの等価面積（equivalent area）を乗じ，自由空間インピーダンス（impedance of free space）で除算することで変換される．

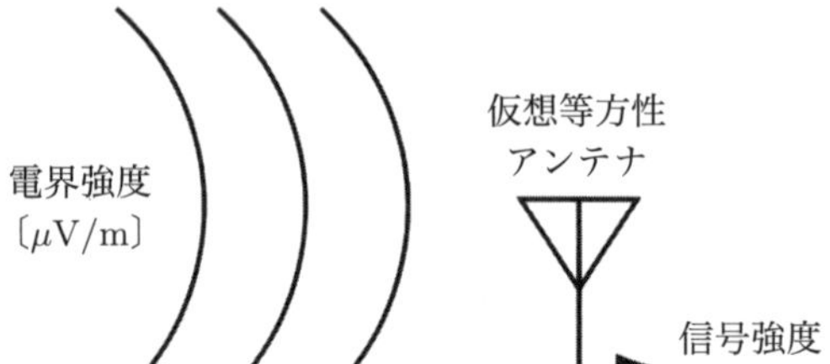

図5.10　電界強度は，理想的な等方性アンテナで信号がどう受信されるかを計算することによって，信号強度に変換される．

アンテナの有効面積は，次式で与えられる．

$$A = \frac{G\lambda^2}{4\pi}$$

ここで，

A：アンテナ面積〔m^2〕
G：アンテナ利得（非 dB 形式）
λ：信号の波長〔m〕

である．

等方性アンテナの利得は 1 なので，その有効面積は単に $\lambda^2/4\pi$ となる．

アンテナ面積の dB 形式の式は，

$$A = 39 + G - 20\log(F)$$

となる．ここで，

A：有効面積〔dBsm〕
G：利得〔dB〕
F：周波数〔MHz〕

である．

39 という数字は，光速の 2 乗，4π，および単位変換係数を含む定数（dB 形式）である．等方性アンテナの利得は 1（0dB）なので，有効面積はちょうど $39 - 20\log(F)$〔dBsm〕となる．自由空間インピーダンスは 120π である．

電界強度の 2 乗にアンテナ面積を乗じ，自由空間インピーダンスで除算すると次式が得られる．

$$P = \frac{E^2\lambda^2}{480\pi^2}$$

ここで，

P：信号強度〔W〕
E：電界強度〔μV/m〕
λ：波長〔m〕

である．

自由空間インピーダンス（Ω）は，分母の一部であることに注意しよう．

上式の dB 形式は次のとおりである．

$$P = -77 + 20\log(E) - 20\log(F)$$

ここで，

P：アンテナ出力部における電力〔dBm〕

E：電界強度〔μV/m〕

F：周波数〔MHz〕

である．

-77〔dB〕の項には c^2，π^2 および単位変換係数が含まれている．

信号強度〔dBm〕を電界強度〔μV/m〕に変換するには，次式を用いる．

$$E = \sqrt{\frac{480\pi^2 P}{\lambda^2}}$$

ここで，

E：電界強度〔μV/m〕

P：信号強度〔W〕

λ：波長〔m〕

である．オーム単位が分子の中にあることに注意しよう．

上式の dB 形式は次のとおりである．

$$E = \mathrm{antilog}((P + 77 + 20\log(F))/20)$$

ここで，

E：電界強度〔μV/m〕

P：信号強度〔dBm〕

F：使用周波数〔MHz〕

である．

表 5.2 にいくつかの周波数における，さまざまな電界強度〔μV/m〕に対する信号強度〔dBm〕を示す．

表 5.2　電界強度および周波数のさまざまな値に対する dBm 単位の信号強度

電界強度〔μV/m〕	信号強度〔dBm〕				
	10MHz	50MHz	100MHz	250MHz	500MHz
1	−97	−111	−117	−125	−131
3	−87.5	−101.4	−107.5	−115.4	−121.4
5	−83	−97	−103	−111	−117
10	−77	−91	−97	−105	−111
50	−63	−77	−83	−91	−97
100	−57	−71	−77	−85	−91

5.5　背景雑音

図 5.11 のグラフは，周波数に応じた各種環境中の背景雑音（background noise）を示している．これは受信機内で生成されるものではないので，外部雑音（external noise）と呼ばれている．外部雑音は，例えばエンジンの点火プラグ，路面電車，電動機などの多くの低電力の干渉信号の混合放射である．ここで，外部雑音は中波および短波（MF および HF）帯で非常に強く，周波数が

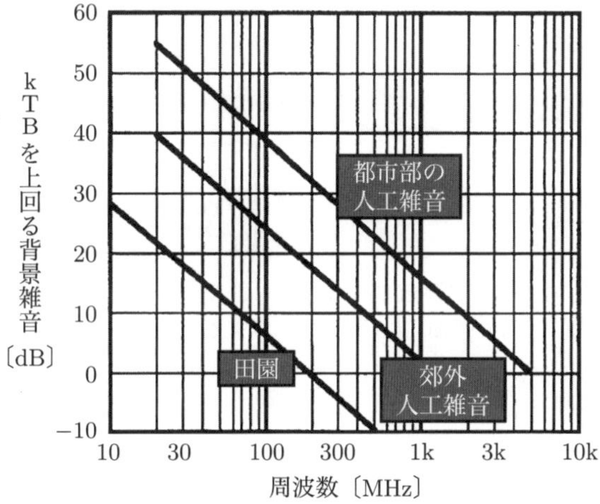

図 5.11　外部雑音レベルは，周波数と受信機が所在する地域の特性によって変わる．

高くなるにつれて減少することに注意しよう．

- 大気雑音 (atmospheric noise) は，主として電光放電 (lighting discharge) による雑音である．これは周波数，時刻，天候，季節，および地理的位置に左右される．
- 宇宙雑音 (cosmic noise) は，太陽や星々からの雑音である．これは銀河面 (galactic plane) 内で最も高い．
- 都市および郊外雑音は，エンジン点火，電動機，電気的スイッチング，および高圧線の漏洩による人工雑音 (manmade noise) である．

図 5.11 のデータは，無指向性アンテナを使用した 10kHz 帯域内の測定データである．受信「雑音」電力を（一部の外部雑音のグラフにあるように）μV/m で記載する場合は，電力値を受信機の帯域幅に合わせて修正しなければならない．この図は dBm 形式の電力で kTB（これは帯域幅の項を含んでいる）を上回る分を表記しているので，あらゆる帯域幅に対して通用する．

外部雑音は，図 5.12 に示すように，受信アンテナを通して受信機に入る (kTB は受信機内部で生成されることに注意)．受信アンテナがホイップ，ダイポールまたは 360° の覆域を持つ類似のアンテナであれば，図 5.11 を適用できる．狭ビームアンテナでは，通常もっと低いレベルがふさわしい．信号受信時に達成可能な信号対雑音比 (SNR) を決定する際は，外部雑音を内部 kTB 雑音に加算する．

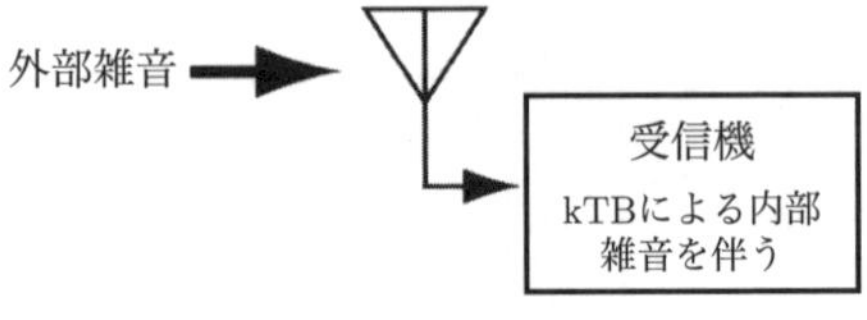

図 5.12 信号受信時に達成される信号対雑音比を決定するためには，外部雑音を受信機内の内部 kTB 雑音に加算する．

5.6 デジタル通信

通信はますますデジタル化が進んでいる．コンピュータ間の通信はもちろんデジタルであるが，最新の音声やビデオ通信システムも概してデジタル形式で伝送されている．

デジタル通信には安全性の高い暗号の使用や一種のスペクトル拡散伝送が必須である．デジタル信号は，効率的に多重化して1人または多数の所望の受信者に送ることができるとともに，各種の誤り検出・訂正（error detection and correction; EDC）手法の活用によって，故意または偶発的妨害から防護できる．

ありがたいことに，適切な注意を払えば，デジタル通信は多数回のフォーマット変換，連続的な回線伝送，および蓄積/検索サイクルを経ても，その信号品質を維持できる．厄介な問題は，デジタル処理によって特定のアプリケーション用の信号フォーマットや情報の公開特性の最適化処理をすることはできるとはいえ，信号がデジタル化された時点で，出力信号の品質は下流の処理では何ら改善されないということである．

5.6.1 デジタル信号

デジタル信号は，ある情報をデジタル形式で表現している．一般にこれは2進法形式（binary form），すなわち，“1” と “0” の並びである．例えば，2台のコンピュータが交信するときなど，かなりの量の伝送情報は，本質的にデジタルである．コンピュータのキーボードのキーを叩くと，コンピュータはキーストロークを取り込むために8ビット信号を生成する．また一方，アナログデータを伝送する際も，デジタル形式に変換される．デジタル化される代表的なアナログデータには，音声信号，ビデオ信号（テレビ，赤外線スキャナ，レーダの出力），各種の計器信号（温度，電圧，角度）がある．

5.6.2 デジタル化

デジタル化は複雑な領域であるが，ここでは後述する伝搬およびEWの議論の助けとなる極めて基本的なレベルを取り扱う．デジタル化について詳述した優れたテキストは，例えばPhillip Pace著 *Advanced Techniques for Digital Receivers* など，多数ある．

「デジタイザ」(digitizer) は一般に，アナログ/デジタル変換器 (ADC; A/D変換器) と呼ばれている．図5.13に示すように，アナログ信号のデジタル化は信号のサンプリング (sampling; 標本抽出) で始まる．サンプル (sample; 標本) が取り込まれる速度は，デジタルデータに保存可能な抽出信号の最高入力信号周波数 (つまり，帯域幅) を決定する．次に，サンプル値 (つまり，信号振幅) は，量子化しきい値 (quantizing threshold) と比較され，超過した量子化しきい値の中の最大値を示すデジタルワードを生成することによってデジタル化される．次いで，新手のサンプルを受け取るためにサンプリング回路はクリアされる．デジタル信号は最終的に，別の回路に出力するために形式が整えられる．形式はパラレル形式，シリアル形式のいずれであってもよい．一般にデジタル伝送においては，各サンプル値に相当する1と0の値が連続している必要がある．

表示した各点でサンプル化され，4ビットの分解能，すなわち16段階の量子化値にデジタル化されたアナログ信号を，図5.14に示す．すなわち，各サンプル点 (sample point; 標本点) におけるアナログ信号の振幅値が，4ビットのデ

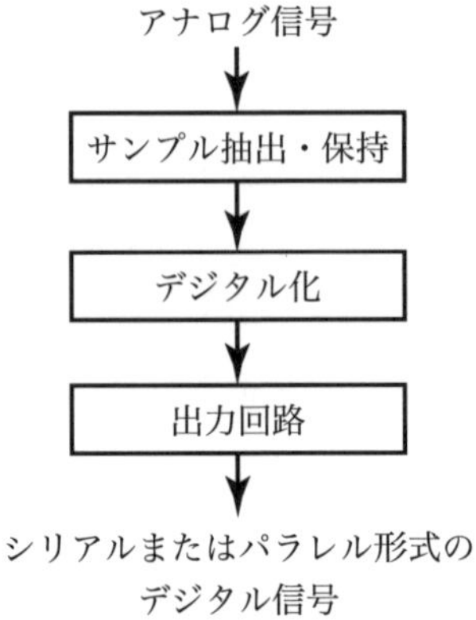

図5.13　アナログ信号のデジタル化には，サンプリング，サンプルの振幅のデジタル化，および，シリアルまたはパラレルのデジタル信号へのフォーマッティングが伴う．

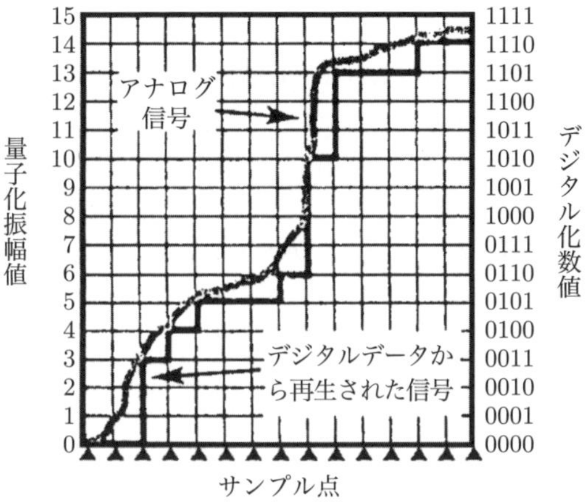

図 5.14 信号がデジタル化された時点で，その正確度は，その信号の量子化の分解能で制限される．

ジタルワードで表されている．ここで，アナログ曲線が，0000，0000，0011，0100，0101 のデジタル値によって表されていることに注意しよう．この図は，いくつか重要な指摘をしている．

- サンプリング速度は，取り込まれた曲線の最大周波数成分を決定する．この要点を言い換えると，関心のある曲線のどのような特徴をも取り込むためには，サンプリング速度は十分高速でなければならない．いったんその曲線がデジタル化されると，それは階段状の「復元」曲線を正確に再現できるにすぎない．角を取り除くために，この曲線をフィルタに通すことは可能であるが，元のアナログデータを表すほど正確に復元することは決してできない．
- 各ワードのビット数が入力振幅を取り込む分解能を制限する．これは，再現される信号の「信号対雑音比」とダイナミックレンジを決定する．信号対雑音比を鍵括弧で囲んだ理由は，文脈上この言葉を用いたが実際には信号対量子化雑音比（signal-to-quantization-noise ratio）だからである．
- サンプル当たりのビット数もまた，デジタル化信号のダイナミックレンジを決定する．ダイナミックレンジとは，最大信号と，現に最大信号が存在する中で再現しうる最小信号との比率のことである．したがって，最強信号が最大限界（つまり 1111）となるようにシステムが作られている場合，取り込まれる最小信号は少なくとも 0001，すなわち振幅は「最下位ビット」（least significant bit; LSB）一つ分でなければならない．

これらの記載値に対するいくつかの式を以下に示す．

最高記録周波数あるいは最大記録帯域幅に対するサンプリングレート（ナイキスト速度（Nyquist rate）と呼ばれる）は，

$$F_{\max}\text{または}\,\mathrm{BW}_{\max} = \frac{1}{2}(\text{サンプルレート})$$

となる．

等価出力信号対雑音比（equivalent output signal-to-noise ratio）は，

$$\mathrm{SNR} = 3 \times 2^{2m-1}$$

となる．ここで，SNR は非 dB 値，m はサンプル当たりのビット数である．dB 形式では，この式は，

$$\mathrm{SNR}\,\text{〔dB〕} = 5 + 3(2m-1)$$

となる．

ダイナミックレンジは，

$$\mathrm{DR} = (2^m)^2$$

となる．ここで，DR は（非 dB の）ダイナミックレンジ，m はサンプル当たりのビット数である．dB 形式では，この数式は，

$$\mathrm{DR}\,\text{〔dB〕} = 20\log_{10}(2^m) = 20\log_{10}(\text{量子化レベルの数})$$

となる．

5.6.3　画像のデジタル化

図 5.15 に示すように，画面全体を見るためには，通常は TV カメラや類似装置で画像領域を一度に一つずつ小さな点で走査する．そこで取り込まれる各点がピクセルである．各ピクセルにおける信号の値がデジタル化される．例えば，TV カメラは各ピクセルにおける赤，緑，青の振幅を取り込む．したがって，デジタル化された信号は各ピクセルにおける各色の振幅に応じたデジタルワードを持つことになる．

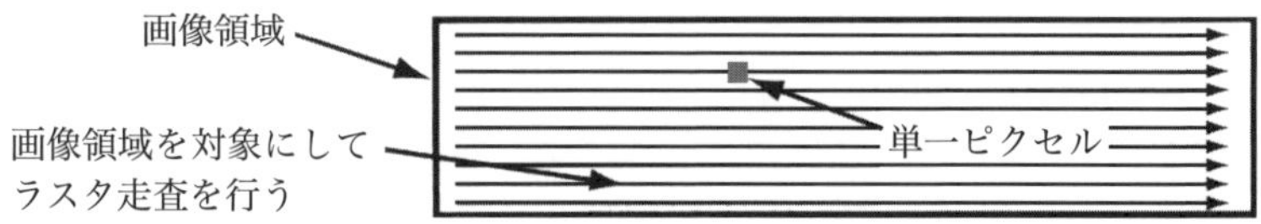

図 5.15　どのような画像も，ラスタ走査によって取り込まれるとともに，すべてのピクセルの観測値を 2 値化することにより，逐次にデジタル化される．

5.6.4　デジタル信号の構成

デジタルデータを送信するときは，それを正確に再現できる追加的な情報が必要になる．

- 伝送データは次々と来る 1 と 0 の列なので，受信装置にはどのビットがどれであるのかを決定できる同期方式が必要である．同期後，伝送信号はフレームとサブフレームに編成される．同期化は伝送開始時，あるいは数フレームごとに定期的に実行されれば十分である．
- アドレスビット（address bit）は，データストリームが複数の用途で，例えば，特定のオペレータに対するメッセージ，あるいは特定のデータ出力などに必要なデータなどを含んでいる場合に，誤りのない受信機にデータを送るためのものである．
- データビット（data bit）には，伝送すべき情報（音声，画像，コンピュータデータのセグメント）が含まれる．
- パリティビット（parity bit）は，伝送過程で取り込まれる誤ったビットを検知するために付加される．また，誤ったビットを受信機内で訂正する方法もある．これらについては，5.9.4項で詳しく説明する．

図5.16に，デジタルデータ伝送における一般的なフォーマットを示す．データビット以外の伝送ビットは，しばしば「オーバヘッド」と呼ばれる．オーバヘッドの一般的なビット数は，全伝送ビット数の10%から50%以上である．

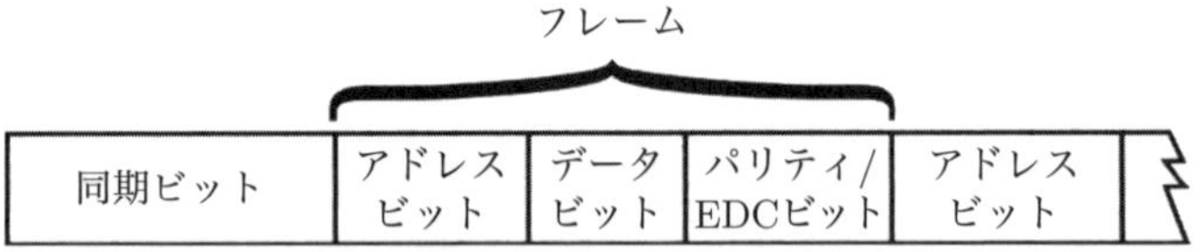

図5.16　デジタル伝送データには，同期のためのオーバヘッドビットと，多くの場合，アドレス指定や誤り低減用の追加オーバヘッドビットを付加する必要がある．

5.6.5　デジタル信号のためのRF変調

デジタルデータを送信するには，RFあるいはレーザの搬送信号を変調しなければならない．同じ議論は赤外線あるいは可視光波長での伝送にも当てはまるが，ここではRF変調について重点的に説明する．本項の目的は，デジタル変調（方式）のすべてを網羅することではなく，デジタル脅威信号の探知，妨害および傍受，ならびに味方のデジタル信号の防護について，後の説明の十分な下支えになる情報を提供することである．

5.6.5.1　デジタル変調方式

簡単なデジタル変調の一例を図5.17に示す．これは振幅偏移変調(amplitude shift keyed; ASK）方式である．このRF搬送波は，デジタルデータを伝達するために振幅変調（amplitude modulation; AM）されている．この場合，振幅は，1を伝送する期間のほうが，0を伝送する期間より大きい．この信号が受信機でAM検波されると，元のデジタル信号を再生するために，そのビデオ出力はしきい値と対照して数値化される．もちろん一般的には，各伝送ビットの期間中にさらに多くのRF搬送波のサイクルがある．

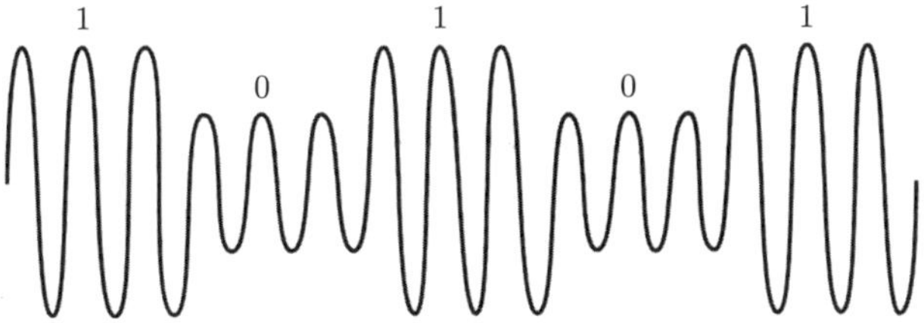

図 5.17　振幅偏移変調（ASK）信号においては，デジタル変調を伝送するため RF 波形が振幅変調される．

同様に，周波数偏移変調（frequency shift keying; FSK）では，1 を一つの周波数で，0 をもう一つの周波数で伝送する．FSK は，（双方の周波数とも単一の発振器で生成された）コヒーレント（可干渉）信号か，あるいは非コヒーレント信号（noncoherent signal）のいずれにもできる．

位相変調（phase modulation; PM）もデジタル通信では広く利用されている．この変調を行うには受信機に基準発振器が欠かせない．それによって，到来信号がその発振器と同相であるか，あるいはそうでなく，受信信号の瞬時相対位相（instantaneous relative phase）であるかを判断することができる．図 5.18 に 2 位相偏移変調（BPSK）信号を示す．これは 2 値であるので，伝送される位相は二つあり，その位相は 180° 離れている．当然，位相変調はコヒーレントでなければならないことに注意しよう．

二つ以上の明確な位相を持つ位相偏移変調信号（phase shift keyed signal）も存在しうる．図 5.19 に直交位相偏移変調（QPSK）信号を示す．これは明確な四つの相対位相（0°, 90°, 180°, 270°）を持っている．これらの位相のそれぞれが，2 ビットのデータを表す．図では，0° が “1, 1” を表し，90° が “1, 0”，180°

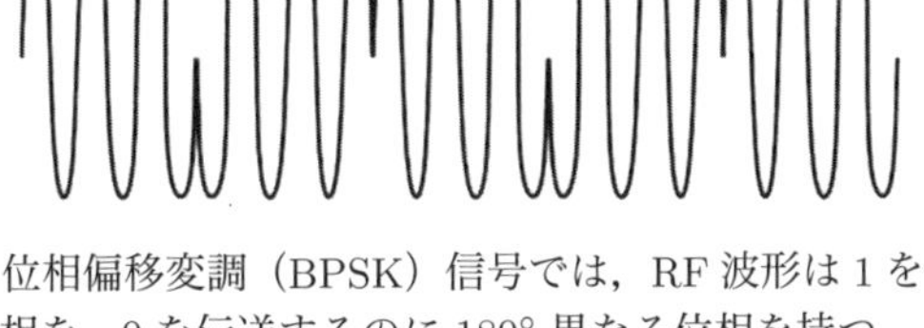

図 5.18　2 位相偏移変調（BPSK）信号では，RF 波形は 1 を伝送するのに一つの位相を，0 を伝送するのに 180° 異なる位相を持つ．

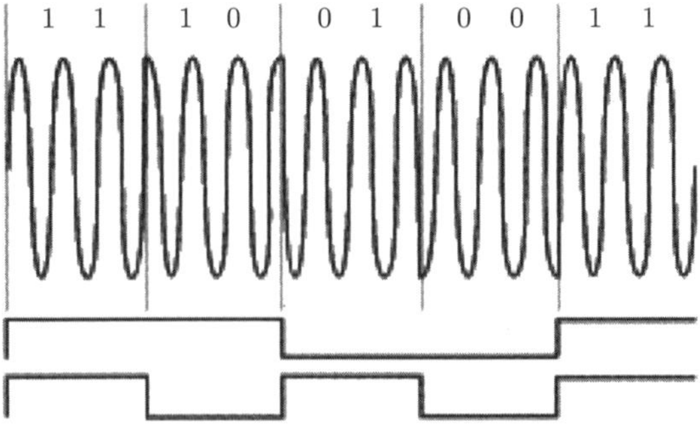

図5.19　直交位相偏移変調（QPSK）信号では，RF波形は四つの位相を持つ．各位相が2ビットのデジタルデータを表す．

が“0, 1”，270° が“0, 0”を表す．信号の一つの位相が伝送されるそれぞれの周期を「ボー」(baud) という．前の例では，(デジタルデータの) 1ビットが1ボーで伝送されることになる．QPSKでは1ボー当たり2ビットである．明確な多くの位相を持つ，もっと複雑な位相変調もあり，伝送できるボー当たりの伝送ビット数はより多くなる．例えば，規定された位相が32の場合，ボー当たり5ビットが伝送される．これは32相PSKと呼ばれる．

5.6.5.2　周波数利用効率の高いデジタル変調方式

これらの例では，信号波形は1と0の変調状態間を瞬時に移動するものとして表されている．こうすると，変調波を搬送するために，(高速遷移する周波数成分を扱うのに) かなり大きなRF帯域幅が必要になる．また，状態間の遷移をより穏やかにする多くの周波数利用効率が高い変調方式もある．例として，正弦波位相偏移変調（sinusoidal phase shift keying），最小偏移変調（minimum shift keying; MSK）などが挙げられる．これらについては，5.6.8項で信号伝送性能における所要帯域幅（required bandwidth）の意義を考察する際に，もう少し詳しく述べる．

5.6.6　信号対雑音比

前述したように，再現されたデジタル信号の信号対雑音比は，実際には信号対量子化雑音比のことである．これは信号波形を特徴付ける量子化ビット数の関数である．従来の信号伝送の説明ではすべて，受信機の感度を検波前信号対雑音比（RFSNR）で規定していた（技術文献のほとんどで，CNR（carrier-to-noise ratio; 搬送波対雑音比）とも呼ばれていることを思い出そう）．デジタル信号では，受信機の出力 SNR は，情報の最初のデジタル化処理によって決まる．また一方，受信ビット数と送信ビット数とが同数でない限り，デジタルデータを再生することはできない．

誤って受信されたビットはビット誤り（bit error; ビットエラー）と呼ばれ，また，誤りビット数と全送信ビット数との比率を「ビット誤り率」（bit error rate; BER）といい，これは E_b/N_o によって変化する．E_b はビット当たりのエネルギーであり，N_o は帯域幅 1Hz 当たりの雑音である．この関数，すなわち E_b/N_o はビットレート（bit rate）および受信機の有効帯域幅で修正された RFSNR である．この式は，

$$E_b/N_o = \mathrm{RFSNR} \times \frac{\text{帯域幅}}{\text{ビットレート}}$$

である．dB 形式では，

$$E_b/N_o\,〔\mathrm{dB}〕 = \mathrm{RFSNR}\ 〔\mathrm{dB}〕 + 10\log\left(\frac{\text{帯域幅}}{\text{ビットレート}}\right)$$

となる．

どのデジタル伝送システムでも所要ビット誤り率が規定されている．しかしながら，それは別の形式で記載してもよい．例えば，「1 時間当たり標準メッセージが一つ誤る率」でもよい．これは，標準メッセージ中のビット数とメッセージの送信速度を考慮することによって，ビット誤り率に変換される．

5.6.7　ビット誤り率 vs. RFSNR

受信信号対雑音は，受信変調レベルを変動させる．例えば，QPSK 信号の位相が正確な 0°，90°，180°，270° 以外の値になることである．これは，受信機が，どの位相が存在するのかを決定する際にときどき誤ることを意味している．SNR が低いほど（雑音がランダムであるとして）誤り率は高くなる．

デジタル信号の伝送に用いる変調方式の種類ごとに，図 5.20 に示すような曲線がある．この図は受信機内の E_b/N_o に対するビット誤り率を示したもの

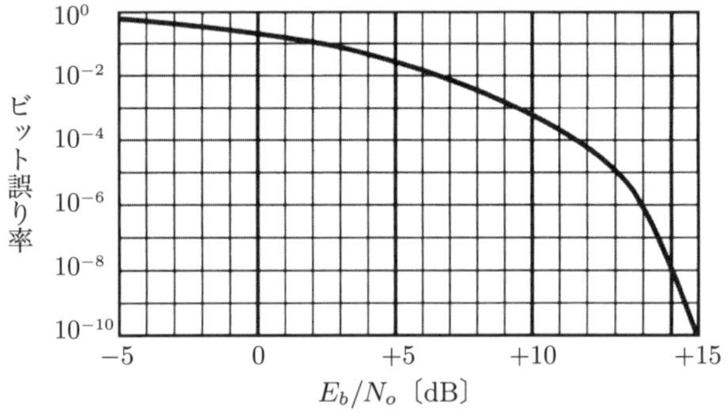

図 5.20　デジタル変調された RF 信号の検波前信号対雑音比は，信号から再現されたデジタルデータのビット誤り率を決める．このような曲線はデジタル信号伝送に使用される各種の RF 変調ごとに規定されている．

である．例えば，10^0 は 1，つまり 100% の誤りであり，10^{-6} は 100 万受信ビット当たり 1 ビットの誤りがあるということである．この図は実際の非コヒーレント周波数偏移変調における曲線を示しているが，よくある曲線である．これらの曲線はすべてほぼ同じ形状をしているが，曲線の下部はいろいろな E_b/N_o 値と交わることになる．これらの曲線はすべて，E_b/N_o が極めて小さくなるにつれ，誤り率 50% に漸近するという一つの特徴を持つ．

各種変調方式に対応した曲線の下部で交わる可能性のある SNR 値の範囲は，20dB 以上に及ぶ．コヒーレント形式の特定の変調方式（すなわち，コヒーレント FSK）は，非コヒーレント FSK に対して SNR が約 1dB 少なくても同じビット誤り率となるというのが，一つの重要な一般論である．ここで，特定のビット誤り率を達成する所要 E_b/N_o の差は，PSK（両極性信号伝達（antipodal signaling））では，FSK（直交信号伝達（orthogonal signaling））で必要とされるより 3dB 小さいことに注意しよう．

これらの曲線は，検波前の信号対雑音比の関数としても示される．曲線がこのように描かれる場合には，帯域幅に対するビットレートの理想的な比率が前提にされている．

5.6.8　デジタル信号に必要な帯域幅

デジタル変調無線周波数（RF）信号の周波数拡散には，伝送されるデータのビットレートによって決まる特徴的形状がある．データレートが高いほど，伝送に必要な帯域幅は広くなる．

5.6.8.1　デジタル変調の周波数スペクトル

図 5.21 にスペクトルアナライザに表示されるような BPSK 信号の伝送 RF スペクトルを示す．図の両端にあるヌルの間に周波数応答のメインローブがある．

この信号は $\sin X/X$ 周波数パターンを持つ．図 5.22 に示すように，メインローブは（bps 当たり 1Hz として無線周波数に換算して）ビットレートの 2 倍の幅になる．各周波数サイドローブの幅はメインローブの幅の半分であり，メインローブから周波数が離隔するにつれて小さくなっていく．図にはメインローブと 1 次サイドローブのみが示されている．デジタル信号の帯域幅は，メインローブのエネルギーが（搬送周波数にある）ピーク値から 3dB 低い位置の周波数間の幅をとることが多い．また一方，受信ビットの形状は，さらに高い周波数成分の伝送によって決まるので，もっと広い伝送帯域幅（transmission bandwidth）が必要かもしれない．

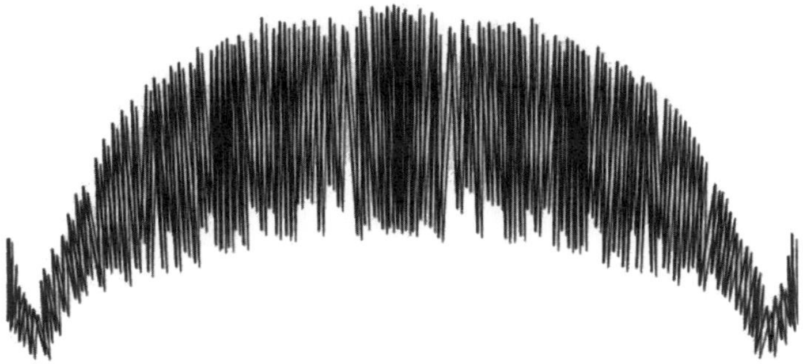

図 5.21　デジタル変調された RF 信号の周波数スペクトルは，ビットレートで決まる特徴的形状を持つ．

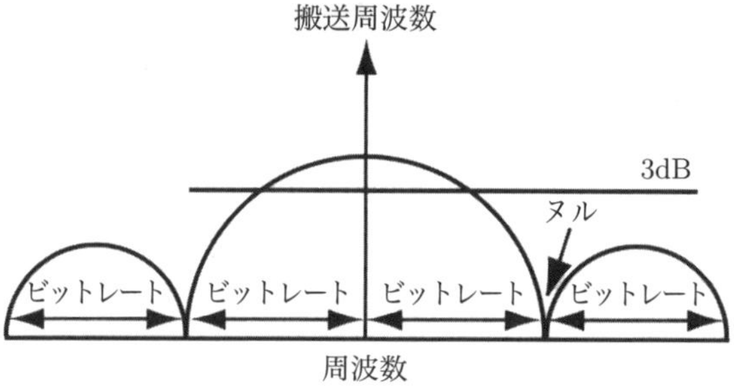

図 5.22　デジタル変調された一般的な信号のヌル間の周波数帯域幅は，1Hz/bps 換算でビットレートの 2 倍になる．

5.6.8.2　スペクトル拡大信号の特性

デジタルビットストリームには通常，伝送される基本データに加え，同期調整（synchronizing），アドレス，パリティビットを付加する必要がある．これらの追加ビットはオーバヘッドと呼ばれ，多くの場合，伝送される信号の 10〜20% である．伝送信号の帯域幅は，追加ビットを含む実際の伝送ビットレートで決まる．

伝送中に取り込まれるビット誤りを受信機で訂正することを考慮して，誤り検出・訂正（EDC）符号でデジタルデータを符号化することが，時には適切である．そのような代表的符号は，広く利用されている Link 16 システム（JTIDS（Joint Tactical Information Distribution System; 統合戦術情報配布システム）ともいう）で使用されているリードソロモン（Reed-Solomon; RS）(31, 15) 符号である．この符号は，送信される 15 バイトのデータに対して 31 バイトを伝送する．したがって，伝送ビットレートは 2 倍以上となり，それに比例して所要伝送帯域幅（required transmission bandwidth）が増大する．

5.6.8.3　周波数高効率変調方式

5.6.5 項では，ASK，BPSK，および QPSK 変調方式について説明した．これらは，変調信号が 1 と 0 の値を伝送する方法の観点からのみの説明であった．この変調方式は 2 値間を非常に迅速に移動することを利用するもので，これによって変調内に極めて高い周波数成分を出現させる．これが次々に，相当なエネルギーを伝送するため，周波数スペクトルのサイドローブを発生させることになる．

より狭い帯域幅でより高品質の信号を伝達できるように，より高い周波数成分を低減することを目的とした，二つの変調方式を図 5.23 に示す．時間領域に示すこの二つの波形が正弦波偏移変調と最小偏移変調（MSK）である．正弦波偏移変調は信号を 2 値間で正弦波状に動かす方式，最小偏移変調は信号をスペクトル最小化曲線に沿って動かす方式である．

表 5.3 は，最小偏移変調信号の周波数拡散とその他のデジタル変調波形のそれとを比較したものである．このデータは，Robert Dixon の卓越した教科書である *Spread Spectrum Systems With Commercial Applications* からの引用である．メインローブのヌルからヌルまでの帯域幅に対するクロック速度の 2 倍と比較して，BPSK，ASK，QPSK 信号の 3dB 帯域幅はクロック速度の 88% であることに注意しよう．同じデータレートで伝送するのに，MSK 信号

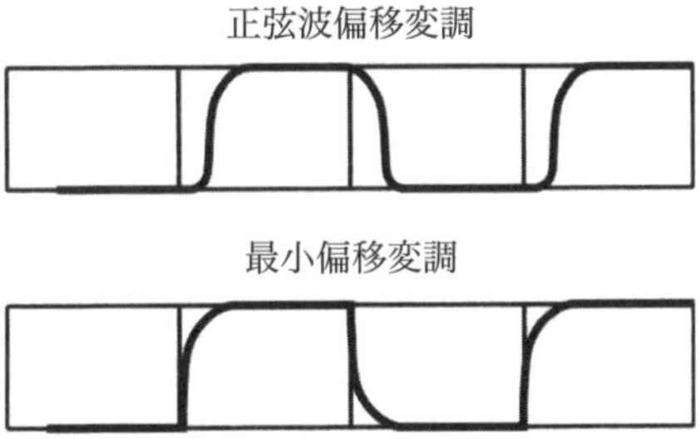

図 5.23　高域の周波数成分のレベルを低減する方法で 1 と 0 の変調値間を移動する周波数効率の高いデジタル変調方式がある．

表 5.3　周波数拡散デジタル変調波形の比較

変調波形	ヌル〜ヌルの主ローブ BW	3dB 帯域幅	第 1 次サイドローブ	ロールオフ率
BPSK, ASK, QPSK	2 × 符号クロック速度	0.88 × 符号クロック速度	−13dB	6dB/オクターブ
MSK	1.5 × 符号クロック速度	0.66 × 符号クロック速度	−23dB	12dB/オクターブ

においてはヌルからヌルまでの幅と 3dB 帯域幅は，在来型変調信号の幅のわずか 75% であることに気づくだろう．さらに，サイドローブ内の電力が著しく低減されていることにも注意しよう．

5.6.9　電子戦に対する信号帯域幅の影響

伝送されるデジタル信号の帯域幅が EW に影響を及ぼす考え方が数点ある．その最も顕著なものは，受信機の帯域幅が感度の主要な決定要因である点である．受信機の感度とは，受信機が受信可能で，かつその機能を果たしうる最小の信号レベルのことである．感度は kTB，受信機の雑音指数，所要信号対雑音比（SNR）の和である．大気中では kTB（受信機内の熱雑音）は次式で計算される．

$$\mathrm{kTB} = -114\mathrm{dBm} + 10\log\left(\frac{帯域幅}{1\mathrm{MHz}}\right)$$

したがって，帯域幅が広いほど感度は低下することから，どのような運用距離においても適正な通信を提供するには，さらなる送信機の出力が必要である．

敵の信号を（ES または ELINT システムで）受信する際は，傍受および電波源位置決定を十分遂行しうる距離は感度によって決まる．

もう一つのさらに微妙な影響は，通信システムの防護に用いられる低被探知確率（low probability of intercept; LPI）特性に関係がある．LPI の特徴は，送信される周波数帯域幅の意図的な拡散が伴うことである．LPI 拡散係数（spreading factor）が大きいほど信号の傍受，位置決定，あるいは妨害はさらに困難になる．高データレートのデジタル信号は広い帯域を占有するので，増幅器やアンテナの帯域幅が限界に達するまでに大きな LPI 拡散率（spreading ratio）を達成することは困難である．LPI 信号については 5.7 節で考察する．

誤り検出符号（error-detection code; EDC）は，デジタル信号に対する，ある種の妨害の影響を軽減する．誤り訂正符号（error-correction code）は通信用受信機の SNR を改善できるが，低ビットレートのアプリケーションを除き，EDC による SNR の向上がその改善に役立つであろう以上に，その符号に要する余分な帯域幅が SNR の改善による効果を損なうことになる．しかしながら，その通信状況内に，ある特有の誤り誘発要因が存在する状況（一般に，妨害，あるいは低ビットエラーレートであっても深刻な影響がある場合）では，EDC が大きな効果を発揮することがある．これらの符号および通信妨害（communication jamming）に対するそれらの影響については，本章の後半でさらに詳細に検討する．

5.7　スペクトル拡散信号

本節では，LPI 信号の妨害に関する議論の前置きとして，LPI 信号について復習する．これらの信号は，自身のエネルギーを単に送信機から受信機への情報伝送に必要な範囲より広い周波数範囲の全域に（擬似ランダム的に（pseudorandomly））拡散する．それゆえ，それらはスペクトル拡散信号（spread spectrum signal）とも呼ばれる．この通信伝送に要する最小の帯域幅が「情報帯域幅」（information bandwidth）である．「伝送帯域幅」とは，信号が拡散される周波数範囲全体のことである．

スペクトル拡散信号を対象とする受信機は，送信機の拡散回路と同期した逆拡散機能（despreading capability），つまり，図 5.24 に示すような，信号を元の非拡散形式に戻す機能を備えている．敵の受信機は，これと同期して逆拡散を行う機能を備えていない．したがって，信号の傍受，妨害，および電波源位置決定を極めて困難にする．受信機の雑音電力は自身の有効帯域幅に比例する．したがって，スペクトル拡散信号を受信するに足りるほどの帯域幅を持つ敵の受信機の雑音電力は，その信号を隠してしまうほどに高くなる．

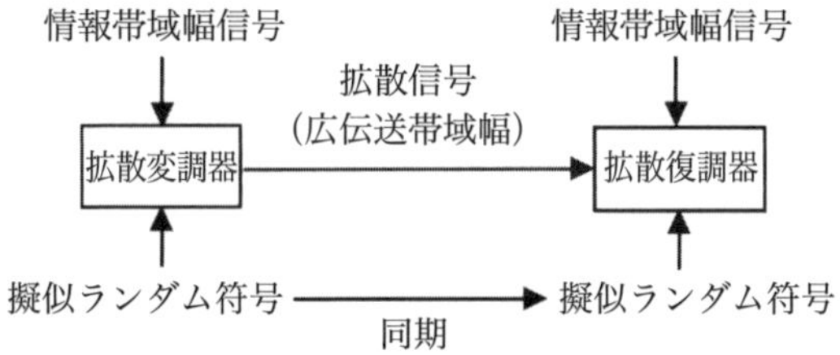

図 5.24　周波数拡散方式は，伝送される信号の情報帯域幅よりはるかに広い帯域幅で伝送する．

スペクトル拡散信号には，三つの基本的な型式がある．すなわち，周波数ホッピング（FH），チャープ，直接拡散（direct sequence; DS）である．どれも信号を拡散するやり方であるが，それぞれの変調方式における電力対周波数対時間分布の種類により，傍受，位置決定および妨害に対してさまざまな弱点を与える．

5.7.1　周波数ホッピング信号

図 5.25 に示すように，周波数ホッピング（FH）信号は，情報を伝送する信号をいろいろな，ランダムに選択された送信周波数に，周期的に移動させる．目的とする受信機は送信機と一緒にホップするが，そのホッピングシーケンス（hopping sequence）は敵の受信機にはわからない．ホッピング周期は一般的に 10msec 未満であり，もっと短いこともある．FH は信号を極めて広く拡散できるので，軍用通信にとって重要な技術である．

周波数ホッパ（frequency hopper）は，（図 5.25 に示した）ホッピングシンセ

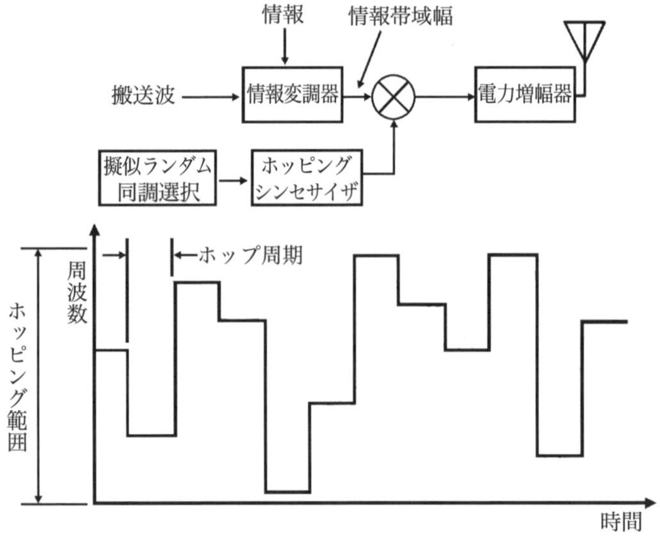

図 5.25　周波数ホッピング信号は，広い周波数範囲にわたりランダムに選定された周波数間をホップする．

サイザが一つひとつの新しい送信周波数を固定する間の脱落を避けるため，出力信号の時刻をその都度合わせられるように，デジタル変調された情報を伝送しなければならない．「低速ホッパ」(slow hopper) は，ホップごとに複数のデータビットを送信するもので，「高速ホッパ」(fast hopper) は，データビットごとに周波数を複数回切り替えるものである．現在のほとんどの FH システムは，低速ホッパである．なぜなら，高速ホッパには極めて高性能のシンセサイザが必要となるからである．

5.7.2 チャープ信号

図 5.26 にチャープ信号の拡散変調とその信号の生成法を示す．信号の探知には通常，少なくとも受信機の有効帯域幅の逆数（例えば，帯域幅が 1MHz のとき 1μsec）の間，受信機内に信号が留まっている必要がある．チャープ送信機は，それよりかなり高速に同調するので，信号を検知するには帯域幅が十分狭い受信機ではチャープ信号を探知するほどは長く見ることはできず，ま

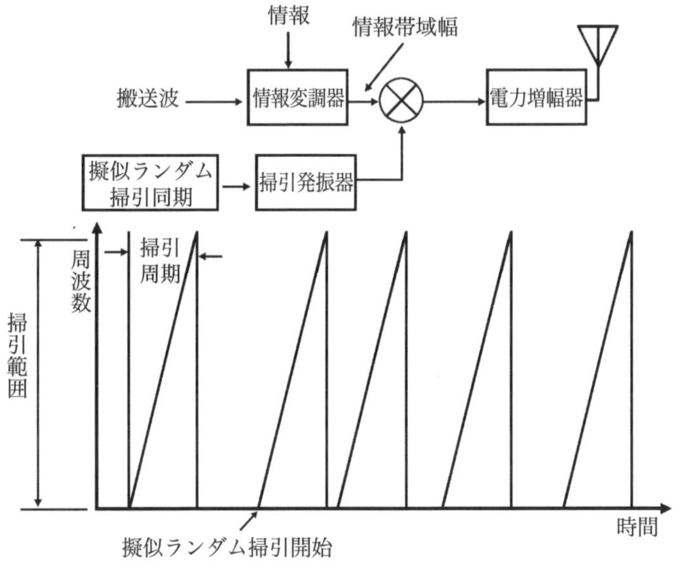

図 5.26　チャープ信号は，伝送される信号の情報帯域幅よりはるかに広い周波数にわたって迅速に掃引する．

た，チャープ範囲全体を受け入れるほど帯域幅を広くとれば，SNR が不十分となる．

目的とする受信機は送信機に同期して掃引するので，情報帯域幅に近い帯域幅を使用することができる．敵の受信機を送信機と同期させにくくするために，各掃引の開始時刻をランダムにする方法と，掃引の傾斜を非線形にする方法の両方または一方を行うことができる．

5.7.3　DS スペクトル拡散信号

5.6.8 項で説明したように，デジタル信号の周波数占有帯域は，ビットレートに比例する．図 5.27 に示すように，デジタル信号が 2 度目にかなり高速のビットレートで変調されると，その信号エネルギーは比例的に，より広い周波数範囲に拡散される．この過程は，DS スペクトル拡散（direct sequence spread spectrum; DSSS; 直接スペクトル拡散）変調と呼ばれている．拡散波形の各ビットを「チップ」（chip）という．図に示すように，この信号はかなり広いス

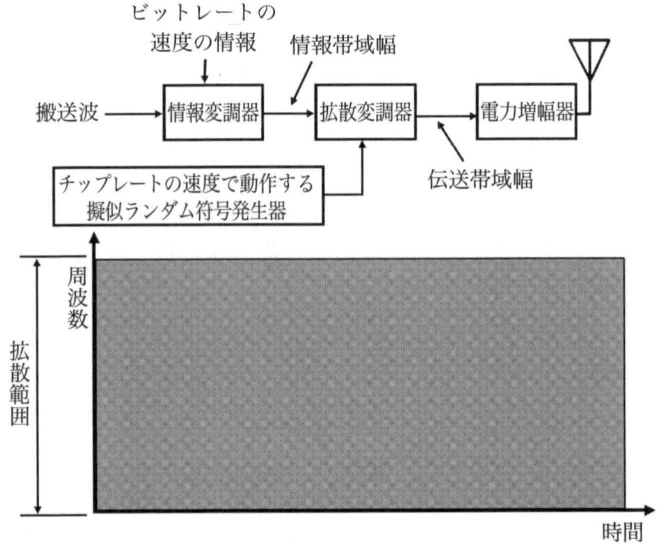

図 5.27　DS スペクトル拡散信号は，伝送される信号の情報帯域幅よりはるかに広い周波数範囲にわたって連続的に拡散する．

ペクトル範囲を連続して占有する．どのデジタル信号においても実際のスペクトル分布は，図 5.22 のような $\sin X/X$ 曲線となるので，実のところ，図 5.27 のこの部分には少しごまかしがある．情報を伝達するデジタル信号のヌルからヌルまでの帯域幅はビットレートの 2 倍になるが，一方，DSSS 信号のヌルからヌルまでの帯域幅は（ビットレートよりはるかに高い）チップレートの 2 倍になる．

5.8　通信妨害

レーダ妨害（radar jamming）と通信妨害の主な違いは，その位置関係である．図 5.28 に通信妨害における位置関係を示す．一般的なレーダでは，送信機とその受信機が同じ位置に所在しているのに対し，通信回線では，情報を 1 か所から別の位置へ伝達することが任務なので，受信機は常に送信機の位置とは異なる位置に所在する．

妨害できるのは受信機のみであることに注意しよう．もちろん，通信はたいてい（それぞれが送信機と受信機の両方を持つ）トランシーバを使用して行われるが，図の位置 B にある受信機のみが妨害されるのである．トランシーバの使用中に，もう片方の回線を妨害したい場合には，その妨害電力は位置 A に

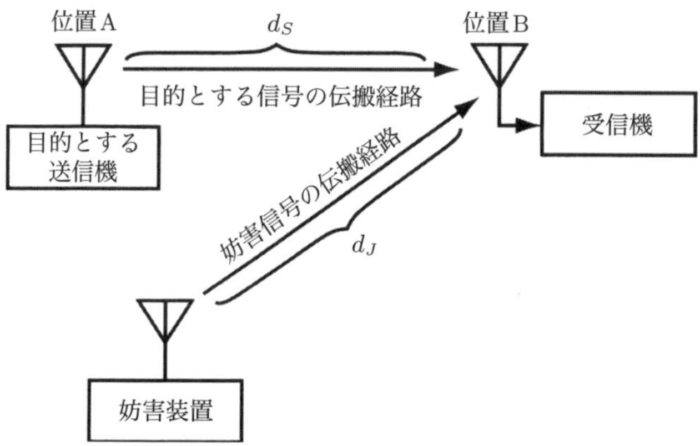

図 5.28　通信妨害における位置関係は，目的とする送信機から受信機への片方向回線と，妨害装置から受信機への片方向回線がある．

届かなくてはならない．

トランシーバが使用されない重要な通信の事例がいくつかある．例えば，図 5.29 に示すような UAV の回線がその事例である．この図は被妨害中のデータ回線（つまり，ダウンリンク）を示す．この場合でもやはり，受信機を妨害するのである．

レーダ妨害とのもう一つの違いは，レーダ信号は目標との間を往復するので，受信される信号電力は距離の 4 乗に比例して送信電力から低下する（−40 log 距離と言われることが多い）ということである．妨害電力は 1 方向に送られるので，その信号電力は距離の 2 乗で低下するだけである．これに対し，通信妨害では目的とする送信機の電力と妨害電力の両方が，それぞれの距離の 2 乗で低下する．

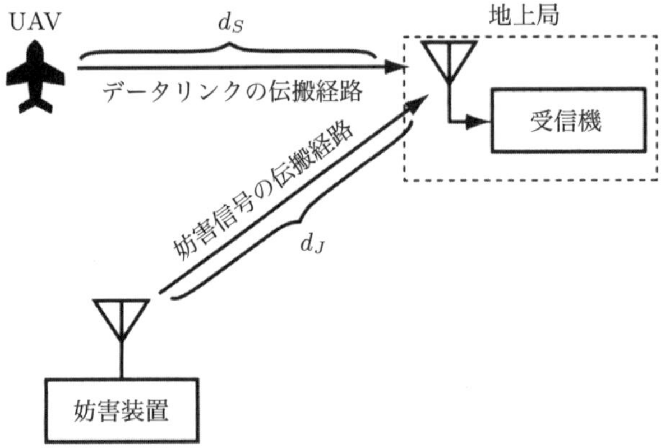

図 5.29　UAV のデータ回線に対して運用される妨害装置は，地上局の受信機を妨害しなければならない．

5.8.1　妨害対信号比

通信妨害における妨害対信号比（J/S）の式は，

$$\mathrm{J/S} = \frac{\mathrm{ERP}_J\, G_{RJ}\, d_S^2}{\mathrm{ERP}_S\, G_R\, d_J^2}$$

である．ここで，

ERP_J：妨害装置の実効放射電力（任意の単位）
ERP_S：目的とする送信機の実効放射電力（上と同一単位）
d_J：妨害装置から受信機までの距離（任意の単位）
d_S：目的とする送信機から受信機までの距離（上と同一単位）
G_{RJ}：妨害装置方向の受信アンテナ利得（非 dB 単位）
G_R：目的とする送信機方向の受信アンテナ利得（非 dB 単位）

である．dB 表記では，

$$\mathrm{J/S} = \mathrm{ERP}_J - \mathrm{ERP}_S + 20\log(d_S) - 20\log(d_J) + G_{RJ} - G_R$$

となる．

各項は上記と同じであるが，二つの ERP 項の単位は dBm または dBW，各利得は dB 値である．

双方の式において，ERP は受信機方向への実効放射電力である．これは送信機出力電力と受信機方向への送信アンテナ利得との積（dB 式では和）である．

戦術通信では，すべての小部隊がホイップアンテナ付きのトランシーバを使用し，受信アンテナの利得は方位方向に対称である．したがって，妨害装置方向の利得は，目的とする受信機方向の利得と同じになるので，最後の 2 項（G_{RJ} および G_R）は相殺される．

5.8.2　地表面近傍での運用

上記の二つの式はともに見通し線伝搬損失モデルに基づいており，送信機と受信機がどちらも地面から数波長の位置にあることを前提としている．したがって，それぞれの信号に対する拡散損失 L_S は，（dB 形式の）次式で与えられる．

$$L_S = 32.44 + 20\log(d) + 20\log(F)$$

これは 5.3.2 項で述べた見通し線伝搬損失（d は km，F は MHz 単位）の式である．

5.3.3 項では，大きな影響を与える一つの反射体（すなわち，水面または大地）が存在する場合の拡散損失の式を挙げた．送信機が受信機からのフレネルゾーン距離未満に位置する場合には，見通し線損失式を適用する．これは周波数が高く，アンテナ高が多波長である場合と，狭ビームアンテナが平面大地からの著しい反射を阻む場合の，両方またはいずれか一方の場合に生起する．

妨害装置あるいは目的とする送信機のどちらか一方がフレネルゾーンを超えている場合には，平面大地伝搬損失モデルを適用する．すなわち，

$$L_S = \frac{d^4}{h_t^2 h_r^2}$$

である．ここで，L_S は直接損失比，d は回線距離〔m〕，h_t は送信アンテナ高〔m〕，h_r は受信アンテナ高〔m〕である．

この式のさらに使い勝手が良い dB 形式（d と h の単位は同上）は，

$$L_S = 120 + 40\log(d) - 20\log(h_t) - 20\log(h_r)$$

である．ここで，L_S は損失〔dB〕，d は回線距離〔km〕，h_t と h_r は送信および受信アンテナ高〔m〕である．

J/S 比は使用する伝搬損失モデルに比例する．例えば，妨害装置と目的とする送信機の両方ともにフレネルゾーンから離隔している場合の J/S 式は，

$$\mathrm{J/S} = \frac{\mathrm{ERP}_J\, d_S^4\, h_J^2\, G_{RJ}}{\mathrm{ERP}_S\, d_J^4\, h_S^2\, G_R}$$

となる．また，上式の dB 形式は，

$$\begin{aligned}\mathrm{J/S} = {} & \mathrm{ERP}_J - \mathrm{ERP}_S + 40\log(d_S) - 40\log(d_J)\\ & +20\log(h_J) - 20\log(h_S) + G_{RJ} - G_R\end{aligned}$$

となる．

双方の式の単位は見通し線における式と同じであり，各アンテナ高（h_J は妨害アンテナ高，h_S は目的とする送信機のアンテナ高）の単位が m であることが追加されている．

5.8.3 その他の損失

拡散損失が支配的要因であり，J/S 式はたいていこの方法で表されるが，妨害や目的とする信号の伝搬経路にも大気損失（atmospheric loss）があり，非見通し線あるいは降雨損失の影響を被ることがある．2 点間の距離または通視状態に大きな差異があるときは，これらの計算を行い，それに応じて J/S 比を修正すべきである．

5.8.4 デジタル信号とアナログ信号に対する妨害効果の考え方

一般にアナログ変調通信信号を妨害する場合は，高 J/S 比を実現する必要がある．これは，受信機のオペレータが「順応して」聴取する相当の能力を持っていることから，必要不可欠である．アナログ音声や視覚的に提示される通信では，前後関係から低品質の伝送における「空白部を埋める」ことができる．これは重要な情報がかなり厳格な様式で送られる戦術レベルの軍事通信に特に当てはまる．昔からの 5 か条からなる作戦命令や音標文字（phonetic alphabet）はその例である．

デジタル変調された通信信号を妨害する場合は，デジタル復調器が判読できないようにすることによって信号を攻撃する．それは同期化を妨げるか，あるいはビットエラー（ビット誤り）を生じさせるかのいずれかで可能である．ただ，同期化は妨害に対して極めて強固になる傾向にあるので，基本的な方法はビットエラーを生じさせることである．

図 5.20 から，ビットエラー曲線は，信号品質が低下するにつれて 50% に近づくことがわかるだろう．一般に，受信信号品質は J/S 値が 1（つまり，0dB）より大きくなるまでは低下しないと考えられている．

さらに，信号は（短期的に）その時間の 3 分の 1 が判読不能であれば実用にならないと見なされている．これがどのようにして起こるかという一例としては，周波数ホッピング無線機がホップした先のチャンネルの 3 分の 1 が強力な信号に占有されていることがわかった場合が挙げられる．

これは，アナログ信号ではその時間の 100% が正の J/S 値になる必要があるのに対し，デジタル信号では，その時間の 3 分の 1 について J/S 0dB の妨害を行うだけでよいことを意味している．これが「パーシャルバンド妨害」(partial band jamming) の実行や妨害効果に対する誤り訂正の効果とどう結び付くかについては，5.9.1 項で説明する．

5.9 スペクトル拡散信号の妨害

同一系内の受信機のスペクトルを衰弱させる能力が，妨害効果を低下させる「処理利得」をもたらすことを除き，スペクトル拡散信号は，その他の信号と同じ妨害式に従う．一般に処理利得の効果は，拡散率（すなわち，伝送帯域幅と情報帯域幅の比率）と同じである．これはまた，(DSSS 信号において拡散に使う）符号レート (code rate; 符号化率) をデータレートで除算したものとして定義されている．ほかに当てはまる用語として，次式で定義される「妨害マージン」(jamming margin) がある．

$$M_J = G_P - L_{\mathrm{SYS}} - \mathrm{SNR}_{\mathrm{OUT}}$$

ここで，

M_J：妨害マージン〔dB〕
G_P：処理利得〔dB〕
L_{SYS}：システム損失〔dB〕
$\mathrm{SNR}_{\mathrm{OUT}}$：所要出力信号対雑音比

である．

ここで大切なのは，スペクトル拡散信号はほとんどの場合，その情報をデジタル形式で伝送することを念頭に置くことである．したがって，5.8.4 項で示した考慮事項は，どのような種類のスペクトル拡散信号をも妨害するどんな試みにも当てはまる．これにより，スペクトル拡散によって利用可能となる妨害防護策克服に役立ついくつかの技法が使えるようになる．

5.9.1 FH 信号の妨害

周波数ホッピング受信機を狭帯域妨害 (narrow-bandwidth jamming) 信号で妨害する場合，その妨害信号は，受信機がたまたまその周波数にホップした場合にのみ受信される．このことは，妨害効果の大幅な低下をもたらす．例えば，CW 妨害信号が（最大 2,320 チャンネルにわたってランダムにホップする）Jaguar V 受信機に加えられると，受信機はその時間のわずか 0.043% しかその妨害信号に遭遇しないことになる．代わって，妨害信号が 2,320 チャンネルの周波数全体に拡散されると，チャンネル当たりの J/S は 33.65dB 低減される．したがって，周波数ホッピング信号に対しては，より高性能な妨害装置が必要となる．

5.9.1.1 追随妨害

5.8 節で与えられた通信妨害の方程式は，そのまま低速の FH 信号にも当てはまる．しかしながら，FH 信号は，一つの周波数にほんの 1 ホップの期間しか留まらないので，通信達成を阻むには，妨害システムは送信周波数を決定して目的とする受信機にホップ期間内の十分な時間にわたって妨害をかける必要がある．上で説明したように，デジタル信号では，その時間[2]の 33% だけ J/S 0dB で妨害すればよい．これは妨害装置が，ホップ期間の 57% 未満の時間内（つまり，15% の妨害装置のシンセサイザ設定時間を除く，残りホップ期間 85% のうち 67% の時間内）に，FH 信号を探知し妨害が実行可能な，受信機能および処理機能を保有していれば，FH 信号の妨害はちょっとした電力でよいことを意味している．このタイミングを図 5.30 に示す．

各ホップを妨害（追随妨害（follower jamming））する妨害装置は，追随妨害装置（follower jammer）と呼ばれている．必要な受信・処理サブシステムは極めて複雑であるが，十分に現在の最新デジタル受信機技術の範囲内にある．

デジタル受信機の全体ブロック図を図 5.31 に示す．RF フロントエンドは，受信機が広い周波数範囲の全域で同調できるようにする．A/D 変換器は，中間周波数帯をデジタル化して，得られたデジタルデータをコンピュータに入力する．その後，コンピュータのソフトウェアは，受信機のその他の機能，すなわち，フィルタリング，復調，復調後の処理，および出力のフォーマッティングを実行する．

2. 【訳注】ホップ期間ではなく，通信メッセージ送信時間長，すなわち，同期ビット＋後続フレーム送信時間．

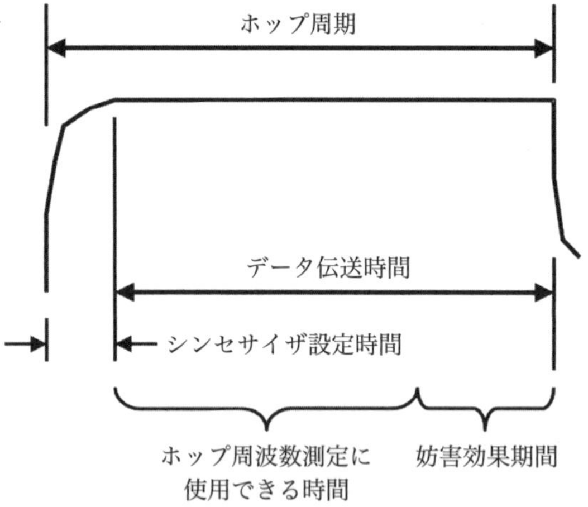

図 5.30　追随妨害装置はホップの周波数を測定し，データ伝送時間の67% の間にその妨害周波数を設定しなければならない．

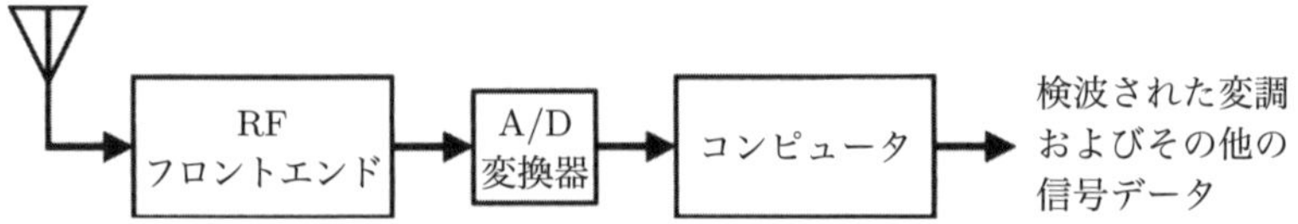

図 5.31　デジタル受信機は RF フロントエンド，デジタイザ（A/D 変換器），コンピュータなどから構成されている．

一般に，コンピュータはハードウェア回路が実行できるどのような機能も果たしうる．しかしながら，それは A/D 変換器の分解能と出力精度，およびコンピュータの処理能力（速度と記憶容量）に制約される．この「コンピュータ」は，実際にはタスクを並列または逐次に実行する多数の独立したコンピュータ，あるいはデータ処理装置であってもよい．

デジタル受信機はまた，ハードウェアへの実装が極めて困難あるいは実用的でない機能，例えば，多数の周波数での振幅や位相の同時測定，あるいは信号の時間圧縮といった機能を持つ．高速フーリエ変換（FFT）のソフトウェアや処理装置は，信号処理を最適化するために迅速に再構成できる極めて大規模のチャネライザ（channelizer）として機能する．

デジタルコンピュータは，ホッピング信号が新しいホップ周波数で到来後，FFT によって数 μsec で周波数を測定することができる．もちろん，これには新しいホッピング周波数を特定できるように，固定周波数の電波源を追跡する分析機能が別に必要となる．その後，妨害装置は周波数ホッパの周波数に対して妨害を開始することになる．受信機で見える FH 網がおそらく複数存在することは，考慮すべき重要事項である．一般に，これには電波源位置決定機能と連携した追随妨害装置が必要である．受信機は，ホッパが含まれると特定された位置に所在する送信機の信号周波数で妨害される（図 5.32 参照）．

5.9.1.2　パーシャルバンド妨害

FH 信号を妨害するもう一つの方法は，パーシャルバンド妨害である．この技法では，妨害装置の受信機で目的とする信号のレベルを測定する必要がある．その後，各ホップ周波数で目標受信機における妨害電力と目的とする信号電力とが同じレベルになるように，妨害電力を最大周波数範囲にわたって拡散する．

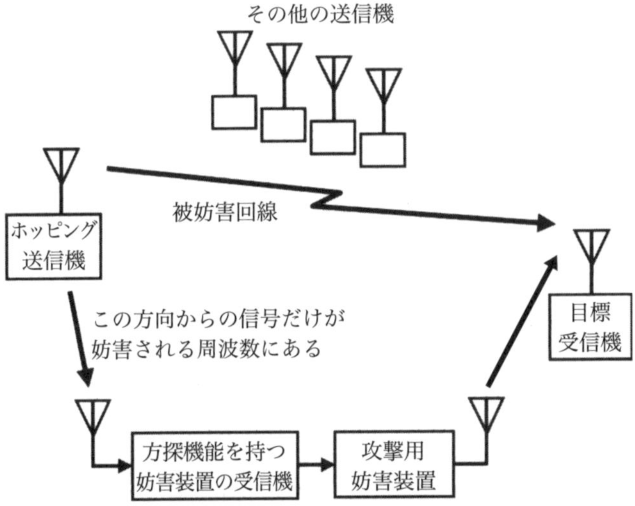

図 5.32　電波源位置決定機能は，追随妨害装置が妨害すべき正確な周波数を決定するために必須である．

図5.33に示すように，目的とするホッピング信号送信機の位置がわかっていれば，妨害装置の受信機で信号強度を測定することによって，その実効放射電力（ERP）が計算できる．この例では，送信機はホイップアンテナまたは360° 方向の覆域を持つ他の何らかのアンテナ形式であることが前提になっている．被妨害回線が指向性アンテナを使用している場合，事態はさらに複雑であるが，それでも解決可能である．目的とする信号送信機のERPは，次式の拡散損失によって増加した（妨害装置の受信アンテナ利得に合わせて調整された）受信信号強度である．

$$\mathrm{ERP}_S = P_{RJ} - G_{RJ} + 32 + 20\log F + 20\log d_{TJ}$$

ここで，

ERP_S：目的とする信号送信機の実効放射電力〔dBm〕
P_{RJ}：妨害装置の受信機での受信電力〔dB〕
G_{RJ}：妨害装置の受信アンテナ利得〔dBi〕
F：目的とする信号周波数〔MHz〕

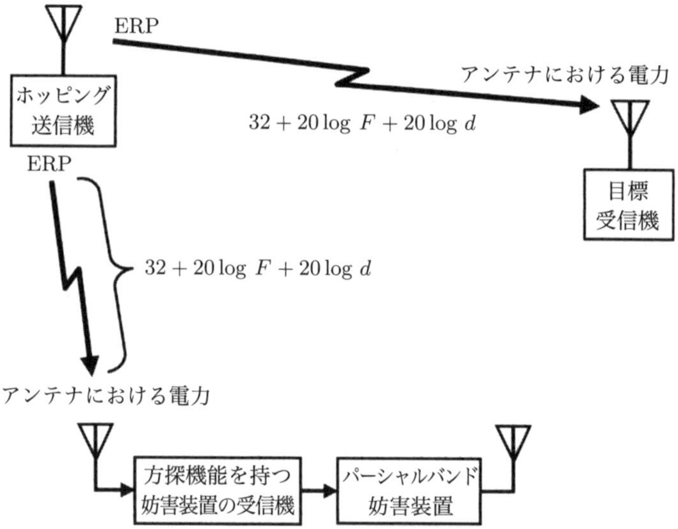

図5.33　送信機の位置がわかっている場合，妨害装置の受信機は受信信号電力からその送信機のERPを究明できる．

d_{TJ}：目的とする信号の送信機と妨害装置との距離

である．

要すれば，この計算された ERP_S は，大気による損失，および降雨や送信アンテナの指向性といった既知の物理的条件に合わせて補正できる．それでも拡散損失は主な損失要因である．

被妨害通信回線がトランシーバを使用している場合，被妨害受信機の位置を見つけ出すことができる．この受信機位置を使って，目的とする送信機から目標受信機までの距離を計算することができる．その結果，拡散損失の計算式（$L_S = 32 + 20 \log F + 20 \log d$）を用いて，目標受信機で受信される，目的とする信号の電力が計算できる．

図 5.34 に示すように，ホップ範囲内のどの周波数においても 0dB の J/S（つまり，受信妨害電力＝受信所望信号電力）を達成する妨害装置の所要 ERP は，妨害装置から目標受信機までの距離により求められる．

そこで，図 5.35 に示すように，妨害装置の送信機の全出力電力が，各ホップ

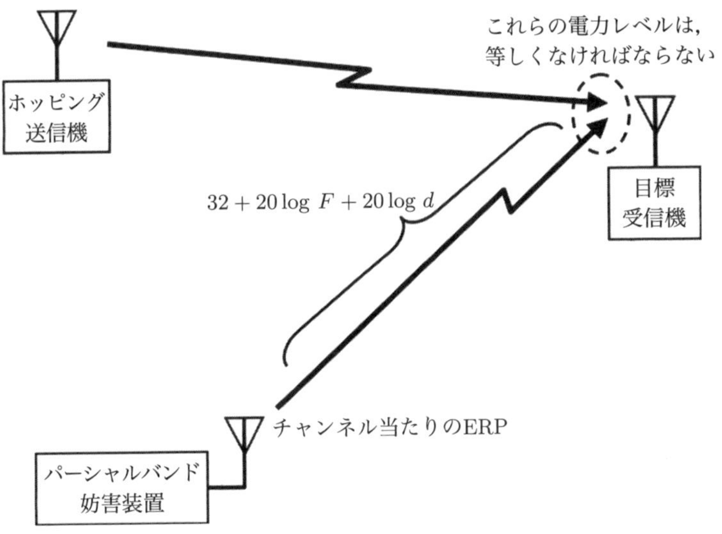

図 5.34　妨害装置のチャンネル当たりの ERP は，到来する目的とする信号の電力に等しい電力レベルの信号を目標受信機のアンテナに送り込まなければならない．

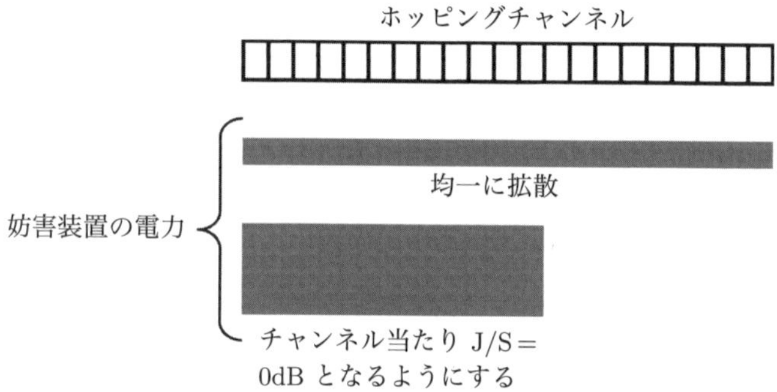

図 5.35　パーシャルバンド妨害装置は，被妨害受信機で各被妨害チャンネル当たり J/S 0dB を達成するように，その使用可能電力を分配する．

先の周波数においてこの（妨害）電力を達成する最大周波数帯域にわたって拡散される．例えば，目標受信機に到達する妨害電力が所要信号電力より 20dB 高い（つまり，100 倍）と，この妨害装置は 100 チャンネルに拡散しうる．これによって，それぞれの被妨害チャンネルに J/S 0dB をもたらすことになる．

妨害装置が，目的とする信号がホップする各チャンネルの 3 分の 1 をカバーすることができれば，妨害効果があると見なされる．妨害装置がそれほど多くのチャンネルをカバーしなくても，パーシャルバンド妨害は妨害効果を最大限に発揮できる．パーシャルバンド妨害装置には，各ホップの周波数を極めて迅速に探知する高性能受信機は必要ではないことに注意しよう．

5.9.2　チャープ信号の妨害

チャープ受信機に加えられた狭帯域妨害信号は，ごく一部の時間その帯域幅内に留まるだけなので，その妨害効果は大幅に低下することになる．

チャープ周波数変調の同調スロープを測定・再現でき，さらに各周波数掃引開始時刻を検知できれば，追随妨害装置をチャープ信号に対して使用することができる．別の方法としては，前述の周波数ホッピング信号のように，パーシャルバンド妨害装置が使用できる．

5.9.3　DSSS 信号の妨害

受信機の DS スペクトル拡散復調器（DSSS demodulator）は，機能的に送信機の変調器にそっくりである．この復調器は，スペクトル拡散信号と，送信機内で適用された符号に同期した擬似ランダム符号との 2 進加算を行う．したがって，狭帯域妨害信号が DSSS 復調器に加えられれば，その信号のスペクトルは，目的とする信号が送信機内で拡散されたときと同じやり方で拡散される．これは処理利得と等しい係数，すなわち拡散係数の分だけ，妨害信号の検出可能性を低下させる．これを図 5.36 に示す．

一方，同期していない符号を用いたスペクトル拡散信号が妨害信号として使用される場合，その信号は逆拡散されることはないが，そのレベルは逆拡散された目的とする信号に比べて処理利得と同じ係数だけ低下する（図 5.36 を参照）．これは，GPS（global positioning system; 全地球測位システム）で用いられているような符号分割多重方式（code division multiplexing scheme）においてまさしく行われていることであることに注意しよう．固定同調式受信機（fixed tuned receiver）は，それぞれ異なる符号系列を持っているすべての GPS 衛星信号を調べる．その受信機は一致する符号に出会うまで（衛星ごとに異なる符号を持つ）さまざまな符号系列を試す．つまり，信号を受信し，それがど

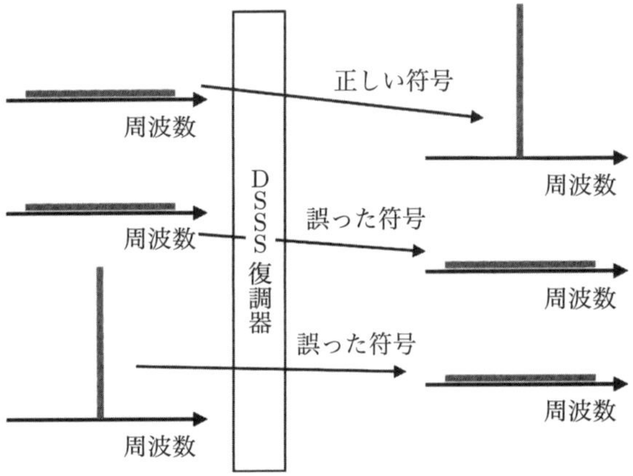

図 5.36　DSSS 復調器は，送信機内で DSSS 変調器が拡散させるのとまったく同様に，狭帯域信号を拡散させる．

の衛星の送信信号であるかを判定できるようにしているのである．

DSSS 信号に対して使用しうる各種の妨害技法として，スタンドイン妨害（stand in jamming; SIJ）やパルス妨害（pulse jamming）などがある．

5.9.3.1　スタンドイン妨害

CW 妨害装置は非常に簡単であり，より複雑な妨害装置よりも大きい ERP を作り出すことができる．この技法は，妨害電力を単に受信機の処理利得に打ち勝つのに足りる分，増大させるものである．信号が 1,000 倍に拡散されると，デジタル伝送を効果的に妨害する 0dB の実効的 J/S を作り出すには，J/S 30dB が必要になる．送信信号は，送信機（この場合は妨害装置）から受信機までの距離の 2 乗で減衰することから，妨害装置が受信機から遠く離れている場合，これを作り出すことは極めて困難である．しかしながら，距離を 31.6 分の 1 まで短縮すると，30dB 大きい信号が受信機に届くことになる（図 5.37 を参照）．

設置型妨害装置，UAV 搭載妨害装置，および砲発射散布妨害装置（artillery delivered jammer）は，目標の受信機にかなり接近して妨害できる数少ない手段である．

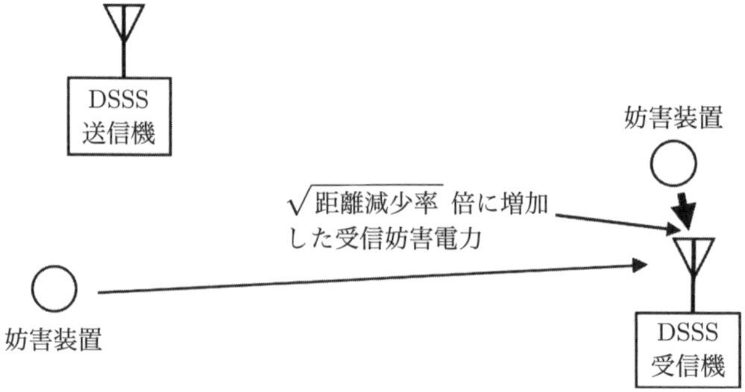

図 5.37　DSSS 送信機の信号は距離の 2 乗で減衰するので，妨害装置は DSSS 受信機に十分近接して妨害する必要がある．

5.9.3.2 パルス妨害

パルスの尖頭電力は，連続信号送信機からの一定電力よりはるかに高くすることができる．デジタル信号を妨害するにはその時間の 3 分の 1 でよいため，デューティファクタが 33% のパルスは効果的な妨害に十分役立つ．尖頭電力の増大が J/S を改善する．

5.9.4 誤り訂正符号化の効果

誤り検出・訂正（EDC）符号は，伝送過程で生じる誤りを通信システムが検知し，それらの誤りを受信機で訂正できるようにするものである．しかしながら，どんなに際立った検出力を持つ符号によっても，訂正できる誤りの数には限界がある．EDC 符号は体系立てられた方法で送信信号にビット（あるいはバイト）を付加する．付加されるビットやバイトが多いほど，符号の検出力は高くなる．次いで，受信機でデジタル信号全体（データと符号ビット）を調べて誤りを特定し，訂正する．

符号の検出力が，訂正可能な誤ったビットまたはバイトの割合を決める．例えば，JTIDS に使用されているリードソロモン (31, 15) 符号は，ブロック符号である．これは，(バイト中の一つあるいはすべてのビットが誤っているか否かに関係なく）全バイトを訂正する符号である．この符号は送信ビットレートを 2 倍以上にするが，送られた全 31 バイト中 8 バイトを訂正することが可能である．したがって，受信バイトの誤り率（byte-error rate）が 25.8% 未満であれば，出力バイトの誤り率は 0 となる．

もちろんこれは，誤りがランダムに分散していることを前提としているが，この前提は常に成り立つわけではない．強力な単一チャンネル信号が占有している周波数にホップする周波数ホッパについて考えてみよう．この信号がそのホップ周波数上にある間は，100% が不良ビットとなるであろう．この問題を解決するために，図 5.38 に示すように，そのデジタルデータはインターリーブ（interleave; 交互配置）されている．このプロセスは，1 ホップで 31 バイトのうち 8 バイトしか送信しないように設計されている．

周波数ホッパに対してパーシャルバンド妨害が用いられる場合，一部のホップ周波数は妨害されるが，その他は妨害されない．受信機は被妨害ホップのバ

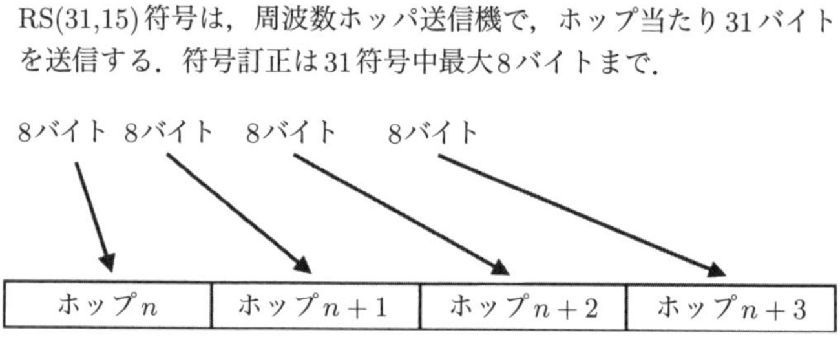
RS(31,15) 符号は，周波数ホッパ送信機で，ホップ当たり 31 バイトを送信する．符号訂正は31符号中最大8バイトまで．
8バイト
8バイト
8バイト
8バイト
ホップ n
ホップ $n+1$
ホップ $n+2$
ホップ $n+3$

図 5.38　誤り訂正符号が占有ホップ内のすべてのビットを訂正できるようにするため，デジタルデータはホップ内の連続するバイト数を減らすように交互配置される．

イト誤りのすべてをある限界までは訂正できる．これが妨害効果を低下させるので，送信信号を十分に妨害するには，さらに多くのホップを妨害する必要がある．

5.10　スペクトル拡散信号の位置決定

一般に，6.2 節に記述する電波源位置決定アプローチは，いずれもスペクトル拡散送信機の位置決定に使用できる．しかしながら，三つのスペクトル拡散技法のそれぞれに特有の考慮事項がいくつかある．6.3 節に記述する精密電波源位置決定技法のある側面は，その技法のスペクトル拡散信号への適用を相当に困難にしている．

5.10.1　周波数ホッピング送信機の位置決定

周波数ホッパは，全放射電力が数ミリ秒間は一つの周波数に位置することから，スペクトル拡散送信機の位置決定に関する課題は最も少ない．その課題は，送信機が別の周波数にホップするまでに周波数を測定することにある．この課題への基本的方策が二つある．一つは，簡単な掃引受信機/方向探知機（sweeping receiver/direction finder）を用いて，送信中の数ホップで電波の到来方向を測定する方法である．もう一つは，極めて高速のデジタル受信機/方向探知機を用いて，ホップごとに電波の到来方向を測定する方法である．

5.10.1.1 掃引受信機によるアプローチ

この技法は，中程度の価格の電波源位置決定システムで広く用いられている．各方探所（DF station）は，図 5.39 の全般ブロック図に示す受信機を保有している．通常この受信機は，ステップごとに信号の存在有無の判定に足りる時間だけ停止しながら高速で掃引する．ある周波数に信号電力があると，受信機はその信号に対する DF（direction finding; 方向探知，方探）実施に必要な時間だけ停止する．

データはコンピュータのファイルに収集されており，図 5.40 に示すような周波数対到来電波入射角（AOA）ディスプレイ上で，ときどきオペレータに提示される．ディスプレイ上の各点は受信信号を表している．周波数は異なるが，同一方向にいくつか傍受点があることに注意しよう．これが周波数ホッパの特徴である．1 回の信号送信間（一般にわずかな秒数で規定される）に同じ到来電波入射角でヒットが多数探知されると，周波数ホッパの電波到来方向（DOA）が報告される．三角測量（triangulation）により送信機を位置決定できるように，同様の作業が 2 番目の（さらに，望ましくは 3 番目の）方探所でも繰り返される．

本章の初めに述べたように，戦術レベルの軍事環境における通信信号の密度は，極めて高くなることがある．システム性能の前提として，10% といった数

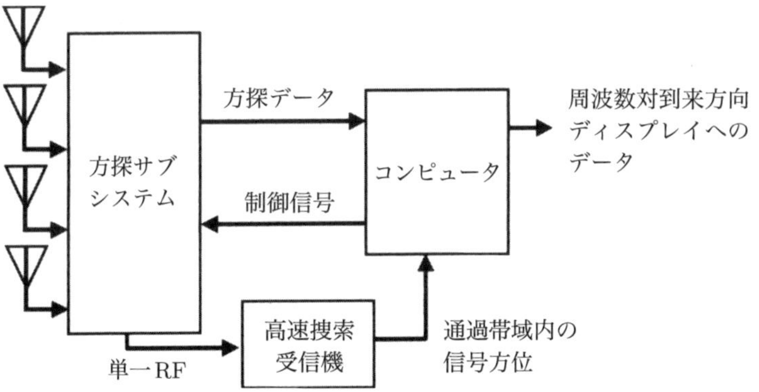

図 5.39 周波数ホッパに対する掃引方探システムは，占有チャンネルを検知する高速捜索受信機を有する．その結果，方探実施中は捜索が停止される．

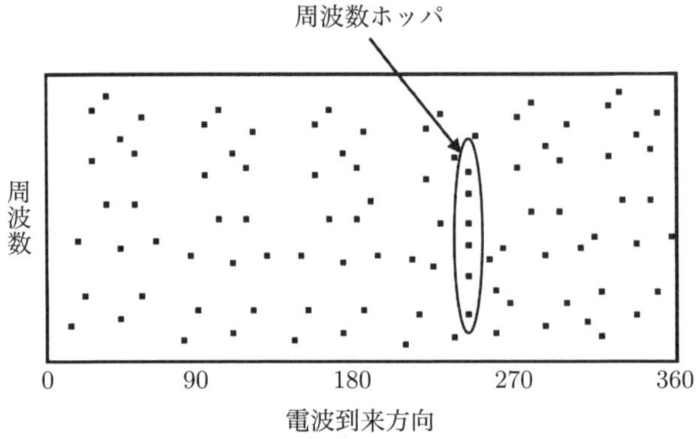

図 5.40　収集された DOA データが一つの到来電波入射角内に多数の周波数を示す場合は，周波数ホッパであると特定できる．

字のチャンネル占有率が提示されることがよくある．これはどの瞬間においても，チャンネルの 10% が占有されているという意味である．データを数分間まとめれば，100% 近くが占有されていることになる．一つの通信網内で複数の FH 無線機が使用されることが見込まれ，さらに複数の独立した通信網も予想される．このことが三角測量の問題を複雑にする．図 5.41 に示すように，二つの方探装置で二つのホッピング電波源を測定するという極めて簡単な状況について考えてみよう．この簡単な事例でも，四つの電波源位置の可能性があ

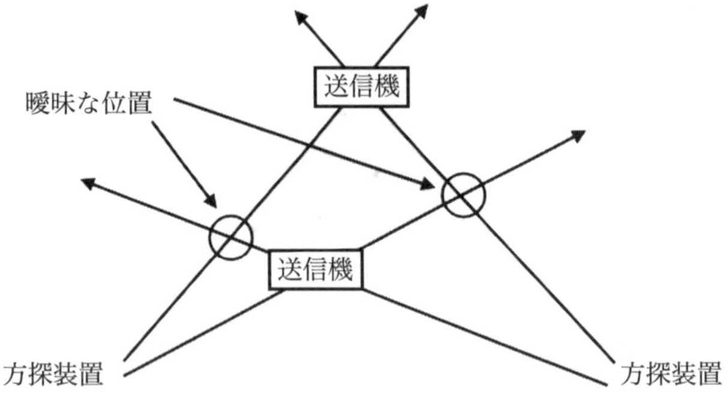

図 5.41　相互に関連のない二つの方探装置によって，二つの周波数ホッピング電波源が見出された場合，可能性のある電波源位置は 4 か所になる．

る．これは実際にはもっと悪くなるだろう．

この解決法は，二つの装置で一緒に測定することである．周波数ホッパはそれぞれ，決められたステップでその範囲内のどの周波数にもホップできるが，2 台の受信機を組み合わせて連動させると，それらは常に同じ周波数を見ることになるので，同じホップで同じ電波源を捕捉することになる．

5.10.1.2　高速デジタル受信機によるアプローチ

5.9.1 項で説明したデジタル受信機は，方向探知装置（direction finder）として機能させることができる．それぞれ別のアンテナに接続された 2 台のデジタル受信機を使用して領域内の全信号の到来電波入射角を測定するため，各 FFT チャンネル内で受信された電力により，振幅比較方探（amplitude comparison direction finding）を実行できるようになる．別の周波数にホップする信号であっても，同じような方向から到来すれば，ホッパとして識別される．領域内のすべての固定周波数およびホッピング電波源を三角測量するため，そのような 2 か所の方探所をネット化することができる．

各受信機に 2 台の FFT プロセッサが並置されている場合，1 台を 1/4 波長分遅延した入力信号に使用すると，受信機は各 FFT チャンネル内で I&Q サンプルを作り出すことができる．これによって各チャンネルの信号の受信位相を維持できるので，多重チャンネルのインターフェロメータ方探（interferometric direction finding; 干渉法による方探）システムを展開することが可能になる．

結果として得られる電波源位置データによって，追随妨害はもちろん，周波数ホッパを含む領域における規定の戦力組成（order of battle; OB）の報告要件（reporting requirements）を裏付けることが可能になる．

5.10.2　チャープ送信機の位置決定

周波数掃引の妥当な部分を収集するに足りる広い帯域幅を持つ受信機を振幅比較方探システムに用いれば，チャープ信号の到来方向が測定できる．これは，6.2.3 項で説明するように，ワトソン−ワット方探システム（Watson-Watt DF system）でうまく行われている．

5.10.3　DS送信機の位置決定

チップ検出（tip detection）およびエネルギー探知（energy detection）技法によって，DSSS送信機を位置決定することが可能になる．

このチップ（chip; 信号の拡散に使用されるデジタルビット）は，必ず十分予想可能な遷移時間（transition time）を持っている．このチップレートで動作するタップ付き遅延線をハードウェアやソフトウェアを使用して作り出すことによって，チップ遷移エネルギーを積分することができる．これによって，電波到来方向を測定するのに振幅比較技法が利用できるようになる．そのような装置2台で，電波源位置の三角測量が可能になる．

エネルギー探知技法はまた，Robin Dillard と George Dillard による優れた著書 *Detectability of Spread Spectrum Signal* にも広範囲にわたって説明されている．探知したエネルギーレベルによって，狭ビーム空中線を電波到来方向測定に使用できるようになるとともに，マルチアンテナ振幅比較方探（multiple antenna amplitude comparison direction finding）システムに組み込むことに向いているかもしれない．

5.10.4　精密電波源位置決定技法

通信信号がAM，FMといった連続波変調を使用しているがゆえ，ホップ時間よりはるかに長い相関処理時間を必要とすることから，6.3節に記述するように，精密電波源位置決定技法を用いたスペクトル拡散電波源の位置決定は非常に困難である．チャープおよびDSSS信号の擬似ランダムパラメータ（pseudorandom parameter）も相関処理の達成を極めて困難にしている．

第6章

電波源位置決定システムの精度

大規模な固定施設から個々の航空機，車両あるいは小部隊に至るまで，ほとんどの軍用アセットは，任務遂行のために何らかの種類の信号を送信せざるを得ない．そのアセットが夜間や霧・煙の中にある場合，あるいは偽装されている場合，さらには見通し外にあっては見えない場合でも，その送信機の位置はアセットの物理的位置に一致している．その位置から送信された信号を解析することによって，一般にそのアセットの種類（武器，部隊，航空機，艦艇）を特定することができる．アセットの位置決定と識別は，以下の各軍事活動を支援する．

- 切迫した攻撃の警報（warning of imminent attack）—— 交戦地域内に所在する敵の武器プラットフォーム（航空機，艦艇，砲兵）の位置を特定することによって，敵が発起するであろう攻撃の種類と，その武器の我に対する接近方向を見つけ出すことができる．
- 脅威の回避（threat avoidance）—— 脅威システムに使われる送信機の所在がわかると，その地域を回避するか，少なくともあらかじめ警告された状態でその地域に行くことができる．
- 電子対策（electronic countermeasures）の選定と実行 —— 脅威の位置決定と識別によって，有効な対策の種類とそれらを発動すべき時期を決定する．
- 電子戦力組成（electronic order of battle; EOB）の作成 —— 種類の異なる部隊は，（異なる周波数と変調方式を持つ）さまざまな種類の送信機を保有しているので，電波源からある程度の精度で，敵部隊の種類を特定することができる．敵部隊の位置と識別，および最近の移動歴がわかると，敵の戦力組成を見積もることに加え，その行動を予測することさえ可能になる（例えば，陣地防御に対する攻撃には一定の種類と数の部隊が必要）．

- ターゲティング（targeting）―― 電波源の極めて正確な位置情報を使用して，視程外の敵の重要なアセットに武器を指向することが実際に役立つかもしれない．関連した電波源によるアセットの識別はまた，光学的技法単独で得られるよりも正確な目標識別（target identification）を可能にする．
- 狭視野偵察資材に対するキューイング（cueing）―― 一般に光学センサの視野と分解能の両立は極めて困難である．それゆえ，「ソーダストロー」（soda straw）タイプの（つまり，ストローを通して何かを見ているような）センサと評されることが多い．その特質は，このような狭い視野で走査すると，敵のアセットの発見に長時間を要することにある．電子的な電波源位置決定システムが目標の概略位置を提供することによって，光学センサの捜索範囲を減らすことが可能になる．

本章は，電波源位置決定技法の復習から始めるが，電波源位置決定システムの精度を規定し，評価する方法に焦点を合わせた基礎的な章をサポートできるレベルに合わせてある．電波源位置決定システムについては，『電子戦の技術 基礎編』の第 8 章において，より詳細に議論している．

精度は一般に，システムの RMS 誤差（root-mean-square error; 2 乗平均誤差）で記述される．RMS 誤差は，システムの実効精度（effective accuracy）を規定する計算値として広く受け入れられている．RMS 誤差は，多数の周波数または多数の角度，あるいはそれら両方における膨大な量の角度誤差データ，すなわち位置決定誤差データを収集することによって決定される．各データ値を 2 乗し，その 2 乗値の平均値の平方根を計算すると，RMS 誤差が得られる（RMS 誤差については，6.4.1 項でさらに扱う）．

6.1　基本的な電波源位置決定技法

図 6.1 に示すように，電波源を位置決定する基本的方法は三つある．この図は 2 次元の，つまり，例えば地表面上の電波源位置決定技法を示している．もちろん，どの方法も 3 次元に拡張することは可能である．第 1 の方法（図 6.1 (a)）は，三角測量である．これは 2 か所（またはそれ以上）の既知の位置から電波源への方位線（line of bearing; 方測線）を決定することによる方法である．これらの方位線の交点が電波源位置となる．第 2 の方法（図 6.1 (b)）は，距離と 1 本の方位線を測定する方法である．第 3 の方法（図 6.1 (c)）は，精密位置決定システム（precision location system）に用いられる．これは電波源位置で交差する 2 本の曲線を数学的に決定する方法である．

また，2 か所以上の既知の位置からの距離を測定することによっても電波源位置を決定することができるが，この方法には，協力的な（味方の）電波源の位置決定に通常は限定されるという実施上の配慮点がある．電子戦システムは非協力的な敵の電波源を位置決定するものであるので，ここではこの方法は取り上げない．

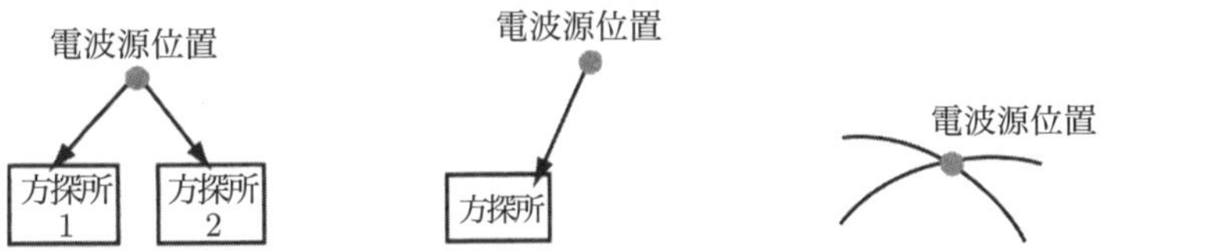

(a) 三角測量による方法　(b) 方位・距離測定による方法　(c) 数学的曲線の交差（交会）による方法

図 6.1　電波源位置決定の基本的方法には，(a) 三角測量，(b) 方位と距離を測定するもの，(c) 数学的に得られる曲線の交差によるものがある．

6.2　角度測定技法

最初に挙げた二つの方法では，既知の位置から電波源位置への方位線を確定する必要がある．これは方向探知（DF）と呼ばれることが多く，信号の到来方向（DOA）を測定することによって実現する．主な方向探知技法には以下のものがある．

- 指向性アンテナ回転（rotating directional antenna）技法
- マルチアンテナ振幅比較（multiple antenna amplitude comparison）技法
- ワトソン-ワット（Watson-Watt）技法
- ドップラ（Doppler）技法
- インターフェロメータ（interferometer; 干渉計）技法

6.2.1　指向性アンテナ回転技法

図 6.2 に示すように，回転式アンテナは，アンテナのボアサイトからの角度に応じた利得パターンを持つ．電波源を通過するようにアンテナを回転させることによって，アンテナ方位の時刻歴から信号の到来方向を決定することができる．アンテナの利得曲線の形状はよく知られているので，アンテナの主ビーム内に二つ以上の捕捉点があっても，アンテナのボアサイトに位置する可能性がある信号の方向を決定するのには差し支えない，ということに気づくことが大事である．狭ビームの大型アンテナは極めて良好な電波到来方向測定精度（ビーム幅の 10 分の 1 のオーダ）を与える．この方法は，比較的大型のアンテナを利用できる海軍用の EW システムでは極めて一般的である．

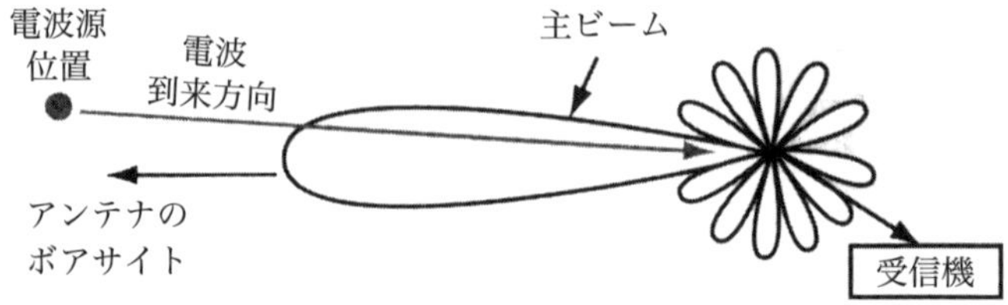

図 6.2　受信アンテナの利得パターンは，ボアサイトからの角度によって変わる．

6.2.2　マルチアンテナ振幅比較技法

図 6.3 に示すように，異なる方向を向いた二つのアンテナの利得パターンは，双方が同じ信号を捕捉したとき，出力信号の振幅比（amplitude ratio）をもたらす．信号の到来方向はこの振幅比から計算できる．この技法は，大型のアン

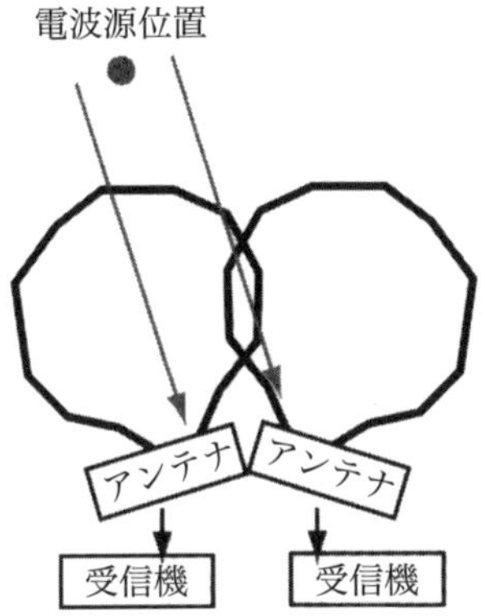

図 6.3 二つのアンテナの利得パターンは，2 台の受信機に電力比をもたらす．

テナを必要とせず，十分速く単一パルスの到来方向測定ができることから，航空機や海軍小型艦艇に搭載されたレーダ警報受信機に広く用いられている．その精度は一般的に高くない（約 5〜15°）．

6.2.3 ワトソン–ワット技法

ワトソン–ワット技法は，（高名なレーダ開発者の）Sir Robert Watson-Watt が開発したもので，1 列に配置した 3 本のアンテナを使用する．図 6.4 に示す中央のアンテナは基準アンテナとなるセンスアンテナ（sense antenna）で，その外側の二つのアンテナは，およそ 4 分の 1 波長離して配置される．外側のアンテナからの（センスアンテナで正規化された）信号の和と差は，角度に応じて図に示すようなカージオイドパターン（cardioid pattern）を作り出す．対称な外側のアンテナ対が数組ある場合，各対をそれぞれ切り替えてカージオイドパターンを回転させることによって，信号の到来方向を計算できるようになる．この技法は，中程度の DOA 精度（約 2.5° RMS）を与える電波源位置決定システムで広く用いられている．

6.2.4 ドップラ技法

この技法は二つのアンテナで受信した信号の周波数を測定するもので，図 6.5 に示すように，1 本がもう 1 本のアンテナの周りを回転する．動いているアン

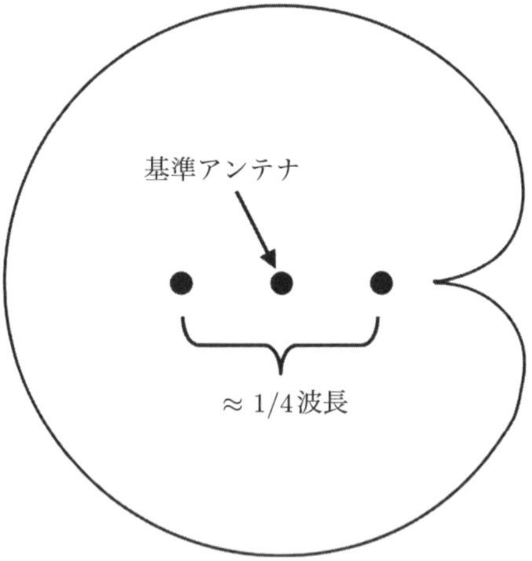

図6.4　ワトソン-ワット方探システムでは，外側の二つのアンテナの和と差のパターンによって，カージオイドパターンを作り出す．

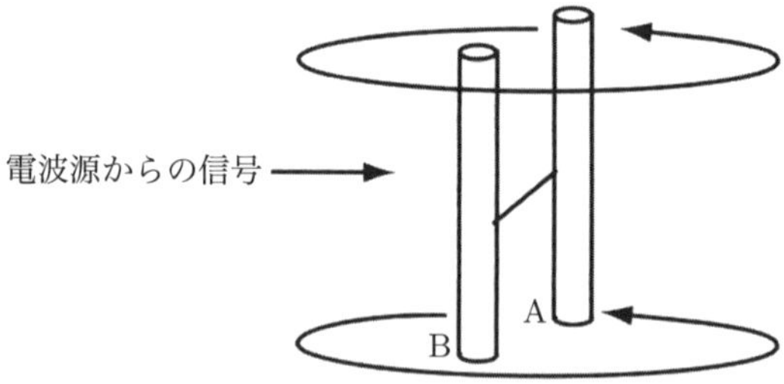

図6.5　ドップラ方探システムでは，アンテナAがアンテナBの周りを回ることによって，アンテナBで受信した周波数からのオフセットが正弦波状に変化する周波数偏移が生じる．

テナは，伝送距離の変化速度に比例したドップラ偏移を持つことから，そのアンテナで受信した信号の周波数は，送信周波数とは異なる．動いていないアンテナは送信された周波数を受信する．動いているアンテナAの円運動は，アンテナBで受信した周波数に対して正弦波状のドップラ偏移をもたらす．電波の到来方向は，ドップラ偏移が正から負になるときの角度である．実際のシステムでは，回転アンテナではなく，円形配列アンテナを順次切り替えることによって受信機に入力する．隣接するアンテナに切り替えられる際に信号の位相を比較することによって，周波数を計算する．これは民間の船舶に搭載された無線方探システムに広く用いられており，一般に 3° RMS 以上の精度が得られる．

6.2.5　距離測定技法

送信，受信双方の電力レベルがわかっている場合，図 6.6 に示すように信号の伝送距離を計算することができる．この技法は高精度の距離測定を要しない EW システムに限って用いられるので，拡散（または空間）損失（spreading loss または space loss）以外のすべての要因を無視するのが一般的なやり方である．拡散損失は次式で与えられる．

$$L_S = 32.4 + 20\log(F) + 20\log(d)$$

ここで，

L_S：拡散損失〔dB〕
F：送信周波数〔MHz〕
d：伝送経路長〔km〕

である．

この式は，d について解くことができる．

$$d = \text{antilog}\left(\frac{L_S - 32.4 - 20\log(F)}{20}\right)$$

(antilog(fn) は 10^{fn} の意である)

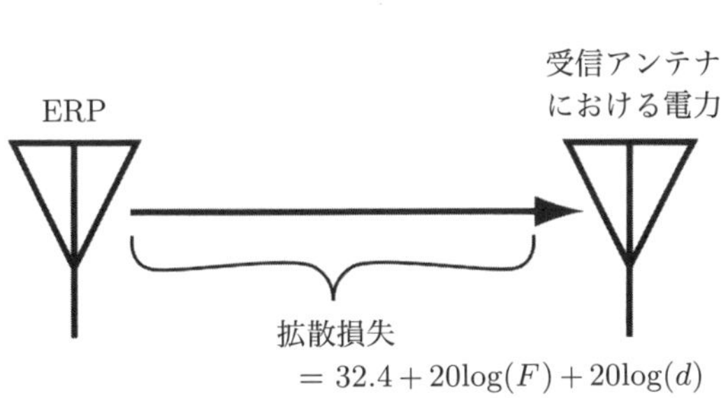

図 6.6　受信アンテナにおける電力は，周波数と距離の分，ERP より低下する．

例えば，使用周波数が 10GHz のレーダの実効放射電力が +100dBm であることがわかっており，これが受信アンテナに −50dBm で到来すると，その拡散損失は 150dB となる．この式に各数値を代入すると，約 76km という距離が得られる．

実際のシステム，特に航空機に搭載されるシステムにおいては，この測定精度は測定距離の高々 25% である．

より高精度の技法では，伝搬時間の測定が伴う．信号はほぼ光速（3×10^8m/sec）で伝わる．これは，ほぼ 1 フィート/nsec の速度である．したがって，信号が送信アンテナを離れた時刻と受信アンテナに到着した時刻がわかれば，正確な伝搬距離は次式で決定できる．

$$d = tc$$

ここで，

d：伝搬距離〔m〕
t：伝送時間〔sec〕
c：光速（3×10^8m/sec）

である．例えば，伝送時間が 1msec であれば，伝搬距離は 300km となる．

これはレーダが距離を測定するやり方であり，その場合，一般に送信機と受信機は同一場所にあるので容易である．しかしながら，この方法は，片方向通信（one-way communication）では非常に難しい．問題は送信時刻と到来時刻の正確な測定にある．到来時刻の問題は，極めて正確な GPS 基準時計を使用することによって大部分は解決されるが，送信時刻は（例えば GPS などの）協力的なシステム内に限って測定できる．

6.3 節で説明するように，（敵電波源に対する）有力な精密位置決定技法の一つは，2 か所の受信所で測定した信号到着時刻差をもとにしたやり方である．

6.2.6　インターフェロメータ方探

方探システムに約 1° RMS の精度が指定される場合には，インターフェロメータ技法を用いるのが普通である．この技法は，二つのアンテナそれぞれで受信される信号の位相を測定し，それら二つの位相値の差から信号の到来方向を導き出す．インターフェロメータ方探（interferometric direction finding; インターフェロメータDF）技法の原理は，図6.7の干渉三角形（interferometric triangle）で最もうまく説明できる．

この二つのアンテナが基線（baseline）を形成する．システムはこれら二つのアンテナの位置を知っていることを前提としているので，それらの距離間隔と方向は正確に計算できる．ここで到来信号の「波面」（wave front）を考えてみよう．波面は実際には存在しないが，便利な考え方である．これは，信号が受信システム位置に到来する方向に対して垂直な線のことである．

送信信号は正弦波で，光速で伝搬するものと考えよう．信号の全周期長（波長）には360°の位相が含まれている．観測される信号の位相は，波面に沿ったどの点においても同じである．したがって，波面は定位相（例えば，正へ向かうゼロ交差）の線と見なせる．波長と周波数の関係は次式で与えられる．

$$c = \lambda F$$

ここで，

c：光速（3×10^8m/sec）
λ：波長〔m〕
F：信号の周波数〔Hz〕

である．

干渉三角形では，波面はアンテナの一つに接しており，もう一方のアンテナから距離Dに位置している．これは構造上，基線，波面およびDで形成され

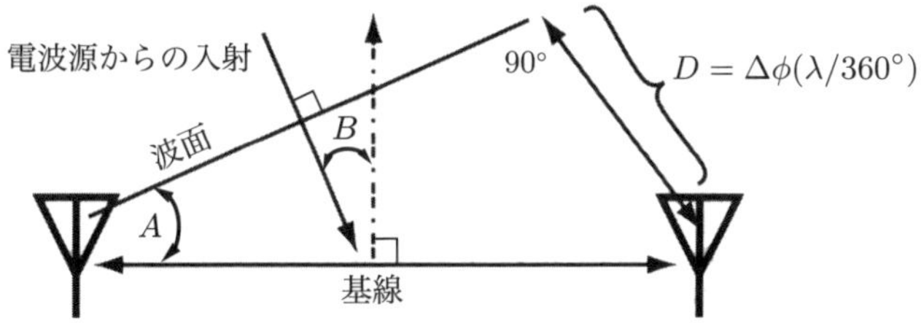

図6.7　干渉三角形は，二つのアンテナが形成する基線の幾何学的配置，ならびに二つのアンテナにおける信号の位相差から到来電波入射角を決定する方法を示す．

る直角三角形である．D と波長の比は，位相の度数を 360 で割った値と同じである．したがって，二つのアンテナで受信された信号間の位相差は，上記の D と波長との比である（もちろん，これは測定された受信信号の周波数から計算できる）．

D と基線長との比は角 A の正弦値であり，角 A は角 B に等しい．基線に垂直であるということはインターフェロメータの「ゼロ」角と見なせるので，角 B が測定される到来角になる．受信所での到来電波入射角にも基線の方向が含まれている．

「単一基線」(single baseline)（すなわち，1回に基線を1本使用する）インターフェロメータシステムでは，その基線長は 0.1〜0.5λ である．0.1λ に満たない基線は十分な精度を与えないし，0.5λ を超えると曖昧な解を作り出す．

また，アンテナが 360° の覆域を持つ場合，いわゆる前/後アンビギュイティ(front/back ambiguity; 前後多義性; 前後曖昧性）も存在する．鏡像（mirror image）方向から到来する信号が，アンテナ間に同じ位相差をもたらすことがある．これは高フロント・バック比（front-to-back ratio）のアンテナを使用することにより，あるいは，複数の基線を使用することにより解決できる．図 6.8 は，多くのインターフェロメータシステムに使用されている 4 素子ダイポールアレイ（four-dipole array）を示している．上から見ると，このアレイには 6 対のアンテナ（すなわち，6 本の基線）があることがわかる．

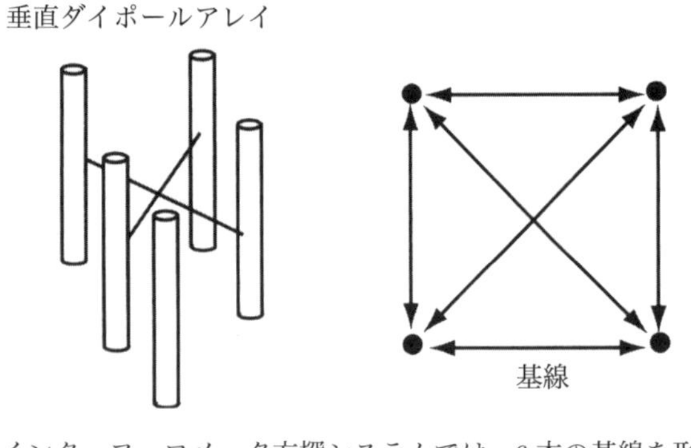

図 6.8　インターフェロメータ方探システムでは，6 本の基線を形成するために 4 本の垂直ダイポールアレイがよく用いられる．

誤りのない到来角は，異なる基線によるデータ間で相関関係を持つことになる．

また，0.5λ より大きい基線長を用いる相関インターフェロメータ（correlative interferometer）もあるが，これはアンビギュイティ（ambiguity; 曖昧性; 多義性）を解決するために，数本の基線からのデータについて相関をとっている．複数基線精密インターフェロメータ（multiple baseline precision interferometer）は，長さが 0.5λ だけ異なる 2 本の基線と一緒に，半波長の倍数長の基線を 3 本以上用いて同時にデータを収集するものである．これらによって，極めて多数のアンビギュイティを数学的に解決することができる．

6.3　精密電波源位置決定技法

一般に精密電波源位置決定技法は，10m 単位の位置精度（location accuracy）を与えるので，ターゲティングには十分な精度があると考えられている．精密電波源位置決定には通常二つの技法，すなわち，到着時間差法（time difference of arrival; TDOA）と到来周波数偏差法（frequency difference of arrival; FDOA）が用いられる．これらは一緒に使用される場合が多く，通常は精度の低い位置決定システムと併用される．まず，TDOA に焦点を合わせて進めていくことにしよう．

6.3.1　到着時間差法

6.2.5 項において，信号の遷移時間をもとにした伝搬距離の計算について説明した．信号は光速で伝搬するので，信号がいつ送信機を離れて受信機に到着したかがわかれば，経路長がわかる．（例えば GPS などの）協力的な信号や自前のデータリンクを扱う場合は，信号を符号化することによって出発時刻を測定できる．しかしながら，敵の電波源に対処する場合，信号がいつ送信機を離れたのかを知る手段がない．我が測定しうる唯一の情報は，いつ信号が到着するかである．また一方，2 か所の受信所に到着する時間差を測定することによって，送信所がある双曲線（hyperbola）沿いに位置していることがわかる．到着時間差が極めて正確に測定されれば，電波源の所在はその線に極めて近接していることになるが，双曲線は無限曲線であるので，位置決定問題は依然として解決されていない．

図6.9に，単一の送信機からの信号を受信している2か所の受信所を示す．この2か所の受信所は1本の基線を形成する．不確実性領域（area of uncertainty）とは，関心電波源が含まれている可能性がある地域のことである．二つの距離差で到着時間差が決まることに注意しよう．図6.10に，無数

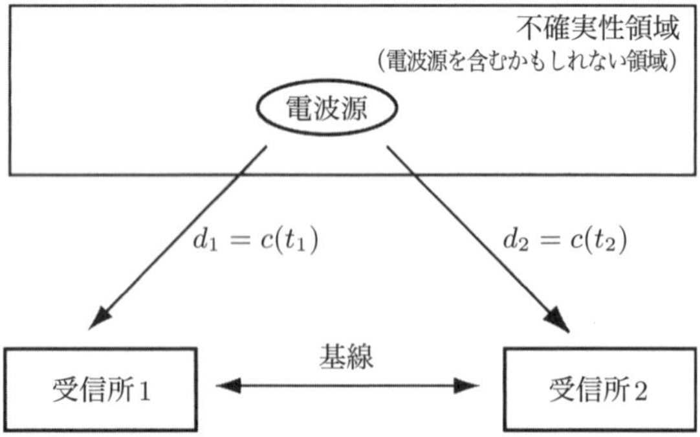

図6.9　2か所の受信所は，伝搬時間の差から，電波源までの相対距離が計算できるように，基線を形成する．

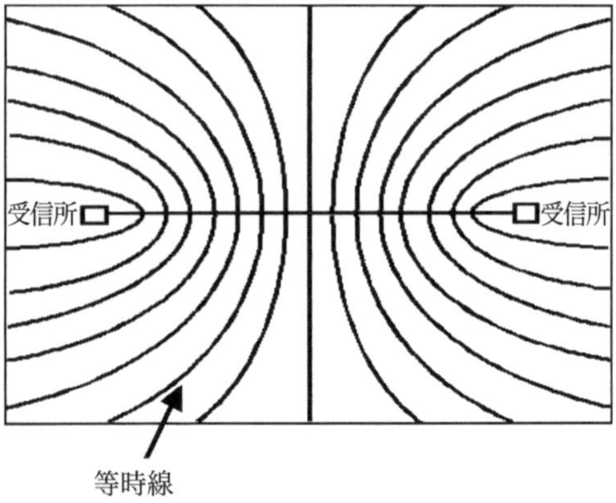

図6.10　等時線は，2か所の受信所までの伝搬経路長差が一定で，信号の到着時間差が一定となる電波源が所在する可能性のあるすべての位置を含む双曲線である．

にある双曲線の一部を示す．それぞれの曲線は特定の到着時間差を表しており，「等時線」（isochrone）と呼ばれている．

6.3.1.1　パルス電波源の位置決定

送信信号がパルスの場合，各受信機位置に極めて正確な時計があり，測定時刻を共通位置[1]に送信できれば，到着時間差の測定はかなり容易である．図 6.11 に示すように，パルスの前縁は信頼に足る時間計測事象を与える．問題は，二つの受信機が同一パルスを測定しなければならないことである．電波源位置を決定するにはごく少数のパルスを測定するだけでよいので，処理所，すなわち TDOA を計算する位置へ到着時間差データを伝送するのに必要なデータ回線の帯域幅は，ごくわずかでよい．

6.3.1.2　アナログ電波源の位置決定

さて，アナログ変調信号の場合について考えてみよう．この種の信号は（送信周波数に）連続搬送波を持ち，搬送波の周波数，振幅あるいは位相を変調して情報を搬送する．この搬送波は波長（概して 1m 未満）ごとに繰り返すことから，二つの受信機で到着時刻を測定するために相互に関連付けうる唯一の信号属性が変調である．到着時間差は，受信機の 1 台が時間遅延を変化させて受信信号を何度もサンプリングすることによって測定される．この時間遅延は，

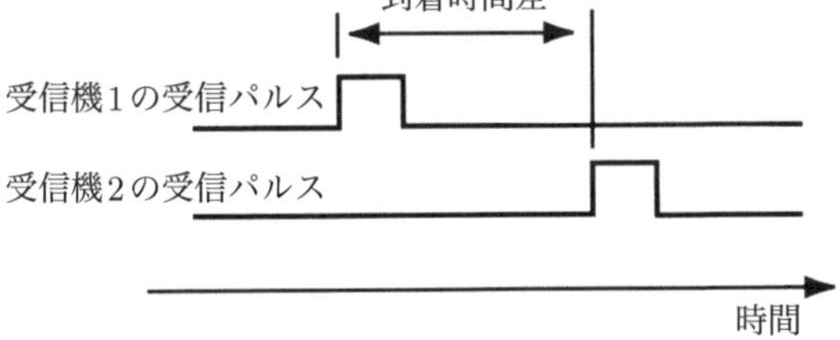

図 6.11　各受信機においてパルスの到着時刻が正確な時計で測定されるなら，到着時間差の計算は容易になる．

1. 【訳注】複数の受信所のデータの受信および処理を行い，TDOA を計算できる処理中枢，いわゆる処理所あるいは統制所のこと．

電波源が所在する可能性がある領域全体で最小から最大の時間差をカバーするのに十分な範囲にわたって変化させせなければならない．各サンプルはデジタル化および時間符号化され，二つのサンプル間の相関を計算できる共通場所に送られる．

この相関は，図 6.12 に示すように，差遅延（differential delay）によって変化する．ここで留意すべきなのは，この相関曲線のピークはかなり滑らかであるが，そのピークは一般に遅延増分の 10 分の 1 の精度で決められることである．

TDOA 処理は，アナログ信号においては，サンプルを多数取り込まなければならないので比較的低速になる上，十分な位置決定精度を得るためにはサンプル当たりのビット数が多数必要であることから，相当なデータ伝送帯域幅を必要とする．

6.3.1.3　位置決定

電波源の実際の位置を決定するには，少なくとも基線が 2 本になるように，3 番目の受信所が必要である．図 6.13 に示すように，各基線は双曲線状の等時線をそれぞれ 1 本形成する．この 2 本の双曲線は電波源位置で交差する．2 本の双曲線は 2 か所で交差するかもしれない位置アンビギュイティ（location ambiguity）が存在する．しかし，これらの位置の 1 か所だけは不確実性領域内に位置するはずであろう（図 6.9 参照）．

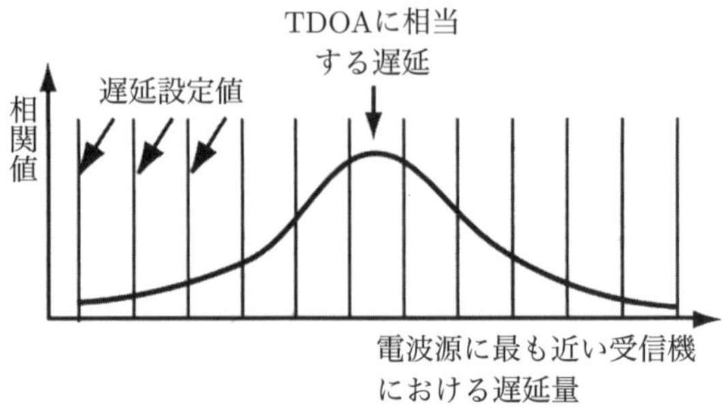

図 6.12　1 台の受信機の信号遅延の関数として表される 2 台の受信機に到来する信号間の相関は，遅延量が到着時間差に等しいとき，ピークに達する．アナログ信号では，その曲線の頂点はなだらかである．

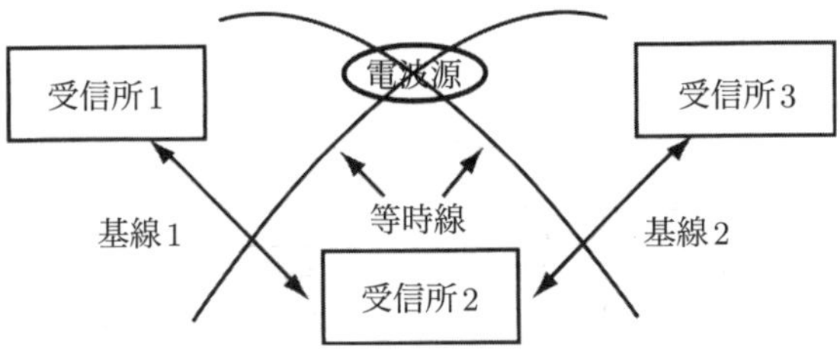

図 6.13 3か所の受信所によって2番目の基線が得られる．これら2本の基線による等時線は電波源位置で交わる．

正確な電波源位置を得るためには，受信所の位置が正確にわかっている必要がある．GPS が使用できることから，小型車両や下車した操作員であっても正確な受信所の位置を利用可能である．もちろん，受信機が移動している場合に等時線を作成したり電波源位置決定の計算をする際にも，その瞬間の受信機位置を考慮する必要がある．

6.3.2 FDOA による精密電波源位置決定

FDOA は精密電波源位置決定を実現する技法の一つである．これには，移動している2台の受信機で受信した（ほとんどの場合，移動していない）単一送信機からの各周波数の差の測定が伴う．受信した周波数の差はドップラ偏移の差によるものであることから，FDOA は差動ドップラ（differential Doppler; DD）とも呼ばれる．

6.3.2.1 到来周波数偏差法

まず，移動している受信機が受信した固定送信機からの信号周波数について考えてみよう．図 6.14 に示すように，受信信号周波数は，送信周波数，受信機の速度，および送信機と受信機の速度ベクトルの間の正確な球面角によって決まる．その受信信号周波数は次式で与えられる．

$$F_R = F_T\left(1 + \frac{V_R\cos(\theta)}{c}\right)$$

ここで，

F_R：受信周波数

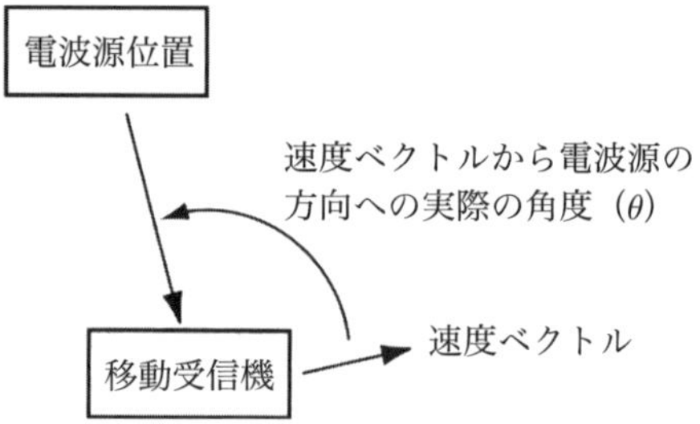

図 6.14　移動中の受信機は，速度と角度 θ の関数であるドップラ偏移によって変えられた固定電波源からの信号を受信する．

F_T：送信周波数

V_R：受信機の速度

θ：受信機の速度ベクトルと送信機方向との角度

c：光速

である．

さて，図 6.15 に示すように，移動しながら異なる位置で同一信号を受信する 2 台の受信機について考えてみよう．2 台の受信機の瞬時の位置が 1 本の基線を形成する．2 台の受信機における受信周波数の差は，θ_1, θ_2 とそれぞれの受信機の速度ベクトルとの差の関数である．二つの受信周波数の差は次式で与えられる．

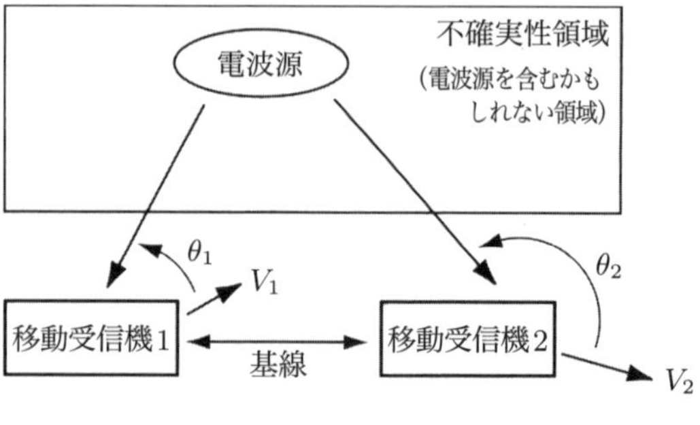

図 6.15　2 台の移動中の受信機は，それぞれの速度ベクトルと傍受位置関係に応じて異なる受信周波数を測定する．

$$\Delta F = F_T \frac{V_2 \cos(\theta_2) - V_1 \cos(\theta_1)}{c}$$

ここで，

ΔF：差周波数

F_T：送信機の周波数

V_1：受信機 1 の速度

V_2：受信機 2 の速度

θ_1：受信機 1 から送信機への方向の正確な球面角

θ_2：受信機 2 から送信機への方向の正確な球面角

c：光速

である．

この条件において，測定された周波数差を生ずることが見込まれるすべての送信機位置を決定付ける 3 次元曲面が存在する．この曲面と平面（例えば，地表面）との交線を考えたときに描かれる曲線は，しばしば，「等周波数線」（isofreq）と呼ばれる．2 台の受信機は，異なる方向に異なる速度で移動することが可能であるので，システムのコンピュータによって，速度・配置・周波数差の各条件における正確な等周波数線を描くことができる．また一方，人に対する視覚的表現を単純化するため，図 6.16 に，2 台の受信機が同一方向に同一速度で移動する（必ずしも追従運動する必要はない）際のさまざまな周波数差における一連の等周波数線を示す．この一連の曲線は全空間に広がっていることに注意しよう．これは（2 台の受信機が高校の物理教科書に出てくる棒磁石の両端と同じような）磁束線（line of magnetic flux）のように見える．

TDOA と同様に，2 台の受信機による周波数差の測定は，位置を決めるのではなく，単に可能性のある位置を連ねた曲線（すなわち，等周波数線）を明確にするだけである．けれども，周波数差が正確に測定されれば，送信機の位置は等周波数線の曲線と（50m のオーダで）極めて近いことになる．3 番目の移動受信機を使用すると測定基線を 3 本持つことになり，それぞれが FDOA データを収集し，等周波数線を計算することができる．その結果，送信機の位置は，2 本以上の基線による等周波数線の交点から決定できる．

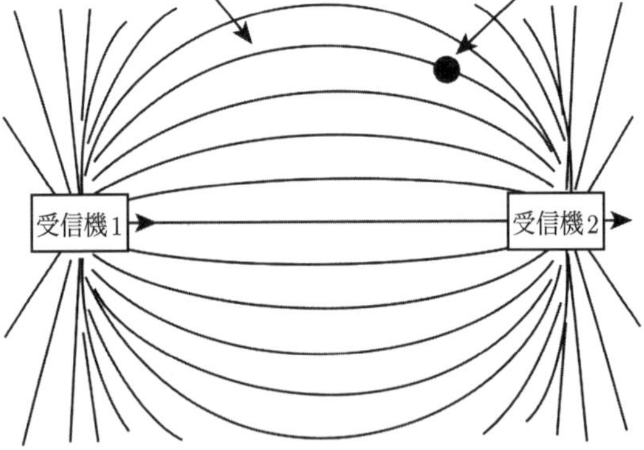

図 6.16　FDOA システムは，2 台の受信機で電波源位置を通る曲線（等周波数線）を決定する．

6.3.3　移動送信機に対する FDOA

（移動している受信機を用いた）移動中の送信機の FDOA 位置決定に付随する重大な問題がある．ここで測定される周波数差は，2 台の受信機の正確にわかっている速度ベクトルによって生じるドップラ偏移に由来する．送信機も移動している場合は，移動する受信機に由来するものと同程度の大きさのドップラ偏移をもたらすが，送信機の速度ベクトルはわからない．これが電波源位置決定の計算にもう一つの変数を持ち込むことになる．これは数学的に解決できるとはいえ，計算所要（すなわち，コンピュータの所要能力と所要時間）は格段に手間がかかるものになる．それゆえに，FDOA はほとんどの場合，移動中の航空機搭載受信機からの固定式あるいは極めてゆっくり移動する送信機の位置決定に限って適するとされている．

6.3.4　FDOA と TDOA の併用

周波数と時刻の測定はともに極めて正確な周波数基準を必要とするので，同じ 2 台の受信機が両方の機能を果たすことは当然である．これは多くの精密位置決定システムで行われている．2 台の受信機による 1 本の基線に対して計算された（TDOA による）1 組の等時線と（FDOA による）1 組の等周波数線について，図 6.17 で考えてみよう．送信機の位置が等時線と等周波数線の交点にあることに気づくだろう．このようにすると，2 台の受信機による 1 本の基線によって，正確な電波源位置が確定するのである．

実際には，位置決定システムは一般に，3 台以上のプラットフォームを使用するので，TDOA または FDOA 単独，さらに TDOA と FDOA の併用によって，多くの解が計算されることがある．この解の多重度が，多様な運用条件において最も正確な計算結果を与えることになる．

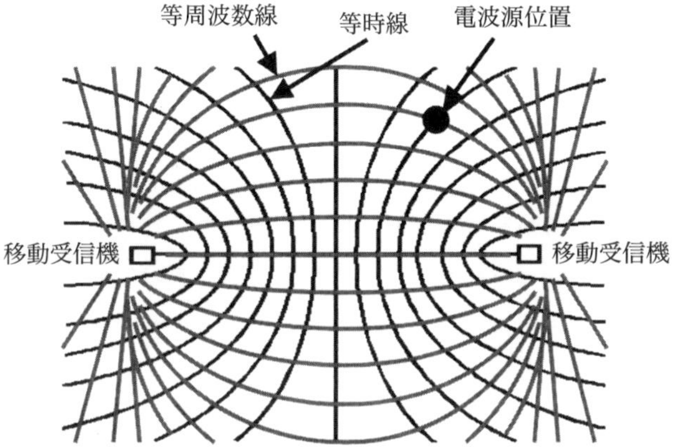

図 6.17　電波源の位置は，移動をしている 2 台の同じ受信機を使用した TDOA および FDOA によって決定できる．

6.4　電波源位置決定——報告に必要な位置決定精度

方探システムの運用価値を比較する際の一つの重要な諸元が実効精度である．到来電波入射角（AOA）測定システムについては，この精度は通常，RMS 角度誤差で表される．（例えば，複数の AOA 方式の方探所を持つ）完全な電波源位置決定システムでは，この電波源位置決定精度を CEP（circular error probable; 円形公算誤差; 半数必中界）または EEP（elliptical error probable; 楕円形公算誤差）で表すことが多い．

電波源位置情報に基づいて意思決定をする人物，例えば，敵のアセットの所在を判断しようとする指揮官にそれが報告される際には，電波源位置決定システムから報告される測定結果の位置の不確かさを CEP または EEP で明確にする．地図上に描かれたこの円や楕円は，意思決定過程において役立つことがある．

6.4.1　RMS 誤差

どの到来電波入射角測定または電波源位置測定においても，常に多少の誤差が存在しているが，われわれはシステムの「実効」誤差を評価し議論できなければならない．すべての測定がある特定の角度誤差未満であることに重大な意味がある場合は，ピーク誤差（peak error）が指定されることになる．一方，実際の方探システム，特に瞬時に 360° をカバーするようなシステムでは，測定誤差が平均値より著しく大きくなる少数の特定の角度や周波数がある．これはほとんどの場合，野外試験で起こり，低レベルの干渉信号や点反射体がシステム自身の性能とは関係のないピーク誤差を引き起こすのである．これらの（システムの内部あるいは外部による）ピーク誤差が少数の角度あるいは周波数の組み合わせのみで生じる場合，一般に，その野外試験は，システムの運用における実用性についての適正な試験とは認められない．そのため，システムの実効精度は一般に，2 乗平均（RMS）誤差によるほうがうまく説明できると考えられている．

RMS 誤差を測定するには，システムの角度範囲（一般的には 360°）全体にわたって異なる角度において，またシステムの全周波数範囲にわたって一定の増分ごとにデータを取得する．測定された各到来電波入射角は実際の到来電波入射角と比較され，誤差角が決定する．

実際の入射角は，装置を載せたターンテーブルの位置，もしくはシステムを搭載した航空機や艦艇の航法システムによって，あるいは他の何らかの独自の角度基準（angular reference）に基づいて決定される．次に，それぞれの誤差を 2 乗し，2 乗誤差を平均し，計算した平均値の 2 乗根をとる．つまり，次式を計算する．

$$誤差_{\mathrm{RMS}} = \sqrt{\frac{\sum_{i=1}^{n} (誤差_i)^2}{n}}$$

RMS 誤差は，平均値と標準偏差（standard deviation）の二つの部分を持っていると見なされることが多い．平均誤差はすべての誤差測定値の単純平均であり，全出力データ内で補正できる．標準偏差は，各データ点から平均誤差が差し引かれている場合に計算された RMS 誤差（実質的に，平均誤差成分を持たない RMS 誤差）である．RMS 誤差，平均誤差（mean error），および標準偏差の間の関係は，

$$\mathrm{RMS} = \sqrt{\mu^2 + \sigma^2}$$

である．ここで，

μ：各データ点の平均値

σ：標準偏差

である．

この式をどうしても試したい場合，例えば，1, 4, 6, 8, 12 という値を用いて計算すると，平均値 6.2，標準偏差 3.7，RMS 7.22 が得られることがわかるだろう．

6.4.2　円形公算誤差

CEP は射撃・爆撃用語の一つである．1 本の標桿（aiming stake）を狙って多数の砲弾あるいは爆弾で砲・爆撃し，標桿から各弾着点までの距離を測定するとした場合に，弾着点の半数が含まれるであろう円の半径を円形公算誤差という．

電波源位置決定システムの性能を評価する場合，位置決定精度を定量化するのに CEP を用いる．この場合の CEP とは，実際の電波源位置が円内に存在する確率が 50% となるように計算された，電波源位置を中心とする円の半径をいう．これは 50% CEP とも記される．あるいは（その円内に電波源が含まれている可能性が 90% の場合は）90% CEP と記される．

図6.18に示すような電波源位置決定における位置関係について考えてみよう．この配置は，2か所の方探所が電波源から等距離にあり，また，電波源位置から見て90°の角度に離れているので，理想的な配置である．

各方探受信機における誤差が，平均誤差0の正規分布に従っていると仮定すると，RMS誤差値を規定する誤差限界線と線の間に，中心線に沿って電波源の方探測定値の68.2%が入ることになる．これは，標準偏差点より外側の正規分布曲線（normal distribution curve）より下の面積が，0.341となるからである．したがって，この配置で，RMS線に内接する円内に実際の電波源が入る見込みは，46.5%（$0.682 \times 0.682 = 0.465$）となる．一方，この円の半径を元の円の1.037倍に増やせば，この範囲に電波源が入る見込みは50%になる．これは，図6.19に示すように，標準偏差点の外側1.037までの正規分布曲線より下の面積が35.36%となるからである（つまり，$(0.3536 \times 2)^2 = 0.5$）．

上記の概念がはっきりすることを期待して，各方探所から見て実際の電波源位置が$\pm 1.037\sigma$の誤差限界内に存在する確率が70.7%となる場合について考えてみよう．最適に指向した2か所の方探所について，電波源位置が前記と同じ誤差限界内にある確率は0.707の2乗，すなわち0.5となる．

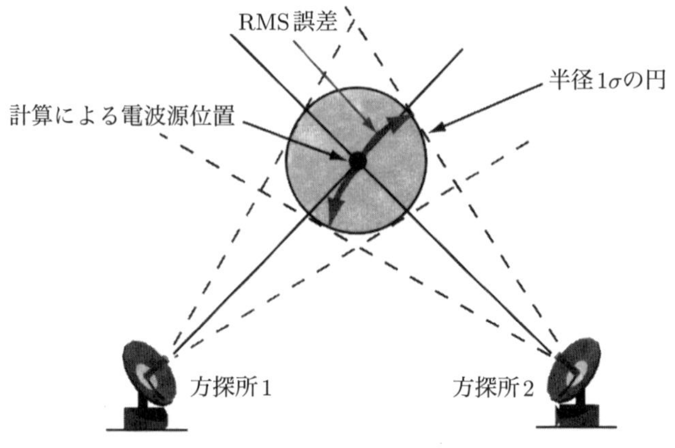

図6.18　捕捉角90°では，計算による電波源の位置を中心とする半径1σの円内に電波源が存在する確率は46.5%である．

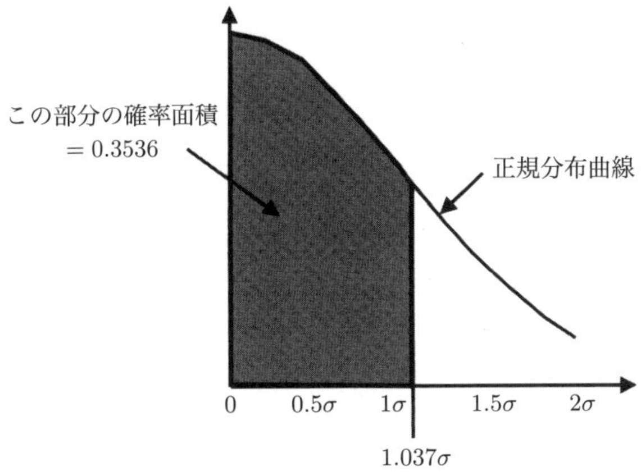

図 6.19 誤差が平均値 0 の正規分布をする場合，正規分布曲線より下の面積は，実際の位置が一定の半径内に存在する確率を規定する．

6.4.3 楕円形公算誤差

図 6.20 に示す，あまり好ましくない電波源位置決定の配置について考えてみよう．RMS 誤差限界に内接する楕円の 103.6% の面積を有する楕円を EEP と定義する．CEP と同様，EEP にも 50% または 90% の確率を規定することができる．

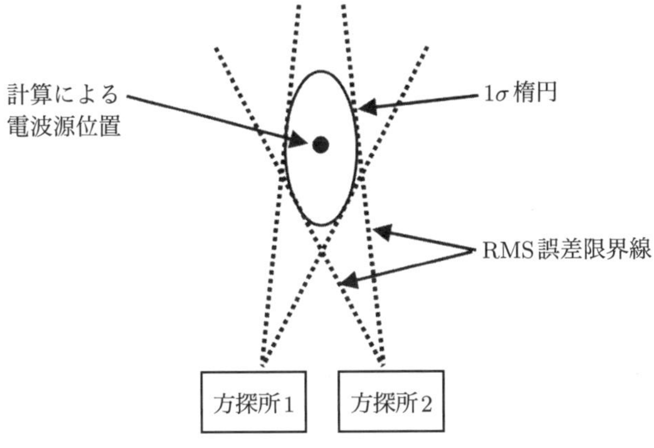

図 6.20 この理想的ではない位置関係において 1σ 楕円内に電波源が存在する確率は 46.5% である．

6.5　電波源位置決定――誤差配分

電波源位置決定システムの最も重要な評価尺度は，一般に位置決定精度であると考えられる．システムの仕様においては，誤差の原因となるすべての要因を計上する必要がある．これは誤差配分（error budget; 誤差の割り当て）と呼ばれる．いくつかの要因は複数の電波源位置決定技法に共通するが，多くは一つの技法だけに関係する．

6.5.1　さまざまな誤差要因の組み合わせ

電波源位置決定誤差の原因は多数あり，いくつかはランダムで，またいくつかは一定である．一般的に，誤差の原因がランダムで，かつ相互に独立している場合，それらは統計的に組み合わされる．総合誤差は次式に示すように，要素誤差の2乗和の平方根で表される．すなわち，

$$\text{総合 RMS 誤差} = \sqrt{\text{誤差}_1^2 + \text{誤差}_2^2 + \text{誤差}_3^2 + \cdots + \text{誤差}_n^2}$$

である．ここでは，n 個の独立かつランダムな誤差原因があるとしている．

一方，誤差原因がランダムでない場合には，それらはそのまま合計しなければならない．

前述したように，RMS 誤差は平均誤差と標準偏差の組み合わせである．例えば，計測機器を備えた試験場でシステム誤差を極めて正確かつ完結して測定できる場合には，すべての位置測定値や電波到来方向測定値を統計的な平均誤差の分だけ補正することが実際的である．そうすると，システムの RMS 誤差は実測の誤差データの標準偏差に等しくなるであろう．これは著しい位置誤差（site error）がないことを前提にしており，誤差の主たる原因はむしろプラットフォームに付随したものであることに注意しよう．航空機プラットフォーム搭載の DOA システムはたいていこの特徴を有しており，機体からの反射が大きな AOA 誤差の原因になるのに対し，より遠方のマルチパス反射体が測定誤差の原因になることはあまりない．

6.5.2　AOA 誤差に及ぼす反射の影響

目標電波源から AOA 方探所に至る伝搬経路近傍に位置する反射体は，マルチパスを生じることによる誤差を引き起こす．AOA 方探所では，そのアンテナに到来する直接波成分とすべてのマルチパス成分とのベクトル和を測定する．図 6.21 に示すように，目標電波源近傍の反射体は，比較的小さいオフセット角で到来するマルチパス信号（multipath signal）を生じ，これが（航空機搭載システムではよくある）比較的小さな誤差の原因となる．一方，AOA 方探所近傍の反射体は，比較的大きな角度で到来する可能性のあるマルチパス信号を引き起こす．これらの反射は，比較的大きい誤差の原因となる．地上設置型の AOA システムは，至近距離にある地形から著しく影響を受ける．また一方，すべての AOA システムは，それを搭載している（機上または地上）ビークルによる大きなマルチパス誤差（multipath error）を有する．（信号の AOA に対して近いか，あるいは正反対となる）側方からの反射は，最も重大な誤差をもたらす．

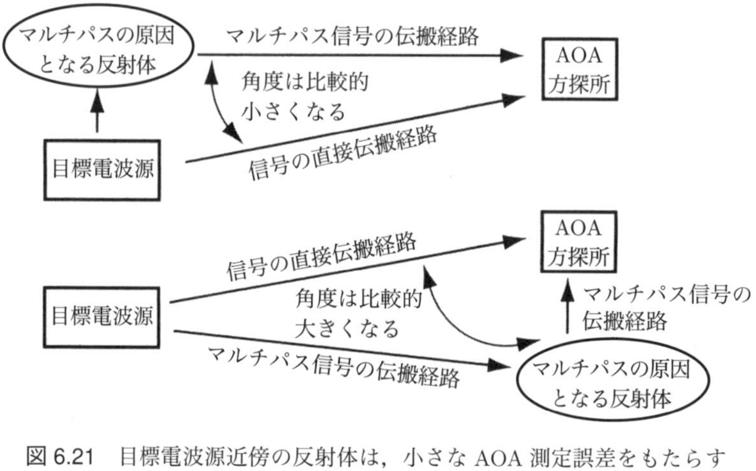

図 6.21　目標電波源近傍の反射体は，小さな AOA 測定誤差をもたらすのに対し，AOA システム近傍の反射体は大きな AOA 誤差をもたらす．

6.5.3　測定所の位置精度

図 6.22 に示すように，どの種類の電波源位置決定技法においても，測定所の位置設定にあたっての誤差は，電波源位置決定誤差にそのまま加算せざるを得ない．航空機，艦艇搭載あるいは地上移動式の測定システムを使用する場合には，測定所位置はそのプラットフォーム搭載の慣性航法システム（inertial navigation system; INS）から得られる．何年か前までは，航空機 INS の位置精度は，航空機が飛行場あるいは空母の甲板上の固定位置を離れたときからの時間に応じて低下した．しかしながら，最新の INS 装置は継続的な位置較正（calibration; 校正）のために GPS 基準を利用している．これによって長期間の任務における精度が大幅に改善された．艦艇は優れた航法機能を有しているので，艦載測定所における位置誤差は極めて小さい．

固定式の地上受信所は，非常に厳しい精度で測量された位置にある．その位置誤差は，基本的に電波塔の静的あるいは動的な屈曲によるものに限られる．地上移動式の測定所では，「低価格プラットフォーム」用の INS は実際役立たなかったので，GPS が使用できるようになるまでは，比較的大雑把な位置精度であった．測定所の位置を正確に得るためには，停止して既知の地図上の位置に開設する必要があった．一方，GPS 受信機は小型で極めて卓越した位置

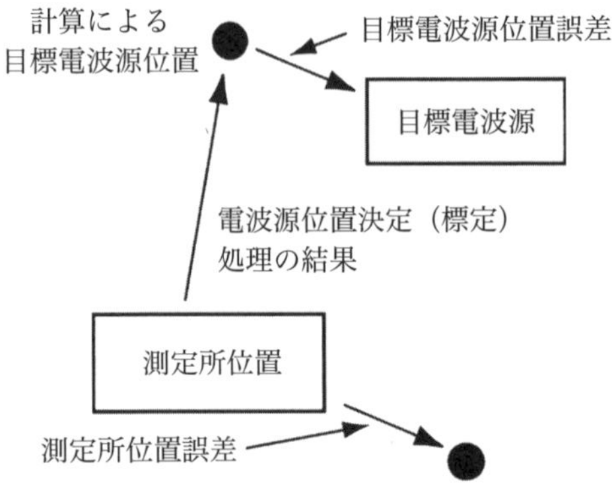

図 6.22　測定所（方探所）位置誤差は，目標電波源位置決定誤差にそのまま転嫁される．

精度を提供する．それゆえ，トラック内や下車要員が搬送する測定所であっても，ほんの数 m の精度で位置を決定できる．

6.5.4　AOA 電波源位置決定技法における誤差配分項目

AOA システムでは，測定所に到来する信号の方向と，ある基準角の間の角度（方位角と仰・俯角の両方または一方）を測定する．誤差配分要素（error-budget component）には，図 6.23 に示すように，角度測定精度（angle measurement accuracy）と方位基準精度（accuracy of the directional reference）がある．仰・俯角は局所の垂直方向または水平方向に相対的なものであるので，極めて高精度の基準を得やすい．方位角の基準（一般には真北（true north））には，もっと多くの難問がある．高価格プラットフォーム（例えば，艦艇や航空機）では，角度基準は INS によってもたらされる．INS はドリフトがある方位ジャイロスコープ（directional gyroscope）を有しているが，最新のシステムでは，長期間にわたり精度を維持する角度基準を更新するために GPS が決定する次の位置との間で方位ベクトルを計算する．現在は低価格プラットフォーム用の小型・軽量の INS 装置がある．それらは角度基準用には光ファイバジャイロスコープを，位置決定用には GPS を使用しており，より大型の INS 装置ほど高精度ではないが，高品質の方位基準（directional reference）と座標を与

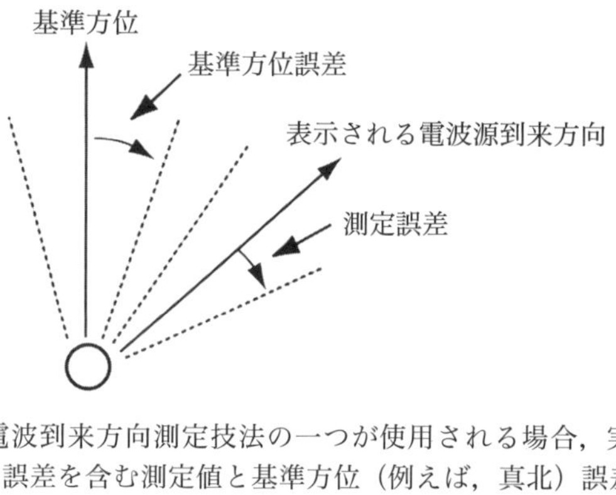

図 6.23　電波到来方向測定技法の一つが使用される場合，実際の信号到来方向は誤差を含む測定値と基準方位（例えば，真北）誤差の合計になる．

える．

初期の地上移動プラットフォームでは，基準北（north reference）用の磁力計（magnetometer）を使用する必要があった．この装置は地球の磁場を感知する．これは電子的に読み取り可能な磁気コンパスと同等と考えられる．この磁力計は測定システムのアンテナアレイに装着されており，仮に風や支線の張力によって動いても，アレイの実際の方位を測定できた．しかしながら，磁力計は手動コンパスと同じ問題（例えば，位置によって変化する磁針偏角）に悩まされた上に，比較的低精度（約 1.5° RMS）であった．

AOA システムにおけるその他の誤差原因は，角度基準に対するアンテナアレイの方位決定である．角度基準装置がアレイに装着されない限り，（マスト上にあれば）アレイが展開されるたびの，あるいは航空機プラットフォームに搭載されたときのオフセット誤差（offset error）となる．

6.5.5　信号対雑音比に関連する誤差

強力な信号を受信するシステムに対して位置決定精度の仕様を定めることは一般的であるが，また一方，システムは通常非常に微弱な信号を取り扱わなければならない．方探システムの感度を指定する一つの方法として，受信信号強度の増分に応じて一連の測定値（通常 5〜10 個）を取り込む方法がある．強力な信号に対しては，すべての AOA 測定値は極めて近い（大体はまったく同じ）．次に，信号強度が低下するにつれて低下した SNR は，AOA の実測値に変動を引き起こす．システム感度は，これらの測定値の標準偏差が 1° に等しくなる受信信号強度として規定されることが多い．どんな指定の SNR により生じる RMS 角度誤差成分であっても計算することが可能であるが，この誤差成分（error component）は個々のシステム構成によって異なる．

6.5.6　較正誤差

高精度を実現するすべての AOA システムは，アンテナ取り付けの配置，ビークル反射，および処理に起因する固定誤差（fixed error）の影響を除去するために較正（校正）される．この較正には，何がしかの正確な距離において AOA を測定すること，および，較正中の測定誤差を除去するために，直近の運用で測定されたデータを補正することが含まれる．この較正データの精度が低いと，さらなる角度誤差の原因になる．

6.5.7　AOA システム誤差の組み合わせ

測定所位置を除き，前述した誤差要因すべてが独立かつランダムであると考えることは，たいてい合理的である．したがって，総合的な誤差配分を決定するため，それらを統計的に組み合わせることができる．しかしながら，いくつかの誤差は加法的なものと見なさなければならない場合がある．例えば，補正されていない平均誤差があれば，その誤差は加法的な誤差と見なすべきである．いくつかのシステムでは，到来電波入射角に応じて常に一定の値をとる計算誤差も存在する．これらの誤差はランダムではなく，処理中に補正されなければ（角度に対して）加法的と見なすべきである．

6.6　AOA 誤差の位置決定誤差への換算

電波源位置決定システムのアプリケーションに関する最も重要な問題は，システムが電波源を位置決定できる精度である．どの種類の位置決定システムにおいても，これは測定精度および測定配置の双方によって決まる．差し当たり，AOA システムのみについて考えてみよう．

6.6.1　測定精度

標準偏差は，統計的に，平均誤差値から 1 標準偏差分（1σ）離隔した角度をいう．これは統計的に，平均誤差値からこの離隔距離未満に，誤差を持つ角度測定値の 34% が存在しているということである．ただし，誤差は平均値の右側または左側のどちらにも存在しうるので，二つの標準偏差角内には誤測定データの 68% が含まれることになる．

平均誤差は，AOA システムを運搬する（空中，地上，または海上）ビークルからの反射に強く影響されるので，システム較正では，システムの最終的な RMS 誤差への影響のほとんどを取り除くことが求められる．したがって，較正済みの AOA システムにおいては，主として RMS 誤差が補正済みデータの標準偏差であることが期待される．

図 6.24 に示すように，単一の AOA 方探所は，電波源が「扇形」の範囲に位置すると言っているにすぎない．2 本の RMS 線を標準偏差線としてとるならば，電波源がこの角度範囲内に存在する可能性は 68% になると考えられる．RMS 誤差値が小さい場合には，くさび形は狭くなり，角度の精度はさらに高くなる．また一方，線形誤差は AOA 方探所からの距離の関数でもある．位置決定される電波源近傍における誤差領域の幅は，次式で計算できる．

$$W = 2D\tan(\theta)$$

ここで，

W：真の角度ベクトルから RMS 誤差ベクトルまでの距離（単位は任意）
D：受信所から位置決定される電波源までの距離（上と同じ単位）
θ：RMS 角度誤差

である．

AOA 方探所を 2 か所使用すると，三角測量によって電波源の位置が決定される．2 か所の方探所からの角度範囲の共通部分を図 6.25 に示す．理想的に

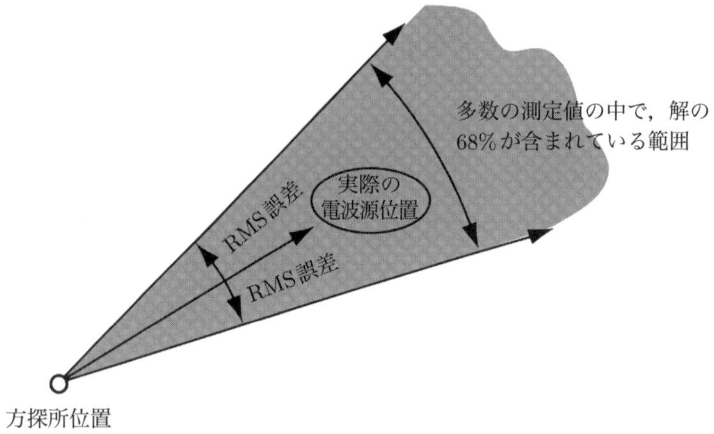

図 6.24　2 本の RMS 誤差線間の角度範囲内には，多数の計算から得られる平均誤差を取り除いた RMS 誤差に等しい標準偏差の正規分布誤差を持った解が 68% の確率で含まれる．

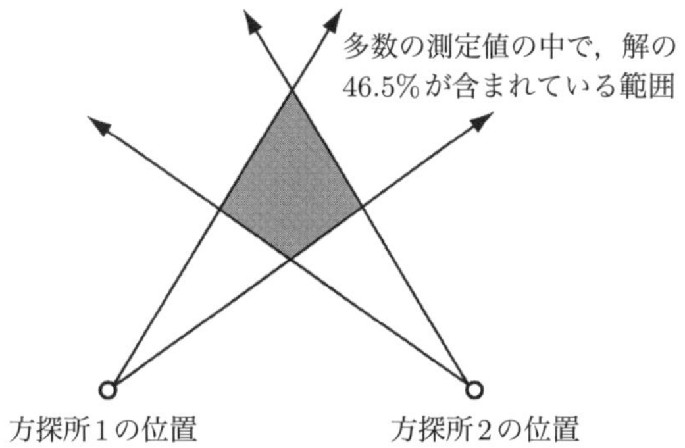

図 6.25　各 RMS 誤差線の組の双方の合間にできる凧形の領域に電波源の位置が含まれている可能性は 46.5% となる．

は，2 か所の方探所は位置決定される電波源から見て 90° をなすであろう．これは位置不確実性領域を最小にすることになる．この図では，2 か所の受信所が理想的に配置されていない，より一般的な事例を示している．今度は，二つの扇型が交差する凧形の領域内に位置決定される電波源が存在している可能性が 68% となる．

誤差値をランダムに選択してこれらの 2 か所の方探所からの電波源位置を決定するコンピュータシミュレーションを何度も実行すれば，位置決定点のプロットは中心部が高い位置密度で，中心から離れるにつれて統計的に密度が低下していく，一つの楕円形の領域を描くことになるであろう．図 6.26 の楕円形内には，プロットされた解の 46.5% が含まれることになる．

6.6.2　円形公算誤差

6.4.2 項で CEP を定義した．電波源位置決定システム（すなわち，複数の AOA センサとそれに必要な三角測量処理）において，図 6.26 の楕円から CEP を決定することができる．

まず，その楕円を 46.5% 含有圏から 50% 含有圏にサイズ変更する必要がある．そのためには，楕円の長径と短径のそれぞれに係数 1.036 を掛けて，その双方を拡大する．これによって電波源を 50% 含む可能性のある楕円ができる．この楕円は，AOA 方探所の諸元および傍受の位置関係から計算できることに

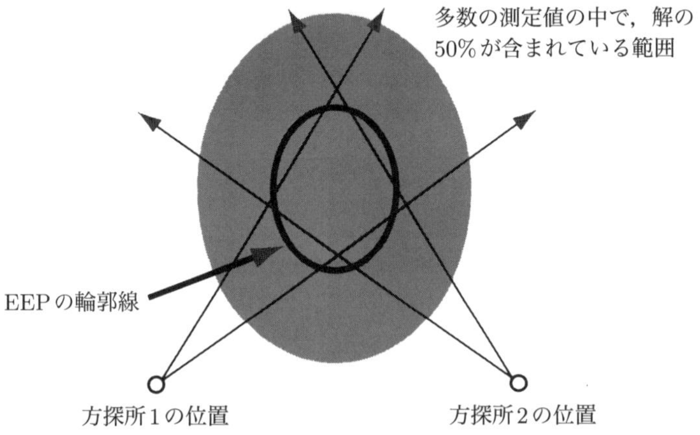

図 6.26　正規分布誤差を持つ多数の位置測定シミュレーション結果に基づいた位置のプロットは，その EEP 楕円内に測定結果の 50% を含む楕円形の分散パターンを形成する．

注意しよう．これは「楕円形公算誤差」（EEP）と呼ばれることが多い．

第2段階は，（図 6.27 に示す）楕円の長半径および短半径のベクトル和の大きさを次式から計算することである．

$$\mathrm{CEP} = 0.75\sqrt{a^2 + b^2}$$

ここで，

CEP：円形公算誤差円の半径（単位は任意）
a：楕円の長半径（上と同じ単位）
b：楕円の短半径（上と同じ単位）

である．

CEP のこの数値（真の CEP を 10% 以内で推定すると言われている）は，参考資料として広く用いられている L. H. Wegner の 1971 年 6 月の Rand 報告（R-722-PR）"On the Accuracy Analysis of Airborne Techniques for Passively Locating Electromagnetic Emitters" から引用した．

電波源位置決定システムで使用されているように，計算された楕円形公算誤差は，電波源の被測定位置周辺の地図ディスプレイ上に描画される．次いで，

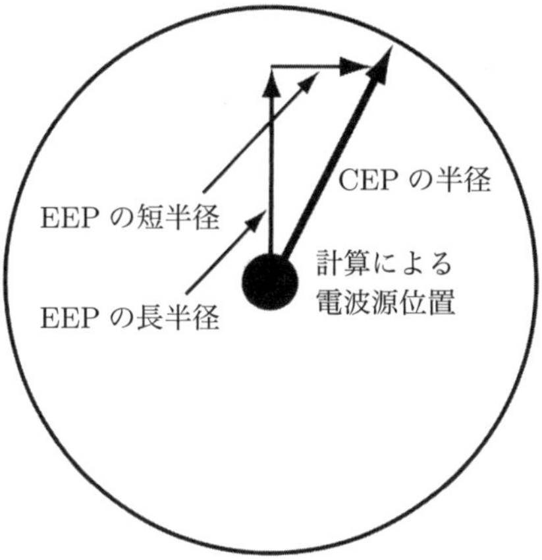

図 6.27　CEP は，実際の電波源を含む確率が 50% の，実測した電波源位置を中心とする円の半径である．

電波源が楕円内に存在する確率が 50% であると見なす．この情報は，妥当な精度で戦況を判断するために，その他の戦況や最近の履歴情報を付加できる軍の分析要員にとって極めて役立つ．

一方，CEP は，現実的な位置関係におけるシナリオの中で異なるシステムや戦法を比較評価するのに，とても役立つ．

6.7　精密位置決定システムにおける位置決定誤差

TDOA と FDOA は，6.3 節で説明した精密電波源位置決定技法である．

TDOA と FDOA システムが計算する電波源位置決定の精度は通常，（前述した）CEP で述べられるが，CEP は等時線や等周波数線の計算精度で決定される．AOA システムで説明した位置決定精度と同様に，TDOA および FDOA における CEP は，測定精度と位置関係に依存する．精度の計算では，多数の独立した測定値を取り込むことが前提となっている．したがって，精度は統計的に定義される．

6.7.1　TDOA システムの精度

図6.28に，一つの電波源と2か所のTDOA受信所の位置を示す．等時線とは，平面内に（信号が光速で伝搬することで）実測される到着時間差をもたらす可能性のあるすべての電波源位置を含む曲線である．位置決定誤差に配分されるものには，方探所の位置精度とそこでの時間の測定精度がある．以下の数式は，方探所位置が正確であることを前提にして，この双曲線が描画される精度の標準偏差を計算する式である．したがって，これは傍受における位置関係と時間測定の正確さにのみ依存する．時間測定誤差はガウス分布（Gaussian）に従うものと仮定されている．これは双曲線の「密集度」（thickness）と表現されることがある．これを一つの巨大な数式に入力するより，むしろ2段階で計算するほうが都合が良い．

図6.28に示すように，座標系の x 軸上に距離が B_1 だけ離隔した2か所の方探所を置く．電波源は方探所1にある座標原点から X, Y〔km〕の位置にある．

まず，二つの信号経路長を計算する必要がある．

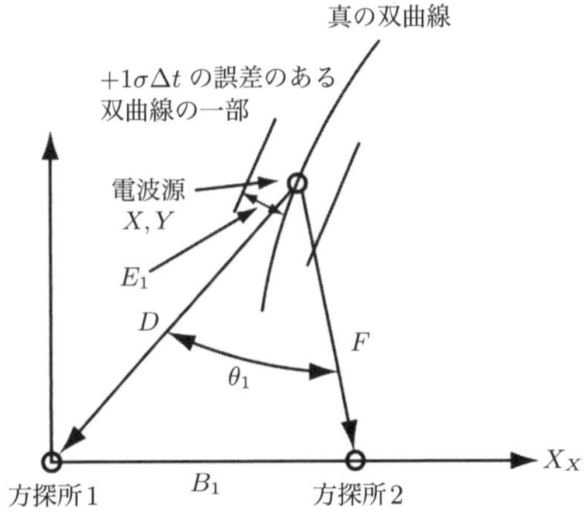

図6.28　方探所1と方探所2に到来する信号に関するTDOAは，電波源を通過する双曲線を規定する．1σ のTDOA誤差はこの双曲線を距離 E_1 だけ移動させる原因になる．

$$D = \sqrt{X^2 + Y^2}$$
$$F = \sqrt{(B_1 - X)^2 + Y^2}$$

次に，この三角形の各辺の和の半分（S_1）を計算する．

$$S_1 = \frac{D + F + B_1}{2}$$

次に，電波源から見た方探所 1 と方探所 2 の角度 θ_1 の半分の正弦を計算する．

$$\sin\left(\frac{\theta_1}{2}\right) = \sqrt{\frac{(S_1 - D) \times (S_1 - F)}{(D \times F)}}$$

ここで，電波源を通過する真の双曲線と誤差のある双曲線との離隔距離〔km〕の標準偏差（1σ）誤差を求める式が書けるようになる（信号位置での離隔距離を E_1 とする）．Δt 項は TDOA 測定値の 1σ 誤差である．

$$E_1 = 0.00015 \frac{\Delta t}{\sin\left(\dfrac{\theta_1}{2}\right)}$$

6.7.1.1　TDOA における CEP

6.3.1 項で述べたように，双曲線は単に電波源を通過する線であり，交点でその位置を見出すためには，別の基線から第 2 の双曲線を描かなければならない．図 6.29 に第 3 の方探所との交会を示す．第 2 の基線からの双曲線の離隔量を計算して最終的な誤差領域を描くことにする．簡素化するために，方探所 2 の先に x 軸上で距離 B_2 だけ離隔した位置に第 3 の方探所を置く．この場合も前の事例と同様に，順を追って計算を行い，最初に第 3 の信号伝搬距離を計算する．

$$G = \sqrt{(B_1 + B_2 - X)^2 + Y^2}$$

次に，方探所 2 と方探所 3 で作る第 2 の三角形の各辺の和の半分（S_2）を計算する．

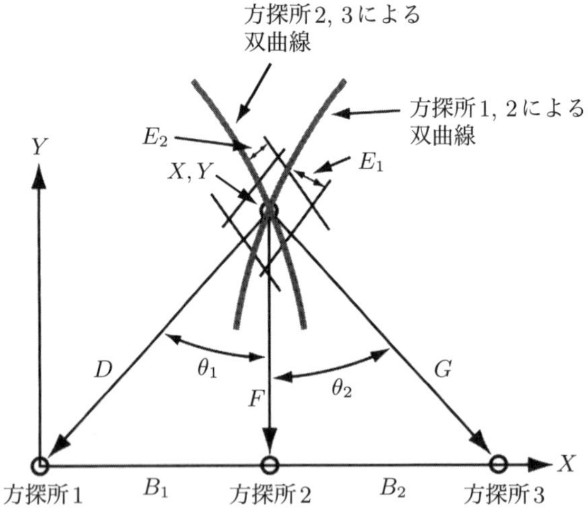

図 6.29　3 番目の方探所によって，2 本目の双曲線が規定される．2 本の双曲線は電波源位置で交差する．一組の $\pm 1\sigma$ の双曲線の隔離距離は基線 B_1 から計算できる．

$$S_2 = \frac{F + G + B_2}{2}$$

電波源から見た方探所 2 と方探所 3 の角度 θ_2 の半分の正弦を計算する．

$$\sin\left(\frac{\theta_2}{2}\right) = \sqrt{\frac{(S_2 - D) \times (S_2 - F)}{(D \times F)}}$$

ここで，電波源を通過する真の双曲線と誤差のある双曲線との離隔量〔km〕，すなわち 1 標準偏差（1σ）誤差を求める式が書けるようになる（信号位置での離隔距離を E_2 とする）．Δt 項は TDOA 測定値の 1σ 誤差である．

$$E_2 = 0.00015 \frac{\Delta t}{\sin\left(\dfrac{\theta_2}{2}\right)}$$

電波源位置の各双曲線に対する $\pm 1\sigma$ 線の交点で囲まれる範囲は，図 6.30 に示すような平行四辺形である．AOA CEP 計算の場合のように，ランダムな TDOA 測定値誤差（ガウス分布）で実行されたコンピュータのシミュレーショ

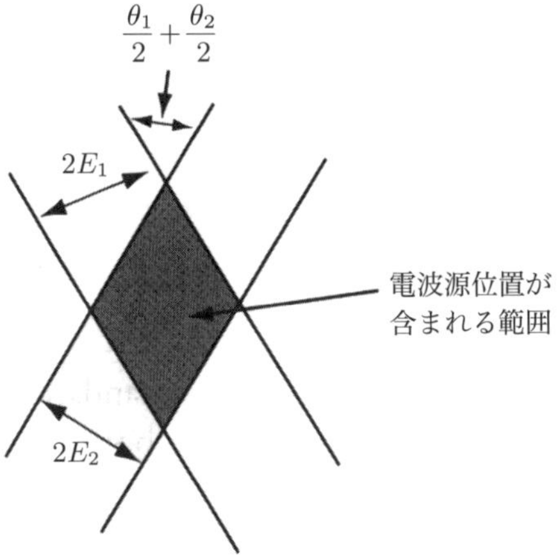

図 6.30 2 本の TDOA 基線からの $\pm 1\sigma$ 誤差線は，電波源から各方探所への見込み角の半分を二つ合計した角度で交差し，平行四辺形を作る．

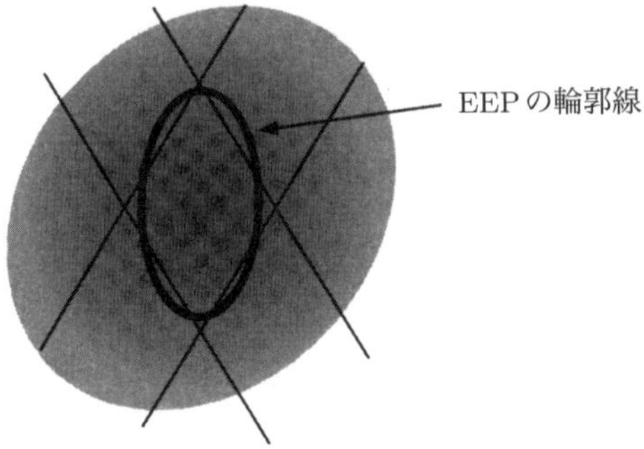

図 6.31 正規分布誤差を持つ多数の TDOA 測定シミュレーション結果に基づいた位置プロットは，楕円形を作る．これらの解の 50% を含む楕円が EEP である．

ンでは，図 6.31 に示すように，楕円状の密度分布図を作成することになる．解の 50% が含まれる楕円形が EEP であり，6.6.2 項で記述したように，CEP は EEP から計算される．

6.7.2　FDOA 電波源位置決定システムにおける位置決定誤差

前述したように，TDOA システムと同様に，FDOA システムの精度は位置の CEP または EEP の観点で考えることができる．AOA や TDOA と同じように，精度計算は多数の独立した測定値が得られるという前提に基づいている．

ここに提示する等周波数線精度についての式は，Dr. Paul Chestnut による 1982 年 3 月 IEEE 発行の “Transactions on Aerospace and Electronic System” の著名な論文に基づいている．ここで与えられる式では，電波源はセンサプラットフォームから十分離れており，受信プラットフォームから電波源までの俯角（depression angle）は無視しうるものと仮定している．また，各受信プラットフォームの位置と速度ベクトルは正確にわかっていると仮定している．最後に，ここでは，各受信プラットフォームが基線に沿う経路を同一速度で 1 列に水平飛行すると仮定することにより，問題を簡素化している（Dr. Chestnut の式ではこれらを仮定していないので，もっと複雑であることに注意してほしい）．

6.7.2.1　等周波数線の精度

図 6.32 に，一つの電波源と 2 か所の FDOA 方探所の配置を示す．等周波数線は 6.3.2 項で説明したように，この捕捉位置で測定された到来周波数差をもたらす平面内に見込まれるすべての電波源位置を含む曲線である．以下の方程式は，（以前に説明した前提のもとで）この曲線が描画される精度の標準偏差を計算する．したがって，これは傍受位置における関係と周波数測定精度にのみ依存する．周波数測定誤差はガウス分布すると仮定されている．これは双曲線の「密集度」と表現されることがある．等周波数線は電波源位置で角度 θ_1 の 2 等分線と直交するので，測定誤差は等周波数線を 2 等分線の方向に移動させる原因になることに注意しよう．これは一つの巨大な数式に入力するより，むしろ何段階かに分けて計算するほうが都合が良い．

図 6.32 のように，座標系の x 軸上に距離が B_1 だけ離隔した 2 か所の方探所を置く．電波源は方探所 1 にある座標原点から X, Y〔km〕の位置にある．

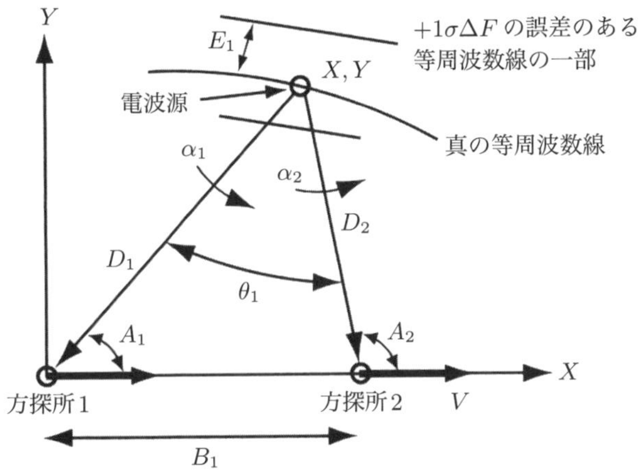

図 6.32 方探所 1 と方探所 2 に到来する信号に関する FDOA は，電波源を通過する曲線（等周波数線と呼ばれる）を規定する．$\pm 1\sigma$ の FDOA 誤差はこの等周波数線を，角 θ_1 の 2 等分線の方向に距離 E_1 だけ移動させる原因になる．

まず，6.7.1 項の TDOA の事例において使用した式を用いて，二つの信号経路長を計算する．

$$D_1 = \sqrt{X^2 + Y^2}$$
$$D_2 = \sqrt{(B_1 - X)^2 + Y^2}$$

次に，電波源方向とそれぞれの受信プラットフォームの速度ベクトルの間の角度を計算する．

$$A_1 = \arccos\left(\frac{X}{D_1}\right)$$
$$A_2 = \arccos\left(\frac{B_1 - X}{D_2}\right)$$

さらに，電波源からそれぞれの移動受信プラットフォームまでの線の角速度 $\hat{\alpha}$ を計算する．

$$\hat{\alpha}_1 = V\frac{\sin(A_1)}{D_1}$$
$$\hat{\alpha}_2 = V\frac{\sin(A_2)}{D_2}$$

ここで，電波源を通過する真の等周波数線から誤差を持つ等周波曲線までの離隔距離〔km〕，すなわち 1 標準偏差（1σ）の誤差 E_1 を求める計算式を記述することができる．F を送信周波数〔Hz〕，ΔF を FDOA 測定値〔Hz〕の 1σ 誤差として，

$$E_1 = \frac{3 \times 10^5 \times \Delta F}{F \times \sqrt{\hat{\alpha}_2^2 - 2\hat{\alpha}_1\hat{\alpha}_2 - \hat{\alpha}_1^2}}$$

となる．

真の等周波数線および誤差のある等周波数線ともに，角 θ_1 の 2 等分線と直交することに注意しよう．ここで，

$$\theta_1 = A_2 - A_1$$

である．

6.7.2.2　TDOA 位置決定における CEP

位置決定において，電波源位置で 1 番目の等周波数線と交差する 2 番目の等周波数線を作成するためには 3 番目の測定所が必要であるので，図 6.33 について考えよう．

D_3, A_3 および前記の $\hat{\alpha}_3$ および θ_2 を計算する必要がある．

$$D_3 = \sqrt{(B_1 + B_2 - X)^2 + Y^2}$$

$$A_3 = \arccos\left(\frac{B_1 + B_2 - X}{D_3}\right)$$

$$\hat{\alpha}_3 = V\frac{\sin(A_3)}{D_3}$$

$$\theta_2 = A_3 - A_2$$

ここで，2 番目の等周波数線の誤差は次式で計算できる．

$$E_2 = \frac{3 \times 10^5 \times \Delta F}{F \times \sqrt{\hat{\alpha}_3^2 - 2\hat{\alpha}_2\hat{\alpha}_3 - \hat{\alpha}_2^2}}$$

図 6.34 の平行四辺形は，2 本の FDOA 基線から $\pm 1\sigma$ の誤差のある等周波数線を示す．各誤差（E_1 および E_2）はガウス分布に従うので，$\pm 1\sigma$ 間に測定値が位置する確率は 46.5% である．E_1 および E_2 の値に 1.036 を掛けると，そ

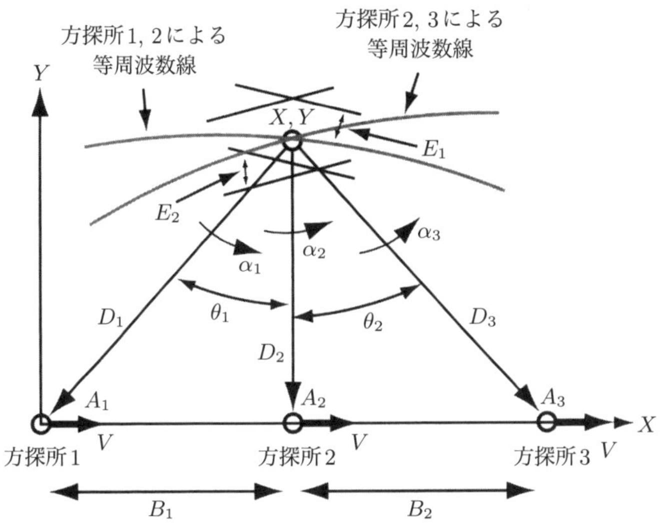

図 6.33　3 番目の方探所によって，2 本目の等周波数線が規定される．この 2 本の等周波数線は電波源で交差する．一組の $\pm1\sigma$ 離隔した曲線は，基線 B_2 から計算できる．

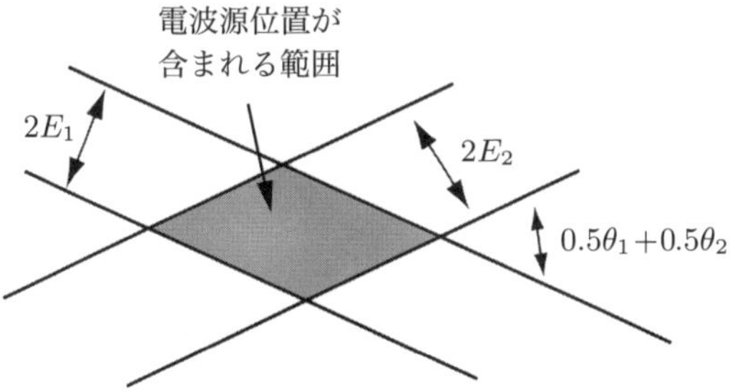

図 6.34　2 本の FDOA 基線からの $\pm1\sigma$ 誤差線は，電波源から各方探所への見込み角の半分を二つ合計した角度で交差し，平行四辺形を作る．

の結果として生じる平行四辺形は，データ点の半数を含むことになる．AOA および TDOA システムにおいて，ガウス分布する FDOA 測定値を用いたコンピュータシミュレーションでは，図 6.35 に示すように，楕円状の密度分布図ができる．この楕円形に 50% の解が含まれるので，EEP および CEP は AOA における事例（6.4 節）のように計算できる．

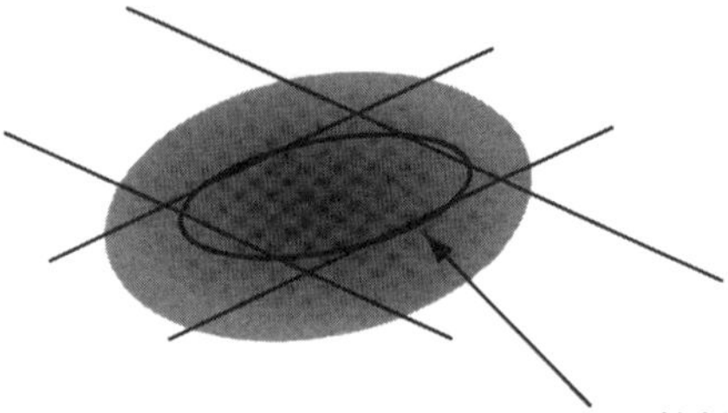

図 6.35　正規分布誤差を持つ多数の FDOA 測定シミュレーション結果に基づいた位置プロットは，楕円形を作る．これらの解の 50% を含む楕円が EEP である．

第7章

通信衛星回線

通信衛星は，まさにEWの一部である．衛星回線を通じて相互に通信する各種システムや，敵の衛星回線は，当然のことながら傍受や妨害の目標となる．図7.1に示すように，通信衛星は地上や地表面近傍にある端末装置に情報を伝達する．回線方程式はアップリンク，ダウンリンク，および端末装置間の全経路に対して定義されている．衛星回線は，地対地あるいは空対地通信と同じ物理法則を利用しているが，一般的には異なる方程式を用いて設計・記述される．この相違は，宇宙環境の特質と通信衛星が用いられる場所に由来している．

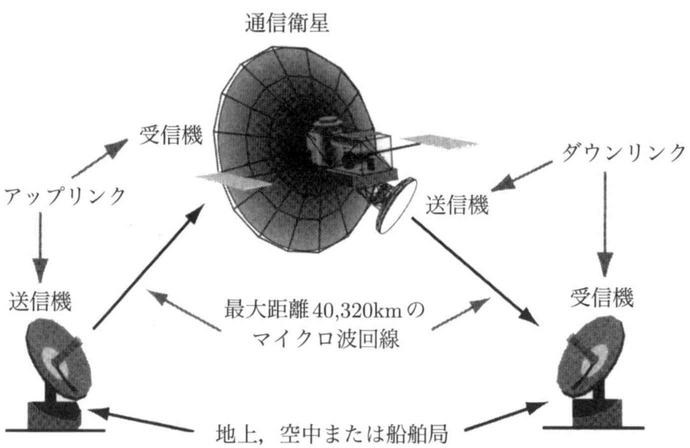

図7.1　通信衛星は，距離にして最大40,320kmのマイクロ波回線を経由して，地上あるいは地上近くの地点との間でデジタル情報を伝送する．

7.1　通信衛星の特質

通常のEW方程式で用いられる（大気圏内で適用される）基本的な前提は，装置や伝送媒体のすべてが290Kの温度環境にあるということである．ケルビン温度（Kelvin scale; ケルビン目盛り）が絶対零度（absolute zero）まで下がり，また，回線に1dBの変化を引き起こすほどの温度変化は，上昇にせよ低下にせよ，人を死に至らしめる温度変化をはるかに超えたものであるので，この前提は正しく機能する．しかしながら，宇宙では（絶対零度に近い）極低温が普通である．このため，受信感度については別の考え方が必要になる．

通信衛星回線は，同時に多数のユーザに対応するために，一般に相当量の帯域幅を保有しており，ユーザはそれぞれ必要な回線容量だけを購入している．このことは，形の上では帯域幅と無関係な回線方程式を大いに役立つものにしている．また，通信衛星はその情報をデジタル形式で伝達するので，方程式ではデジタル通信用語がよく用いられる．

その他の違いは，せいぜい衛星通信（satellite communication; SATCOM）仲間のやりとりによく用いられるやり方くらいである．

本章では，以下を扱う．

- 関連用語および定義の復習
- 受信機雑音温度計算
- 衛星軌道の説明
- アップリンクとダウンリンクにおける回線方程式の形式の説明
- 妨害に対する衛星回線の脆弱性の説明
- 最後に，通信衛星回線方程式と地上における同等の式との関連付け

7.2　用語および定義

表7.1に，通信衛星回線に使用されるいくつかのdBの定義を列挙する．専門分野に特化したこれらのdB単位が存在する理由は，これらを適用する用語と定義についての議論の中で明らかになるだろう．これらは通信衛星形式の回

表 7.1 通信衛星における dB 定義

単位	定義
K	絶対温度（ケルビン）の略号
dBHz	周波数または帯域幅〔Hz〕の dB 値
dBW/K	電力〔W〕を絶対温度〔K〕で割った dB 値
dBi/K	等方性アンテナに対するアンテナの相対利得を絶対温度〔K〕で割った dB 値
dBW/HzK	電力〔W〕を帯域幅〔Hz〕と温度〔K〕の積で割った dB 値
$\mathrm{dBW/m^2}$	$1\mathrm{m}^2$ 当たりの信号電力〔W〕の dB 値

線方程式で使用される．

表 7.2 に，回線方程式の通信衛星回線形式で一般に使用される特殊用語をいくつか定義する．それぞれ，記号，定義，ならびに適用できる dB 形式の単位を示す．これらのすべての用語は，dB 形式（すなわち，線形ではなく対数）である．ケルビン温度を表す場合は通常，単に記号 K と用語の「ケルビン」（絶

表 7.2 衛星通信の回線方程式に使用される特殊用語

記号	定義	単位
C	受信搬送波電力	dBW
k	ボルツマン定数（1.38×10^{-23}J/K）	dBW/HzK
C/kT	搬送波と帯域幅 1Hz 当たりの熱雑音の比	dBHz
C/T	搬送波対熱雑音比	dBW/K
E_b/N_o	ビット当たりのエネルギーと単位帯域幅当たりの雑音の比	dB
EIRP	等価全周放射電力	dBW
G/T_S	性能指数	dBi/K
PFD	電力束密度	$\mathrm{dBW/m^2}$
Q	システムの品質係数（quality factor）	dB（W/K）
W	照射レベル	$\mathrm{dBW/m^2}$

対温度; kelvin）が用いられることに注意しよう．

C は，受信機に到達する電波の（検波前）信号電力を表示するのに用いられる．これは「搬送波」(carrier) を表すので，ややわかりにくい．実際の無線周波数の信号には（名目上の送信周波数である）搬送波と（情報を伝達する）変調側波帯 (modulation sideband) が含まれる．ここでいう「搬送波」は，搬送波そのものを意味しているのではなく，搬送波と側帯波を含む信号全体のことである．

k は，ボルツマン定数 (Boltzmann's constant) (1.38×10^{-23}Wsec/K) を表す．この定数に小文字の k を用いるのは，絶対温度で使用している大文字の K との混乱を避けるためである．実際の Hz の単位は 1/sec であるので，ボルツマン定数は線形形式の単位 W/HzK または dB 単位 dBW/HzK とも記述できる．(よく使用される数値の) dB 形式のボルツマン定数は，

$$-228.6\text{dBW/HzK}$$

である．

C/kT は，受信搬送波と帯域幅 1Hz 当たりの雑音電力の比を表す．kT は (EW 受信機の感度計算に使用される) kTB の帯域幅の項がないものと考えよう．この式の線形単位は，1/sec あるいは Hz に単純化した

$$\frac{\text{W}}{(\text{Wsec/K}) \cdot \text{K}}$$

となる．したがって，C/kT の単位は dB 形式で dBHz となる．

C/T は，搬送波電力が測定される環境における，受信信号電力と熱雑音温度 (thermal noise temperature) との比である．分母を kTB に変えると，搬送波と熱雑音の比 (carrier to thermal noise) となる．

E_b/N_o は，決して通信衛星計算に特有のものではなく，デジタルに相当する SNR として，すべてのデジタル通信で広く使用されている．最も簡単な考え方では，これはビットレート（1Hz 帯域幅）で除算したデジタル受信機からの出力 SNR のようなものである．N_o は帯域幅の 1Hz 当たりの熱雑音（つまり kT）であり，E_b は単一ビット内のエネルギーである（すなわち，信号電力にビット持続時間を掛けたもの)．これは分子および分母ともに同一単位 (Wsec) であることから，直接比であり，単位は当然 dB である．

EIRP は，等価全周放射電力（equivalent isotropic radiated power; EIRP）を表す．これは使用中のアンテナから実際に送信される電力を作り出すために，送信機から等方性送信アンテナにもたらされるべき電力のことである．別の言い方をすれば，要するに ERP のことである．両方ともに，受信機方向のアンテナ利得分だけ送信機出力を増大させることによって得られる信号強度の値であり，単位は dBW である．

G/T_S は，通信衛星受信機システムの設計において最も重要な用語である受信機の性能指数（figure-of-merit）を表し，受信アンテナ利得を受信システムの雑音温度（noise temperature）で除したものである．これは，帯域幅とは無関係に「信号が雑音に等しい」という条件を達成すべき場合に，衛星あるいは地球局位置に届かなくてはならない信号レベルに直接関連する．単位は dBi/K である．

PFD は，空間に出ていく電力束密度（power flux density）を表す用語である．関連用語に，特定の帯域幅内の電力束密度を示す PFD_B がある．衛星から地表面に向けて放射しうる電力束密度は，国際無線通信諮問委員会（International Radio Consultative Committee; CCIR）で帯域幅 4kHz 当たりの束密度（flux density）と定義されているので，PFD_B も通常，B_{CCIR} 当たりの（すなわち，帯域幅 4kHz 当たりの）$\mathrm{dBW/m^2}$ の単位で記述される．

Q は，EIRP と受信機の性能指数を結合（$\mathrm{EIRP}+G/T_S$）したシステムの品質係数（quality factor）を表す用語である．これは，伝搬損失を考慮しない（帯域幅と無関係の）受信信号品質に関係している．Q は他の回線考慮事項から損失を分離するのに便利な考え方である．dBW と dB/K の単位を持つ数の合計値の単位は，第 2 項の分子にある dB 項が単位を持たない比であることから，dB（W/K）になることに注意しよう．

W は，受信アンテナに届く電力束密度である．W の単位は，PFD と同じ $\mathrm{dBW/m^2}$ である．

7.3　雑音温度

ほとんどの EW アプリケーションでは，送受信機および全伝搬経路が大気圏内にあるので，われわれはすべての物が 290K（もしくは極めて近く）にあることを前提にしている．これは dBm の受信システムの感度を，kTB，受信装置の雑音指数，および所要信号対雑音比の関数として計算することを意味している．kTB は次式で計算する．

$$\mathrm{kTB} = -114\mathrm{dBm} + 10\log_{10}\left(\frac{\text{受信機の有効帯域幅}}{1\mathrm{MHz}}\right)$$

前述したように，衛星回線方程式は通常，受信感度それ自体を考慮していないが，アンテナ出力点における受信システムの雑音温度は必ず含んでいる．

7.3.1　システム雑音温度

システム雑音温度 T_S は，次式で計算される．

$$T_S = T_{\mathrm{ANT}} + T_{\mathrm{LINE}} + (10^{L/10})T_{\mathrm{RX}}$$

ここで，

T_S：システム雑音温度〔K〕
T_{ANT}：アンテナ雑音温度〔K〕
T_{LINE}：受信機への給電線の雑音温度成分〔K〕
L：受信機より前の損失量（プラスの dB 値）
T_{RX}：受信機雑音温度〔K〕

である．この三つの構成品の温度は，以下の項に示す方法で決定される．

7.3.2　アンテナ雑音温度

アンテナ雑音温度は，何がアンテナビーム内に入るかによって決まる．アンテナが太陽に向くと，概してその雑音温度は，太陽がビームから外れるまでシステムが使い物にならないほど高くなる．アンテナビームが地球や降雨によって完全に塞がれると，アンテナ温度はおおむね 290K となる．アンテナビームが完全に水平線より上方にあり，アンテナのサイドローブが主ビーム利得よりはるかに低く，かつ晴れていれば，アンテナ雑音温度は，（L. V. Blake の "Radar Range Performance Analysis" および以前の NRL 報告による）図 7.2 に示すグラフから決定される．このグラフは，受信アンテナの仰角と受信機が同調した周波数に応じた雑音温度であることに注意しよう．周波数が低いほど，我が銀河系の星が放射する雑音が有力になり，アンテナ雑音温度を上昇させる．天の川は銀河系の端に位置することから，最大の雑音温度を有する．

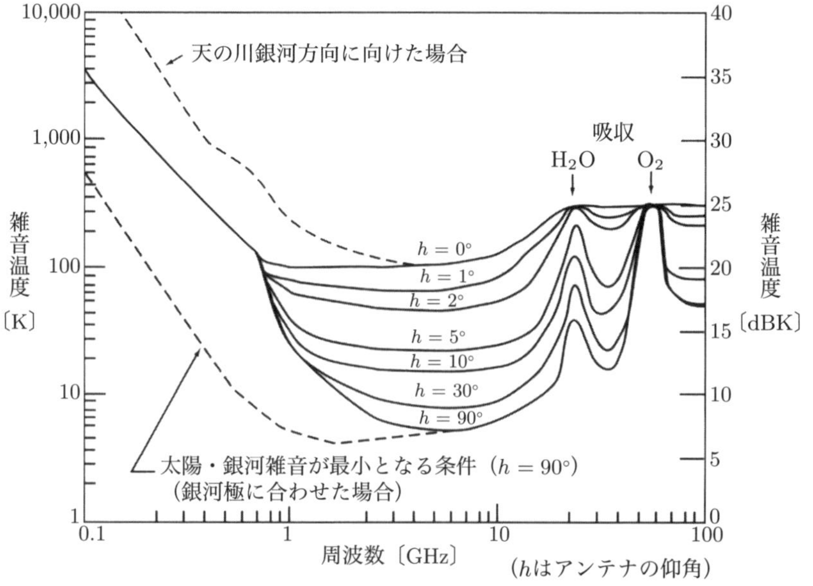

図 7.2　アンテナ雑音と温度は，周波数とアンテナの仰角に応じて変わる．

7.3.3　給電線の雑音温度

アンテナと受信機の間の損失による雑音温度は，次式の給電線の雑音温度 T_{LINE} に従ってシステム雑音温度の一因となる．

$$T_{\mathrm{LINE}} = (10^{L/10} - 1)T_M$$

ここで，

L：受信機より前方の損失量（dB 値）

T_M：損失機構の周囲温度（一般に 290K）

である．

この式は，しばしば次のように表されることに注意しよう．

$$T_{\mathrm{LINE}} = \frac{T_{\mathrm{ANT}} + (L-1)T_M}{L}$$

ここで，L は（dB に対する）線形形式の減衰量である．

アンテナの温度は，減衰器の周囲温度よりかなり低くなりうることに注意しよう．

7.3.4　受信機雑音温度

受信機の雑音温度は，次式により受信機の雑音指数から計算できる．

$$T_{\mathrm{RX}} = T_R(10^{\mathrm{NF}/10} - 1)$$

ここで，

T_{RX}：受信機雑音温度〔K〕

T_R：基準温度（一般に 290K）

NF：受信機の雑音指数〔dB〕

である．

基準温度が 290K であれば，表 7.3 を使用して，雑音指数から雑音温度を求めることができる．

受信機が多段の利得素子を有する場合，受信機雑音温度は，第 1 段の素子の雑音温度が支配的である．各下流段の雑音温度成分は，上流段の利得分だけ低減される．図 7.3 の 3 段構成の受信機における受信機雑音温度は，次式により得られる．

$$T_{\mathrm{RX}} = T_1 + \frac{T_2}{G_1} + \frac{T_3}{G_1 G_2}$$

ここで，

T_1：第 1 段の雑音温度

表 7.3　雑音指数対雑音温度

雑音指数〔dB〕	雑音温度〔K〕
0.0	0
0.5	35
1.0	75
1.5	120
2.0	170
2.5	226
3.0	289
3.5	359
4.0	438
4.5	527
5.0	627
5.5	739
6.0	865
6.5	1,005
7.0	1,163
7.5	1,341
8.0	1,540
8.5	1,763
9.0	2,014
9.5	2,295
10.0	2,610
11.0	3,361
12.0	4,306
13.0	5,496
14.0	6,994
15.0	8,881
16.0	11,255
17.0	14,244
18.0	18,008
19.0	22,746
20.0	28,710
21.0	36,219
22.0	45,672

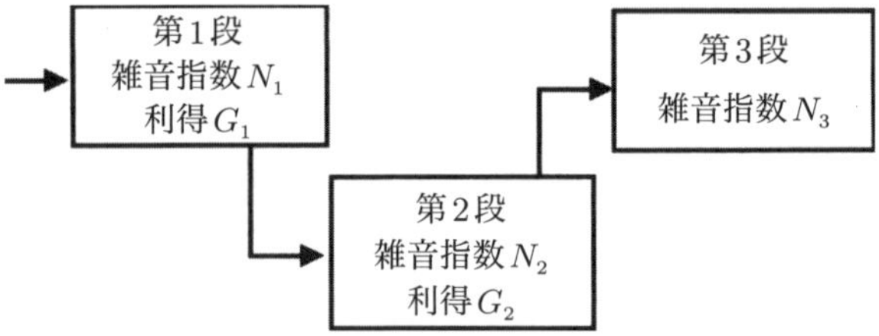

図 7.3　この3段からなる受信機の雑音温度は，第1段の雑音指数が支配的である．

G_1：第1段の利得（非 dB 値）

などである．

各段の雑音温度は，前記の T_{RX} 式により得られる．

7.3.5　雑音温度の一例

図 7.4 に示す地球局の受信システムについて考えよう．これは大気圏内にあるので，基準温度は 290K となる．この受信機が 5GHz で作動しており，そのアンテナの仰角が 5° とすれば，図 7.2 から，アンテナ温度 30K がわかる．受信機までに 10dB の損失があるので，給電線温度は $0.9 \times 290 = 261$K となる．受信機の雑音温度は，第1段が 438K，さらに第2段が 26K となり，合計 464K となる．

そこで，システムの雑音温度は，$30\mathrm{K} + 261\mathrm{K} + 464\mathrm{K} = 755\mathrm{K}$ となる．

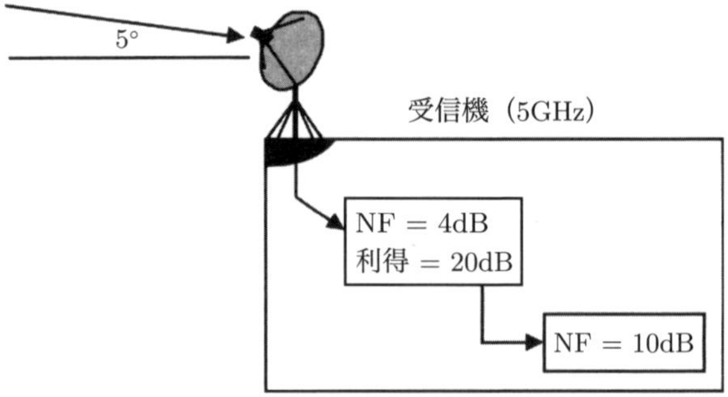

図 7.4　この受信システムの例では，アンテナ仰角が 5°，アンテナと受信機間の損失が 10dB であり，2段式の受信機は 5GHz に同調している．

7.4　回線損失

衛星回線に関わる距離が極めて長いことから，回線損失（link loss）は著しく大きくなる．回線経路のほとんどが地球の大気圏外にあるので，一部の損失源の計算にあたっては，また別の考慮事項も存在する．ここでは，拡散損失，大気損失，ならびに降雨または霧による損失について考えることにする．ほとんどの環境下で，これらの損失の合計（dB 値）を全回線損失と見なすことができる．アンテナの照準ミスのような損失は個別に処理される．これらのそれぞれの損失が衛星と地球局の間の回線に加わり，さらに，衛星搭載受信機で傍受される地上送信機の損失も加わる．

7.4.1　拡散損失

拡散損失を，二つの等方性アンテナ（すなわち，利得 0dB）間の伝達関数で計算することにする．この式は，見通し線回線で使用している式と同じものである．すなわち，

$$L_S = 32 + 20\log F + 20\log d$$

である．ここで，

L_S：等方性アンテナ間の拡散損失〔dB〕
F：送信周波数〔MHz〕
d：送信・受信アンテナ間の距離〔km〕

である．

7.4.2　大気損失

衛星回線は全大気を通過するので，地上回線のように，1km 当たりの回線損失を考慮することはしない．全大気圏を通過する際の損失を，周波数と仰角の関係として図 7.5 に示す（この図は，L. V. Blake の “Radar Range Performance Analysis” および以前の NRL 報告による）．仰角が低いほど，大気圏内を通過する経路が長くなることから，大気による損失は増大する．この図の曲線は，水蒸気と酸素の両方による損失を含んでいる．水蒸気による損失（water vapor

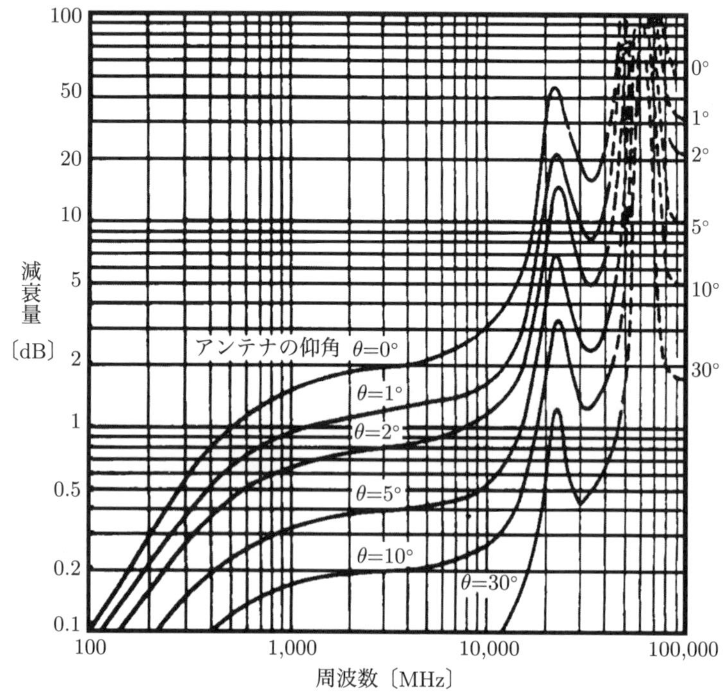

図7.5　全大気を通過する場合の大気による減衰量は，一般に周波数と地球局からの仰角で規定される．

loss）のピークは22GHzに，また，酸素による損失（oxygen loss）のピークは60GHzにあることがわかるだろう．地上からの信号による干渉が一切ないことと合わせて，この60GHz近傍の極めて高い損失が，逆にこの周波数を衛星間通信における極めて優良な周波数にしている．

例えば，10GHzでは，仰角0°で3dBの大気損失に対し，仰角5°では0.5dBとなる．

7.4.3　降雨と霧による減衰

降雨と霧による減衰（rain and fog attenuation）は，前述した二つの損失よりさらに複雑である．この減衰は，降雨や霧の強度，周波数，ならびに経路が降雨や霧にさらされる距離の関数である．伝搬経路の位置関係を図7.6に示

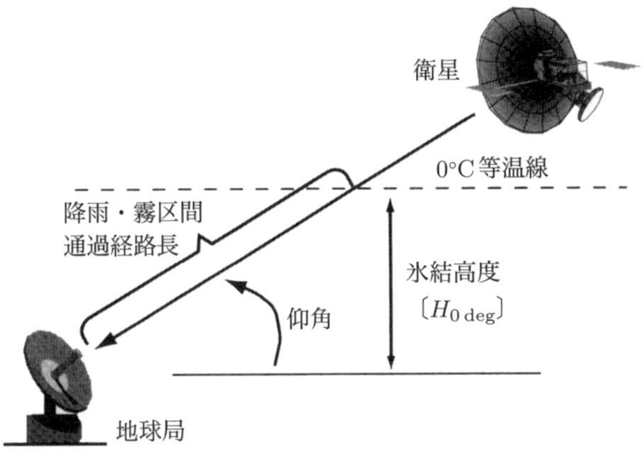

図 7.6　衛星回線は，地上から 0°C 等温線までの降雨または霧による減衰の影響を受ける．

す．この伝送路は，地球局から（水分が凍り始める）0°C 等温線（isotherm）高度まで，降雨や霧の中を通過している．この高度を超えると，降水は水ではなく氷になるので，減衰は極端に小さくなる．降雨と霧の通過経路長は，次式で与えられる．

$$d_R = \frac{H_{0\,\mathrm{deg}}}{\sin El}$$

ここで，

d_R：降雨や霧の中を通過する経路長
$H_{0\,\mathrm{deg}}$：0°C 等温線の高度
El：仰角

である．

図 7.7 は，氷結高度（freezing altitude）（0°C 等温線）対緯度のグラフである．発生確率〔%〕は，氷結高度が表示された高度またはそれより上になることが予期されうる年間の時間割合を示す．

降雨や霧の中を通過する経路長が決まった時点で，図 7.8 から降雨や霧による減衰量を決定することができる．この図は，（L. N. Ridenour による "Rader System Engineering" などの）多くの文献で見られる．他の文献のこれに相当

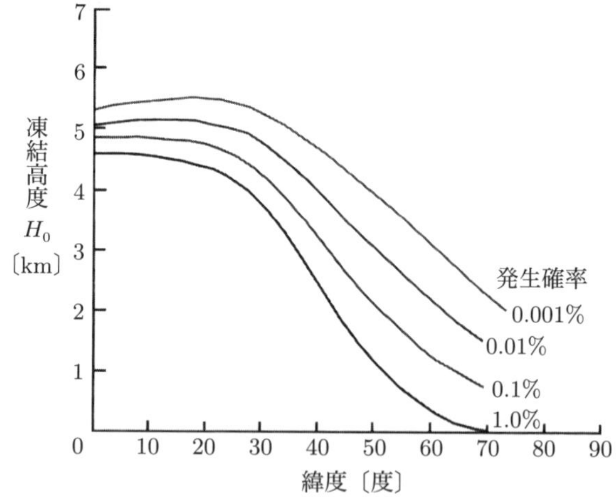

図 7.7　水分の氷結を予期しうる高度は，緯度に応じて変わる．

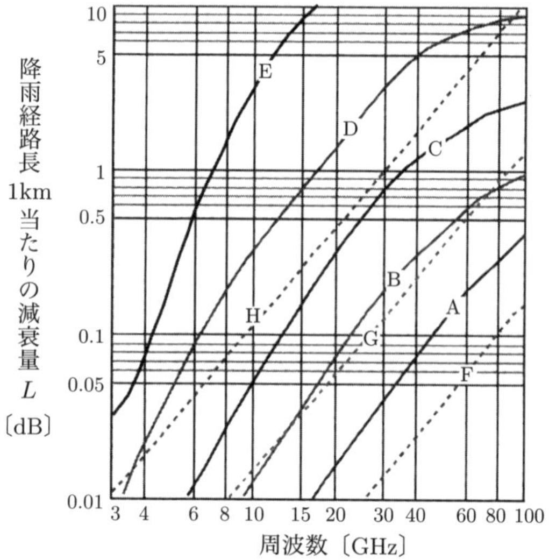

図 7.8　降雨または霧による減衰は，降雨の強度や霧の濃度と送信周波数に応じて変化する．それぞれの曲線は，表 7.4 に規定されている降雨の強度あるいは表 7.5 に規定されている霧の濃度に対応する．

するグラフでは，一部の範囲で値が数 dB 異なるので，この図を正確なものとして読み取ることは禁物である．最初に，表 7.4 の降雨または表 7.5 の霧に対応する修正曲線を選択した後，その曲線（図 7.8）から使用周波数に対する 1km 当たりの減衰量〔dB〕を決定する．最後に，経路長に 1km 当たりの減衰量を乗算する．霧の中を通過する経路長が著しく大きい場合の霧による減衰は，表 7.5 で霧の中を通過する経路長に応じた修正曲線を選択し，さらに適度の損失を加えることによって決定できる．

表 7.4 図 7.8 の曲線に対する降雨の強度

A	0.25mm/h	霧雨
B	1.0mm/h	小雨
C	4.0mm/h	並雨
D	16mm/h	大雨
E	100mm/h	豪雨

表 7.5 図 7.8 の曲線に対する霧の濃度

F	0.032gm/m^3	視程 600m 以上
G	0.32gm/m^3	視程約 120m
H	2.3gm/m^3	視程約 30m

例えば，緯度が 40° で，発生条件を 0.1% とすると，氷結高度は 3km と推測される．仰角が 30° であれば，降雨または霧の中を通過する経路長は（3km/sin 30° から）6km となる．使用周波数 10GHz の回線で通過経路が大雨であるとすると，減衰量は（曲線 D を使用，つまり減衰量は 0.33dB/km × 6km から）2dB となる．

7.4.4　ファラデー回転

ファラデー回転（Faraday rotation; ファラデー効果ともいう）は，地球の磁場が原因で生じ，電離層を通過する信号の偏波に回転を引き起こす．この効果は，周波数の 2 乗の逆数に比例し，周波数が低いほど予期しうる偏波損失（polarization loss）が増大する．ファラデー効果による非常に大きな損失が VHF 帯と UHF 帯では起こりうるが，およそ 10GHz を超えると，通常はほんのわずかであると考えられている．

受信信号の直線偏波（linear polarization）と受信アンテナの直線偏波との不一致による損失〔dB〕は，次式で求められる．

$$L = -10\log\left((\cos\theta)^2\right)$$

ここで，

L：損失〔dB〕

θ：偏波の不一致角度〔°〕

である．

表 7.6 に，偏波のおおよその不一致角度に対する損失〔dB〕を示す．ファラデー回転は，時刻や他の予測が困難な要因によって変化する．しかしながら，整合がとれた円偏波の送信アンテナと受信アンテナを使用すると，ファラデー回転による偏波損失は加わらない．

表 7.6　偏波の不一致角度に対する偏波損失

損失〔dB〕	0	1	2	3	4	5	6	7	8	9	10	20
偏波の不一致角度〔°〕	0	27	37	45	51	56	60	63	67	69	72	84

7.5　代表的な回線における回線損失

二つの代表的な衛星通信システムについて考えてみよう．一つは，静止衛星（synchronous satellite）を使用したもの，もう一つは低高度地球周回軌道（low earth orbit; LEO）衛星である．これら二つのシステムの位置関係は，後述する回線容量（link throughput）計算の基準になる．

7.5.1 静止衛星

軌道の平均半径（地球中心を一つの焦点とする楕円の長半径）と軌道周期は関連がある．軌道が円形（つまり，離心率ゼロの楕円）で，地球の赤道面（equatorial plane）内にあり，さらに高度36,000kmにあれば，衛星は23時間56分4.1秒ごとに1回，地球を周回することになる．これによって，衛星は地表面の一点の上空に留まることが可能になり，「静止」衛星となる（地球側では，地球上のその一点が毎正午に太陽の方向に向くように，24時間で360°をわずかに超えて（アンテナを）回転させる必要があることを覚えておいてほしい）．静止衛星の重要な長所の一つは，地球上の指向性アンテナには，衛星方向に照準を維持するためのビーム操作は不要だということである．

図7.9に示すように，地球局における局地水平線（local horizon）の上空5°に衛星が位置していれば，地球局から静止衛星までの距離は41,348kmとなる．これは，地球局，衛星，地球中心で形成される三角形の辺と角度を決定する正弦法則を用いて計算される．

7.5.1.1 地球覆域アンテナ

静止衛星上で図7.10に示すような「地球覆域」（earth-coverage）アンテナを使用すると便利なことが多い．これによって，衛星から見える地上の全地球局

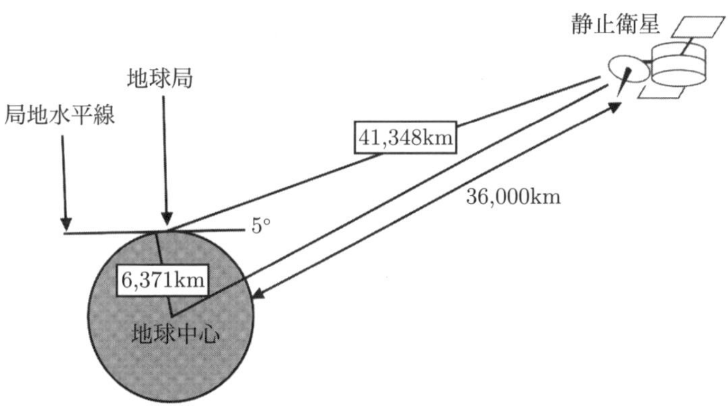

図7.9 地球局から局地水平線上5°上空の静止衛星は，地球局位置から約41,348kmの距離に位置する．

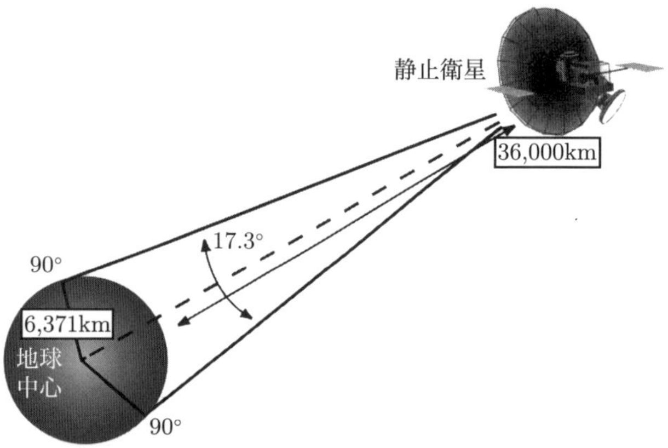

図 7.10　静止衛星上の地球覆域アンテナは，17.3° のビーム幅を持つ．

と衛星との間で相互伝送が可能になる．地球中心，地球上の仰角 0° 地点，および衛星で形成される三角形から，静止軌道からのビーム幅が 17.3° となることが容易にわかる．これが 3dB ビーム幅であるとし，アンテナ効率を 55% とすれば，地球覆域アンテナの利得は，(『電子戦の技術 基礎編』の 3.3.4 項に示した方法によって) 19.9dB となる．

7.5.1.2　静止衛星までの回線損失

衛星までの回線損失には拡散損失，大気損失，降雨損失，および後述する数種の雑損失がある．拡散損失は次式から得られる．

$$L_S = 32 + 20\log(d) + 20\log(f)$$

ここで，

L_S：拡散損失〔dB〕
d：回線距離〔km〕
f：周波数〔MHz〕

である．

仰角 5° の静止衛星においては，距離が 41,348km であるので，周波数 15GHz では拡散損失が 207.8dB となる．

大気と降雨による減衰は，7.4.2 項と 7.4.3 項の手順によって決まる．図 7.5 から，仰角 5° で全大気圏を通過する際の大気減衰は，周波数 15GHz で 1dB となる．緯度 50° の地球局から発生確率 0.01% の並雨を通して運用するように設計された衛星回線における降雨による減衰量は，図 7.7，図 7.8 および図 7.11 から求められる．緯度 50° からの 0°C 等温線（発生確率 0.01%）の高度は，図 7.7 から 3km となることがわかる．図 7.11 に示すように，仰角 5° で高度 3km までの直距離は，34.4km となる．図 7.8 から，15GHz における並雨により 1km 当たり 0.15dB の減衰が発生することがわかるので，仰角 5° の回線における降雨による減衰量は 5.2dB となる．

したがって，この回線の合計伝搬損失は，214.0dB となる．

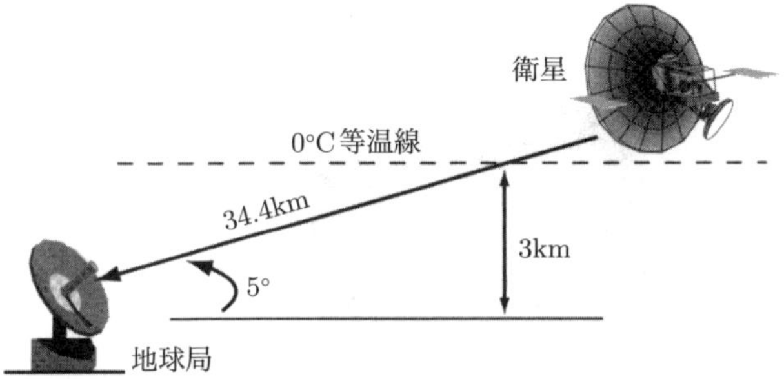

図 7.11　衛星の仰角が 5° で，0°C 等温線の高さが 3km の場合，回線は 34.4km の距離にわたって並雨による減衰を受ける．

7.5.2　低高度衛星回線

低高度衛星（low-earth-satellite）には，地球局までの伝搬経路が著しく短いという長所がある．その反面，どの時間においても，衛星は地表面のわずかな範囲からしか見えず，指向性アンテナを必要とする地球局は，衛星を追尾し続けるために，アンテナの照準を常に更新し続けなければならない．地表面の（連続的ではなくとも）大部分に覆域をもたらすため，低高度衛星軌道は一般に赤道に対して傾いている．90° 軌道傾斜の場合，両極地上空を通過する「極」軌道（polar orbit）となり，その結果，（数個の軌道で）地球全体をカバーするようになる．地球は低高度衛星の軌道より下方を回転するので，各軌道の地球上の軌跡は，前回の軌道より 360°（緯度）× 衛星軌道周期 ÷ 23 時間 56 分 4.1 秒だけ西にずれることになる．

図 7.12 に示すように，高度 1,698km（つまり，軌道周期が 2 時間）で仰角 5° の衛星までの距離は 4,424km である．これによる空間損失は 190.8dB となる．大気および降雨による損失は，大気圏内でのみ発生することから，衛星までの距離にかかわらず仰角 5° に対しては同じ値になる．したがって，静止衛星において確定した 1dB と 5.2dB は，低高度衛星の場合にも当てはまることになる．

したがって，回線の全伝搬損失は 197dB となる．

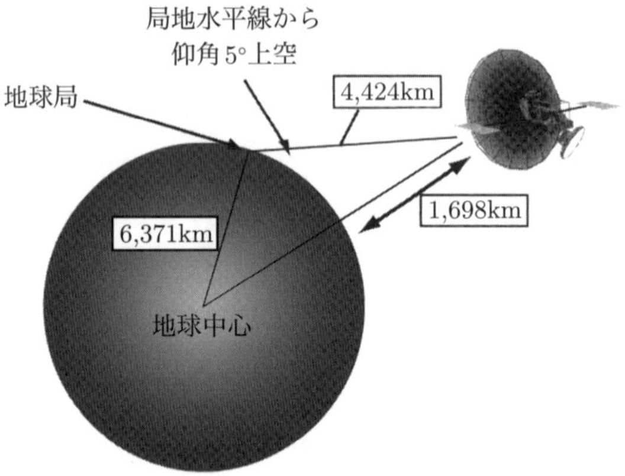

図 7.12　地球局から水平線仰角 5° 上空の，軌道周期が 2 時間の衛星は，地球局から約 4,424km の距離に位置する．

7.6　回線性能計算

本節では，地上の 2 地点からの通信におけるアップリンク，ダウンリンク，ならびに全体スループットについての回線計算を行う．ここでは二つの例題を取り上げる．一つ目は静止衛星，二つ目は軌道周期 2 時間の衛星を経由する通信に関するものである．回線距離と損失については，7.5 節においてこれらの衛星双方の例を計算した．

7.6.1 静止衛星回線

図 7.13 に示すように，衛星から各地球局までの距離は 41,348km であり，送信および受信地球局からの衛星に対する仰角はともに 5° とする．アップリンク送信アンテナへの入力送信電力は 500W（+27dBW）で，アンテナ利得を 31dB とする．

衛星のアップリンク受信アンテナとダウンリンク送信アンテナの利得は 44.5dB とする．衛星の受信システムの雑音指数は，アンテナへの全給電線損失（line loss）を含めて 5dB とする．

衛星のダウンリンク送信電力は，100W（+20dBW）とする．アップリンクおよびダウンリンクともに周波数は 15GHz を使用する．地上受信局のアンテナ利得は 44.5dBi で，受信機の雑音指数を 5dB とする．

7.5.1 項で計算したように，各回線における回線損失は，（拡散損失 207.8dB，大気損失 1dB，降雨による損失 5.2dB を考慮すると）214dB となる．

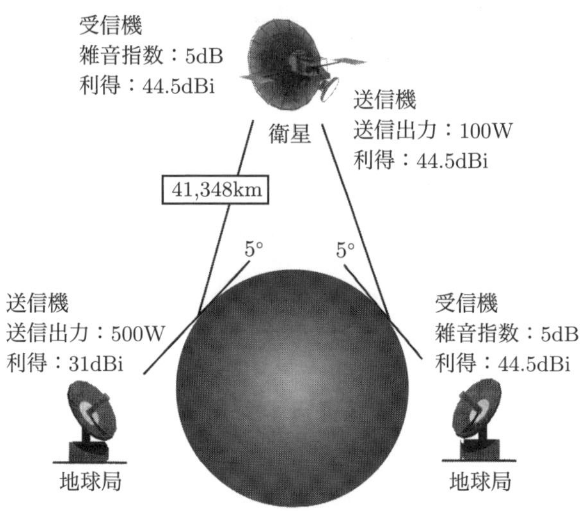

図 7.13 送信局と受信局の双方から水平線仰角 5° 上空の静止衛星により，2 地点間通信ができる．

7.6.1.1　アップリンク性能

表 7.3 から，衛星のアップリンク受信機の雑音温度は，627K となる．アップリンク受信アンテナの主ビーム全体で地球を捉えているので，アンテナの雑音温度は 290K である．これは，アップリンク受信システムの雑音温度が，アンテナと受信機の各雑音温度の和，すなわち 917K になることを意味している．

まず，アップリンク受信システムの性能指数（G/T_S）を求めよう．このアップリンク受信アンテナ利得（44.5dBi）は，線形形式で 28,184 である．これを 917K で割ると，G/T_S として 30.7 が得られる．これを dB 形式に変換すると 14.9dBi/K となる．

EIRP は，

$$\mathrm{EIRP} = P_T + G_T = +27\mathrm{dBW} + 31\mathrm{dB} = +58\ \text{〔dBW〕}$$

となる．ここで，

P_T：アップリンク送信機の送信出力〔dBW〕
G_T：アップリンク送信アンテナ利得〔dBi〕

である．

アップリンク搬送波対熱雑音比は，

$$\begin{aligned} C/T &= \mathrm{EIRP} - L + G/T_S \\ &= +58\mathrm{dBW} - 214\mathrm{dB} + 14.9\mathrm{dBi/K} = -141.1\ \text{〔dBW/K〕} \end{aligned}$$

となる．ここで，L はアップリンクの回線損失〔dB〕である．

7.6.1.2　ダウンリンク性能

次に，ダウンリンクにおける C/T を求めよう．ダウンリンク受信システムのアンテナ雑音温度は，図 7.2 から（15GHz において仰角 5° で）13dB である．受信機雑音温度（給電線の影響を含む）は 627dB となる．これは，ダウンリンクの受信機雑音温度がアンテナと受信機の各雑音温度の和（すなわち，640K）になるということである．

ダウンリンク受信機の性能指数は，

$$G/T_S = \frac{28,184}{640} = 44$$

となる．これを dB 形式に変換すると，16.4dBi/K となる．

ダウンリンクの EIRP は，

$$\mathrm{EIRP} = P_T + G_T = +20\mathrm{dBW} + 16.4\mathrm{dB} = 36.4\ 〔\mathrm{dBW}〕$$

となる．

ダウンリンク損失は，アップリンク損失と同じ値である（すなわち，214dB）．

そこで，ダウンリンクの搬送波対熱雑音比は，

$$\begin{aligned} C/T &= \mathrm{EIRP} - L + G/T_S \\ &= +36.4\mathrm{dBW} - 214\mathrm{dB} + 16.4\mathrm{dBi/K} = -161.2\ 〔\mathrm{dBW/K}〕 \end{aligned}$$

となる．

7.6.1.3　アップリンク/ダウンリンク総合性能

往復の搬送波対熱雑音比は，次式から得られる．

$$\frac{1}{\text{総合}\,C/T} = \frac{1}{\text{アップリンクの}\,C/T} + \frac{1}{\text{ダウンリンクの}\,C/T}$$

ここで，C/T 項を線形形式に戻す必要がある．すると，アップリンクの C/T は 7.7625×10^{-15}，ダウンリンクの C/T は 7.5858×10^{-17} となる．

したがって，総合 C/T は

$$\text{総合}\,C/T = \frac{1}{1.2882 \times 10^{14} + 1.3183 \times 10^{16}} = 7.5121 \times 10^{-17}$$

すなわち，−161.2dBi/K となる．

これに意味を持たせるため，これがもたらす出力 SNR を決める必要がある．

まず，受信搬送波と帯域幅 1Hz 当たりの雑音電力の比（C/kT）を求めるために，帯域幅 1Hz 当たりの kTB を計算に入れる．7.2 節から，この項は −228.6dBW/HzK となる．そこで，

$$\begin{aligned} C/\mathrm{kT} &= C/T - \text{帯域幅 1Hz 当たりの kTB} \\ &= -161.2 + 228.6 = +67.4\ 〔\mathrm{dBK}〕 \end{aligned}$$

となる．

次に，帯域幅を決める．例えば，1MHz を用いると，

$$C/N = C/\mathrm{kT} - 10\log B$$

となる．ここで，B は帯域幅〔Hz〕である．

そこで，

$$C/N = 67.4\mathrm{dBK} - 10\log(1,000,000) = 67.4 - 60 = 7.4\,〔\mathrm{dB}〕$$

となる．

7.6.2　低高度衛星回線

この例では，前述の二つ目の軌道を用いる．この衛星は高度 1,698km に位置している．図 7.14 に示すように，アップリンクとダウンリンクはともに 15GHz を使用し，また送信局と受信局はともに仰角 5° で衛星を捉えている．衛星のアンテナは，アップリンクとダウンリンクともに利得 30.5dBi であり，地球局のアンテナも同じである．アップリンク，ダウンリンク送信機の出力電力は，どちらも 10W（10dBW）とする．各受信機の雑音指数は，（アンテナへ

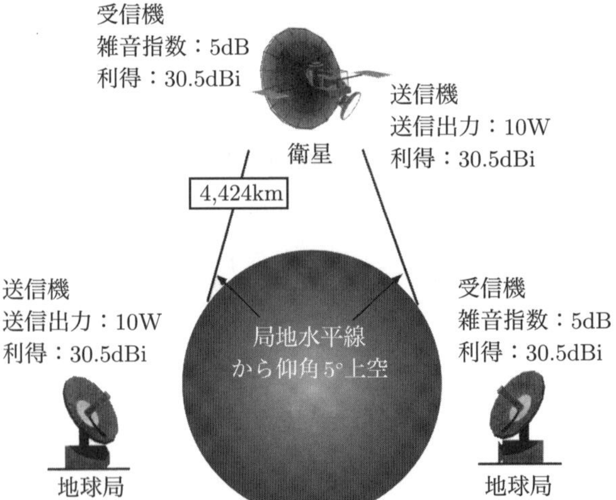

図 7.14　送信局と受信局から水平線仰角 5° 上空の軌道周期が 2 時間の衛星は，各局から 4,424km の距離に位置している．

の給電線損失を含み）5dB とする．アップリンクおよびダウンリンクの損失は，7.5.2 項で求めたように，どちらも 197dB である．

7.6.2.1 アップリンク性能

アップリンク受信システムの性能指数（G/T_S）を求めよう．アンテナと受信機の雑音温度は静止衛星の場合と同じであるので，この受信装置の雑音温度は 917dB となる．アップリンク受信アンテナ利得（30.5dBi）は，線形形式で 1,122 である．これを 917k で割ると，G/T_S として 1.224 が得られる．これを dB 形式に変換すると 0.9dBi/K となる．

$$\mathrm{EIRP} = P_T + G_T = +10\mathrm{dBW} + 30.5\mathrm{dBi} = +40.5\ 〔\mathrm{dBW}〕$$

アップリンクの搬送波対熱雑音比は，

$$\begin{aligned} C/T &= \mathrm{EIRP} - L + G/T_S \\ &= +40.5\mathrm{dBW} - 197\mathrm{dB} + 0.9\mathrm{dBi/K} = -155.6\ 〔\mathrm{dBW/K}〕 \end{aligned}$$

となる．

7.6.2.2 ダウンリンク性能

ダウンリンク受信システムの雑音温度は 640K で，アンテナ利得は 30.5dBi であり，静止衛星の場合と同じであるので，受信機の性能指数も 0.9dB となる．

EIRP は 40.5dBW で，アップリンクと同じである．

$$C/T = \mathrm{EIRP} - L + G/T_S = +40.5 - 197 + 0.9 = -155.6\ 〔\mathrm{dB}〕$$

7.6.2.3 アップリンク/ダウンリンク総合性能

総合 C/T は，−152.6dB（線形形式に変換したアップリンクとダウンリンクの C/T の各逆数の和の逆数）である．

$$\begin{aligned} C/\mathrm{kT} &= C/T - \text{帯域幅 1Hz 当たりの kTB} \\ &= -152.6 + 228.6 = +76\ 〔\mathrm{dBK}〕 \\ C/N &= C/\mathrm{kT} - 10\log B \end{aligned}$$

帯域幅 100kHz では，C/N は 26dB となる．

7.7　通信衛星と EW 方程式形式の関係付け

図 7.15 に地上および通信衛星の双方の回線に用いられる数値の相互関係を示す．見てわかるように，それらは極めて似ているが，通信衛星に役立てるには，もう少し踏み込んだ計算を要する．

ほとんどの EW アプリケーションで使用される地上回線の定義では，すべての構成要素とアンテナビーム範囲に収まる角度領域は 290K にあることが前提となっている．

地上回線において，われわれは送信アンテナから出る実効放射電力（ERP）のことを，送信出力とアンテナ利得との積（すなわちデシベルの和）であると言っている．この考え方は，アンテナパターンのピーク利得が受信機に向いているという暗黙の前提があるので，多くの場合，混乱を与える可能性がある．EW ではそうではないことがよくあるので，EW 回線における ERP には受信機方向のアンテナ利得を含める必要があることを理解しなければならない．衛星通信（SATCOM）回線では EIRP を使用しているが，これはビームのピーク

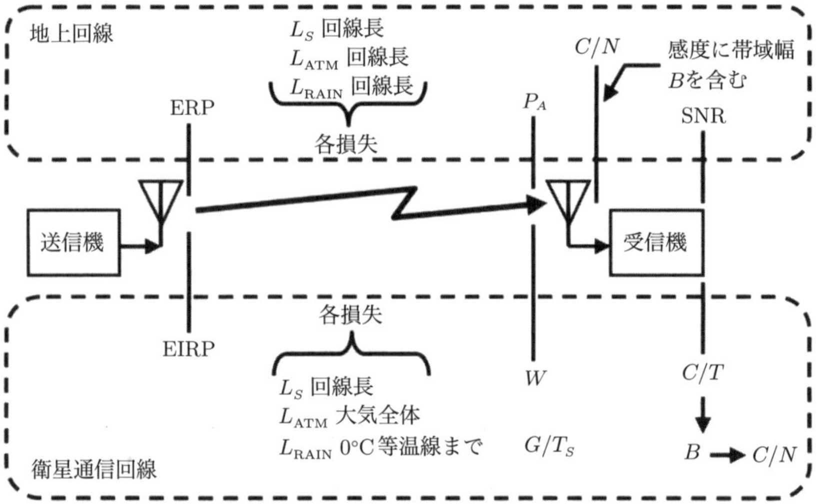

図 7.15　衛星通信と EW の回線方程式に使用される用語や定義には，極めて強い類似性がある．

で ERP となるように（利得 1 の）等方性アンテナに入力すべき電力と定義されている．アンテナの指向誤差については，別に取り扱う．

回線損失は，利用される距離によってのみ異なる．地上回線内では一般に，1km 当たりの大気損失は回線の全経路にわたって一定であると見なされるのに対し，通信衛星回線ではその経路が大気圏全部を通過するので，与えられたどの周波数や仰角においても固定損失量がある．

地上回線における降雨による損失は，降雨密度と回線経路に沿った降雨密度断面（rain density profile）モデルによって決まるのに対し，通信衛星回線においては，回線経路に沿った 0°C 等温線から地球局までの間のみが降雨の影響を受ける．両方の場合における拡散損失は，ともに見通し線伝搬モデルを使用する．しかしながら，マイクロ波以下の地上回線に対しては，さまざまな伝搬損失モデルが適用できる．

地上回線においては，時には受信機位置に到達する電力を定義すると便利な場合がある．これは受信電界強度（μV/m）あるいは（その地点において理想的等方性アンテナによって生み出される電力として工夫された）dBm 単位のどちらかで定義される．通信衛星回線では，照射レベル W を dBW/m^2 で定義する．

この段階から，使用する用語が異なってくる．地上回線における受信電力は，アンテナから出て受信装置に入力される電力と定義される．感度は，有効受信帯域幅内の kTB，受信機の雑音指数，および（通常，C/N と呼ばれるが，RFSNR とも呼ばれる）所要検波前 SNR の積と定義される．受信機の復調出力の品質は，通常 dB 形式の単位で表される SNR で記述される．

SATCOM 回線に対しては，照射レベルに対する受信機の品質係数を適用する．品質係数は，アンテナ利得を受信装置の雑音温度で除したものである．これによって，受信帯域幅と無関係な搬送波対雑音温度比で計算できるようになる．次に，搬送波対雑音比を明確にするために帯域幅が適用される．

7.8　衛星回線の妨害

EW においては，妨害に対する味方の衛星通信回線の脆弱性と敵の衛星通信回線の妨害の両方にわれわれは関与する．便宜上，ここでの説明では，妨害装置についての考え方を取り上げることにする．

他のどの妨害形式とも同様に，送信機ではなく受信機を妨害する必要がある．この混同は，レーダでは送信機と受信機が並置されていることから生じている．衛星通信回線では送信機と受信機とが遠く離れているので，状況は極端に異なる．ほとんどの衛星回線は双方向性であるので，送信機の位置から（電波を放射していない）受信機の位置がわかる．距離にもよるが，ほとんどの場合，妨害には指向性アンテナを必要とするので，これは重要な情報である．

通信衛星信号はたいていデジタル変調を用いているので，第 5 章のデジタル信号の妨害に関する説明が当てはまることに注意しよう．

7.8.1　ダウンリンク妨害

図 7.16 に衛星通信妨害の位置関係について考慮すべき事項を示す．まず，ダウンリンク（衛星から地球局方向）を妨害してみよう．ほとんどの場合，地球局は，極めて狭い指向性アンテナを有している．したがって，アンテナのサイドローブを通して十分な J/S を達成するためには，妨害装置は地球局に著しく近接するか，あるいは十分な妨害電力を保有する必要があるが，その可能性は極めて低い．妨害電力は，受信機が十分なビットエラーを引き起こすのに適切な大きさでなければならない．妨害装置が地球局と離隔せざるを得ない場合，相当量の妨害電力が必要になる．ダウンリンクも AJ 防護のためにある程度のスペクトル拡散変調を有していることが予想され，さらに誤り訂正コーディング能力も保持しているかもしれない．これら両方の特性によって，効果的な妨害のために十分なビットエラー密度を作り出すのに必要な妨害電力量が増加する．これを相殺する要素として，衛星からの信号は拡散損失のためにかなり低いレベルになる可能性があることが挙げられる．

別の考慮事項を有する重要な事例が二つある．すなわち，衛星携帯電話妨害と GPS 妨害である．

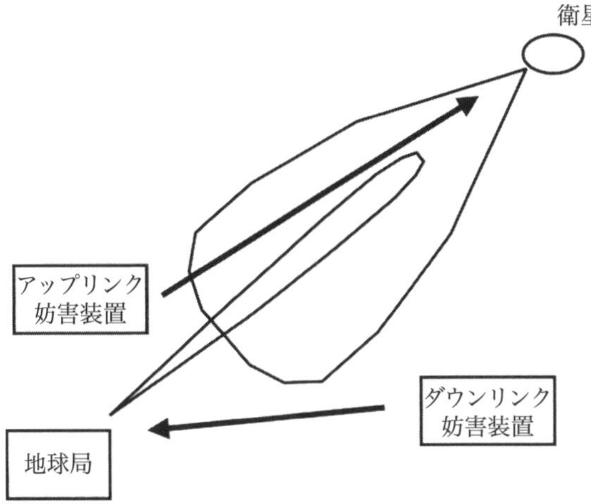

図 7.16　衛星通信妨害の脆弱性は，妨害位置関係が強く関わっている．

実務上の理由から，衛星携帯電話はほとんど無指向のアンテナパターンを持つことが求められる．狭ビームアンテナは外見が不格好である上に，衛星方向に指向する必要がある．静止衛星からの拡散損失のために，携帯電話は低高度衛星で運用することが求められ，これにより衛星の追尾は実用上不可能となる．このことは，妨害装置には衛星に対するのと同じ受信アンテナ利得が必要になることを意味する．一方，妨害装置は受信機位置方向の電力を最適化するために指向性アンテナを使用できる．したがって，スペクトル拡散および誤り訂正符号による AJ 防護は，衛星携帯電話にとって唯一の実際的な最良の電子防護（EP）手段となる．

GPS は衛星通信サービスではないが，ここで説明するのに値する EW の重要な考慮事項である．受信 GPS 信号電力は極めて微弱で，−150dBm のオーダであり，妨害装置が見通し線に入ることができれば，容易に十分な妨害信号を発生させることができる．GPS 信号には二つのスペクトル拡散レベルがある．すなわち，公共利用が可能な CA コード（CA code）のレベルとアクセスが厳重に制限された P コード（P code）のレベルである．CA コード信号は，公開符号を使用する約 40dB の AJ 防護性を有しているが，それでも比較的弱い信号で妨害が可能である．一般に，CA コードは「安物の欠陥品」でも妨害できるとも言われているが，これは妨害装置が良好な見通し線にある場合にのみ当てはまる．

Pコード信号は，スペクトル拡散の追加的レベルを持ち，秘匿符号を使用しているので，さらに40dBのAJ防護性を持つことになる．したがって，妨害信号は，80dBのAJ防護性を克服し，その上で十分なJ/Sを生み出すのに足りる電力を持っていなければならない．

7.8.2　アップリンク妨害

衛星通信アップリンク妨害は，衛星の受信アンテナが地球に向いているため，ダウンリンク妨害よりは位置関係による問題が少ない．地球覆域アンテナを持つ静止衛星に対しては，地球表面の約45%に及ぶ地表のどこにでも妨害装置を配置でき，それにもかかわらず主ビームに妨害をかけることが可能である．静止衛星や低高度衛星からは狭ビームアンテナでも広大な地域をカバーするとはいえ，頼りにできるEP手段は，スペクトル拡散と誤り訂正符号のみである．それでもなお，ダウンリンクが狭ビームアンテナを使用し，また，妨害装置がそのアンテナの信号伝送地上覆域内にいることができない場合，妨害装置は，アップリンクのAJ特性に加えて，アンテナのサイドローブアイソレーション（sidelobe isolation）を克服しなければならない．

いかなる場合でも，衛星のアップリンクを妨害するためには，衛星までの距離のせいで克服すべき大きな拡散損失が存在する．これは，アップリンク送信機は同じ距離を伝搬させなければならないという事実によって，釣り合いがとれている．それゆえ，妨害装置の実効放射電力は，所要J/S，AJ防護係数，さらに必要なら，アンテナアイソレーションを含めた総計に等しい分だけ，アップリンク送信機電力より大きくしなければならない．

付録 A

問題と解法

多くの要望に応えて，この付録では，すでに出版された『電子戦の技術 基礎編』（EW101）と本書（EW102）の双方の題材に基づいた問題を提供する．各問題は対応する形式の数式を用いて，1dB レベルの精度で解かれている．本文のノモグラフあるいはグラフを使用することが望ましい場合は，それをコピーし，問題を解く上での使用法を示す．

アンテナの各利得が与えられたときは，問題の中で特に断らない限り，送信アンテナでは受信機方向の，受信アンテナでは送信機方向の dBi 単位の利得を示している．log は，常用対数 $\log_{10}$ を表す．

dB 数式では，適切な単位で値を入力する必要があることを思い出そう．これらの単位は，関係する節や項に，式と一緒に記述されている．

A.1 EW101 の問題

本節の問題は，EW101 で取り上げた題材に対応している．問題文の右の枠に記載された番号は，該当する式や説明が含まれる EW101 の節や項を示す．

101-1	4W を dBm へ変換せよ．	2.1.2

$$\frac{4\mathrm{W}}{1\mathrm{mW}} = 4,000$$

$$10\log(4,000) = 36 \text{〔dBm〕}$$

101-2	70dBW を dBm へ変換せよ．	2.1.2

$$1\mathrm{W} = 1{,}000\mathrm{mW}$$
$$10\log(1{,}000) = 30\mathrm{dB}$$
$$70\mathrm{dBW} + 30\mathrm{dB} = 100\ 〔\mathrm{dBm}〕$$

101-3	周波数 1GHz の信号の距離 50km における見通し線拡散損失を計算せよ．	2.2.2

$$
\begin{aligned}
L_S &= 32 + 20\log(d) + 20\log(F)\\
&= 32 + 20\log(50) + 20\log(1{,}000)\\
&= 32 + 34 + 60 = 126\ 〔\mathrm{dB}〕
\end{aligned}
$$

または，図 2.2 のノモグラフを用いて，周波数〔MHz〕から距離〔km〕に直線を引く．その直線が中央の目盛り（dB 単位の拡散損失）と 126dB で交差する．

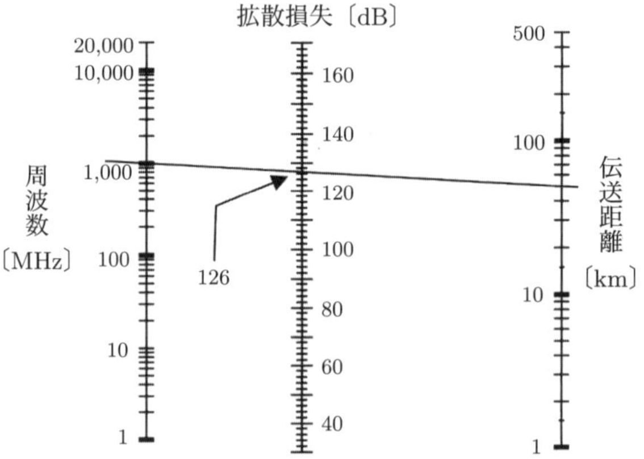

問題 101-3

101-4	周波数 10GHz の信号の距離 20km における，大気による減衰を求めよ．	2.2.2

この問題では，図 2.3 のグラフを使用する必要がある．グラフの横軸上の周波数（15GHz）から始める．これは対数目盛りであるので，15 は 10 から 20 に

至る間の約 0.7 の位置にあることに注意すること．曲線まで上方に移動し，そこから左へ縦軸まで移動して，距離 1km 当たり 0.04dB を読み取る．距離が 20km であるので，大気による減衰は $0.04 \times 20 = 0.8$〔dB〕となる．

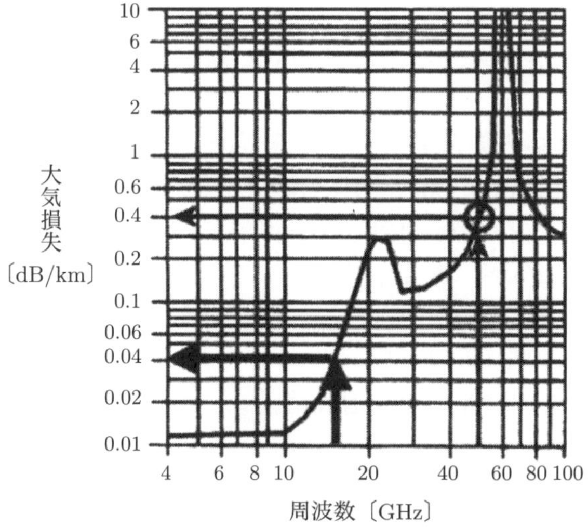

問題 101-5

101-5	受信機方向のアンテナ利得 10dBi を有する周波数 2GHz，出力 10W の送信機から 27km 離れた受信機で受信した信号強度を計算せよ．受信アンテナの（送信機方向の）利得は 20dBi とする．	2.2.4

$$10\mathrm{W} = 10,000\mathrm{mW}$$

$$10\log(10,000\mathrm{mW}) = +40\ \text{〔dBm〕}$$

したがって，

$$\begin{aligned} P_R &= P_T + G_T - 32 - 20\log(d) - 20\log(F) + G_R \\ &= +40 + 10 - 32 - 20\log(27) - 20\log(2,000) + 20 \\ &= 40 + 10 - 32 - 29 - 66 + 20 = -57\ \text{〔dBm〕} \end{aligned}$$

となる．

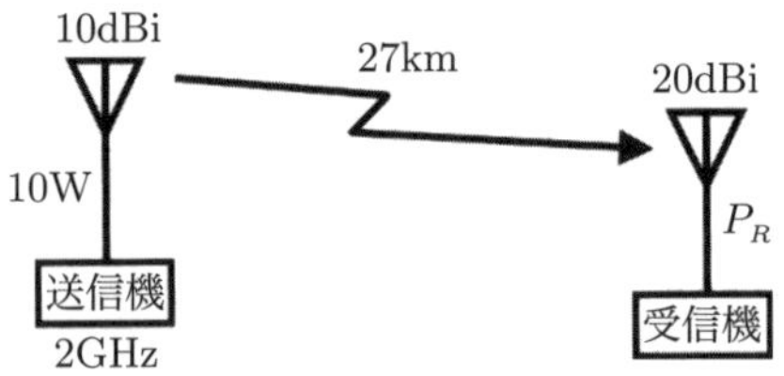

問題 101-5

101-6	受信機方向のアンテナ利得 10dBi を有する周波数 5GHz，出力 100kW の送信機から，受信感度 −80dBm で（送信機方向の）アンテナ利得が −10dBi の受信機で受信可能な距離を求めよ．	2.2.4

$$100\text{kW} = 100,000,000\text{mW}$$

$$10\log(100,000,000) = +80 \text{〔dBm〕}$$

$$P_R = \text{感度} = P_T + G_T - 32 - 20\log(d) - 20\log(F) + G_R$$

に，それぞれ値を代入する．$20\log(d)$ について解く．

$$\begin{aligned} 20\log(d) &= P_T + G_T - 32 - 20\log(F) + G_R - \text{感度} \\ &= +80 + 10 - 32 - 20\log(5,000) + (-10) - (-80) \\ &= +80 + 10 - 32 - 74 - 10 + 80 = 54 \end{aligned}$$

したがって，距離 d は，

$$d = 10^{54/20} = 10^{2.7} = 501 \text{〔km〕}$$

となる．

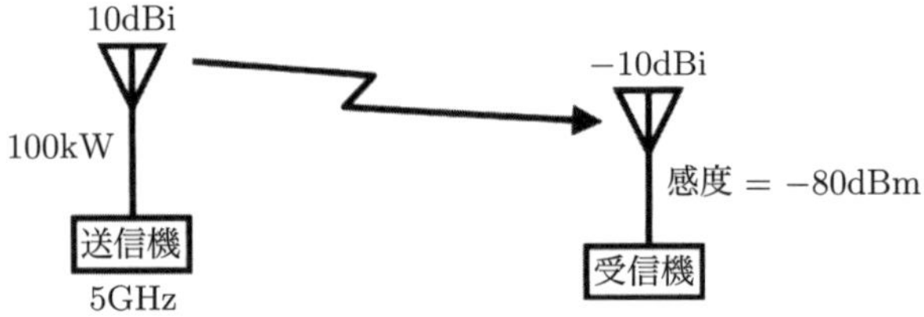

問題 101-6

101-7	100MHz において 1μV/m と仕様値が規定されている受信機の感度を，dBm 単位で求めよ．	2.3.2

$$
\begin{aligned}
P &= -77 + 20\log(E) - 20\log(F) \\
&= -77 + 20\log(1) - 20\log(100) \\
&= -77 + 0 - 40 = -117 \text{〔dBm〕}
\end{aligned}
$$

101-8	50MHz において −100dBm と仕様書で規定されている受信機の感度を μV/m 単位で求めよ．	2.3.2

$$
\begin{aligned}
E &= 10^{(P+77+20\log(F))/20} \\
&= 10^{(-100+77+34)/20} \\
&= 10^{0.55} = 3.5 \text{〔}\mu\text{V/m〕}
\end{aligned}
$$

101-9	送信電力が 10kW，アンテナ利得が 30dBi，周波数が 10GHz，目標までの距離が 25km，目標の RCS が 20m^2 であるときの，レーダ受信機の受信電力を求めよ．	2.3.3

$$
P_R = P_T + 2G - 103 - 40\log(D) - 20\log(F) + 10\log(\text{RCS})
$$

したがって，

$$
\begin{aligned}
&P_T = 10\text{kW} \text{ すなわち } 10\log(100{,}000{,}000) = +70\text{dBm} \\
&40\log(D) = 40\log(25) = 56 \\
&20\log(F) = 20\log(10{,}000) = 80 \\
&10\log(\text{RCS}) = 10\log(20) = 13 \\
&P_R = 70 + 60 - 103 - 56 - 80 + 13 = -96 \text{〔dBm〕}
\end{aligned}
$$

となる．

101-10	地上高 2m の送信機からの周波数 100MHz の信号と，地上高 1,000m の受信機の間の FZ（フレネルゾーン）距離を求めよ．	2.3.5

$$\begin{aligned}\mathrm{FZ} &= \frac{h_T h_R f}{24,000} \\ &= \frac{2 \times 1,000 \times 100}{24,000} \\ &= 8.3 \text{〔km〕}\end{aligned}$$

となる．FZ についてのもう一つの式に，

$$\mathrm{FZ} = \frac{4\pi h_T h_R}{\lambda}$$

がある．100MHz の信号の波長は，$3 \times 10^8 \mathrm{m/sec}/10^8 \mathrm{Hz} = 3\mathrm{m}$ であるので，

$$\frac{4\pi \times 2 \times 1,000}{3} = 8,377 \text{〔m〕}$$

となる．便宜上 24,000 は端数を切り捨ててあるので，こちらのほうがより正確である．

101-11	地上高 2m の送信アンテナから 25km の距離にある，地上高 1,000m の受信アンテナまでの周波数 100MHz の信号における拡散損失を，2 波伝搬モデル（平面大地伝搬モデル）を用いて求めよ．	2.3.5

（問題 101-10 で計算したように）FZ 距離が伝送距離より短いので，2 波伝搬モデルが適していることに注意すること．

$$\begin{aligned}L_S &= 120 + 40\log(d) - 20\log(h_T) - 20\log(h_R) \\ &= 120 + 40\log(25) - 20\log(2) - 20\log(1,000) \\ &= 120 + 56 - 6 - 60 = 110 \text{〔dB〕}\end{aligned}$$

101-12	アンテナ利得 2dBi で，アンテナ高 2m，周波数 50MHz，出力 1W の送信機から 20km の距離にある，アンテナ利得 2dBi，アンテナ高 100m の受信機の受信電力を求めよ．	2.3.5

$$\mathrm{FZ} = \frac{2 \times 100 \times 50}{24{,}000}$$
$$= 0.417\ 〔\mathrm{km}〕$$

となる．回線距離は FZ 距離より長いので，2 波（平面大地）伝搬モデルを使用する必要がある．したがって，

$$P_R = P_T + G_T - (120 + 40\log(d) - 20\log(h_T) - 20\log(h_R)) + G_R$$
$$= +30\mathrm{dBm} + 2\mathrm{dB} - 120 - 40\log(20) + 20\log(2) + 20\log(100) + 2\mathrm{dB}$$
$$= 30 + 2 - 120 - 52 + 6 + 40 + 2$$
$$= -92\ 〔\mathrm{dBm}〕$$

となる．

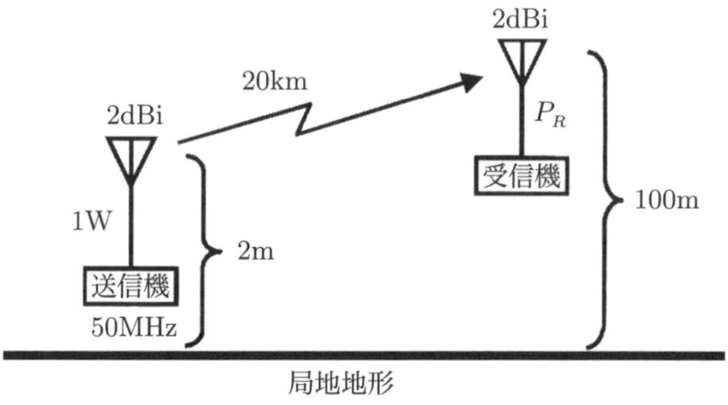

問題 101-12

101-13	下図に示す球面三角形（大文字は角を表し，小文字は大文字が表す角の対辺を表す）において，a が 35°，A が 42°，B が 52° の場合，b の値はいくらか？ 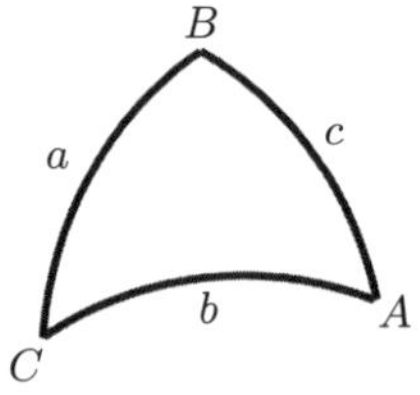 	2.4.3

どの球面三角形においても，

$$\frac{\sin(a)}{\sin(A)} = \frac{\sin(b)}{\sin(B)} = \frac{\sin(c)}{\sin(C)}$$

$$\sin(b) = \sin(a) \times \frac{\sin(B)}{\sin(A)}$$

であるので，

$$\begin{aligned} b &= \arcsin\left(\sin(a) \times \frac{\sin(B)}{\sin(A)}\right) \\ &= \arcsin\left(0.574 \times \frac{0.788}{0.669}\right) = \arcsin(0.676) = 42.5\ 〔°〕 \end{aligned}$$

となる．

101-14	問題 101-13 と同じ球面三角形で，b が 37°，c が 45°，A が 67° の場合の a を求めよ．	2.4.3

$$\cos(a) = \cos(b) \times \cos(c) + \sin(b) \times \sin(c) \times \cos(A)$$

であるので，

$$\begin{aligned} a &= \arccos(\cos(b) \times \cos(c) + \sin(b) \times \sin(c) \times \cos(A)) \\ &= \arccos(0.799 \times 0.707 + 0.602 \times 0.707 \times 0.391) \\ &= \arccos(0.731) = 43.0\ 〔°〕 \end{aligned}$$

となる．

101-15	問題 101-13 と同じ球面三角形において，A が 120°，B が 35°，c が 50° の場合の C を求めよ．	2.4.3

$$\cos(C) = -\cos(A) \times \cos(B) + \sin(A) \times \sin(B) \times \cos(c)$$

であるので，

$$\begin{aligned} C &= \arccos(-\cos(A) \times \cos(B) + \sin(A) \times \sin(B) \times \cos(c)) \\ &= \arccos(0.5 \times 0.819 + 0.866 \times 0.574 \times 0.643) \\ &= \arccos(0.729) = 43.2 \text{〔°〕} \end{aligned}$$

となる．

101-16	下図のように，90° 角の対辺が c で，他の 2 辺が a と b，これらの各辺の対角が A と B である直角球面三角形において，a が 47° で，b が 85° の場合の c を求めよ． 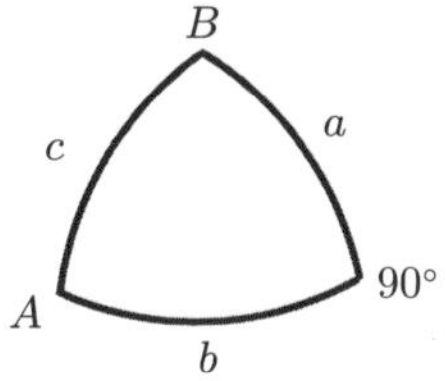 	2.4.3

$$\cos(c) = \cos(a) \times \cos(b)$$

であるので，

$$\begin{aligned} c &= \arccos(\cos(a) \times \cos(b)) \\ &= \arccos(0.682 \times 0.087) = \arccos(0.059) = 86.6 \text{〔°〕} \end{aligned}$$

となる．

101-17	問題 101-16 と同じ三角形において，A が 80° で b が 44° の場合の c を求めよ．	2.4.4

$$\cos(A) = \tan(b) \times \cot(c)$$

$$\cot(c) = \frac{\cos(A)}{\tan(b)}$$

ここで，$\cot = 1/\tan$ であることに注意しよう（電卓には cot 関数がないので，これは都合が良い）．したがって，

$$\tan(c) = \frac{\tan(b)}{\cos(A)}$$

$$c = \arctan\left(\frac{\tan(b)}{\cos(A)}\right)$$

$$= \arctan\left(\frac{0.966}{0.174}\right) = \arctan(5.562) = 79.8 〔°〕$$

となる．

101-18	レーダ警報受信機の象限アンテナの利得は，アンテナのボアサイト方向から（90° まで）角度 1° 当たり 0.2dB ずつ，ボアサイト利得より低下する．ボアサイトに対する電波源の仰角は 42°，ボアサイトに対する方位角は 65° である．このアンテナの電波源方向の利得は，ボアサイト利得よりどれだけ低下するか？	2.4.4

まず，ボアサイトから電波源までの球面角を求めるため，直角球面三角形に関するネイピアの法則（Napier's rules）を用いる．

$$球面角 = \arccos(\cos(Az) \times \cos(El))$$

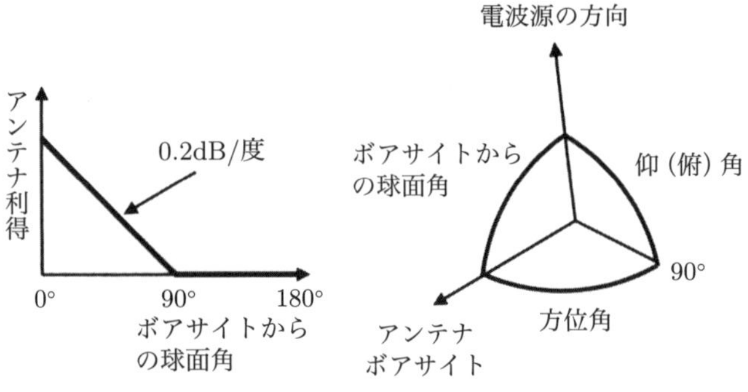

問題 101-18

$$= \arccos(0.423 \times 0.743) = \arccos(0.314) = 71.7 \text{〔°〕}$$

したがって，ボアサイトからの利得減少量は，

$$71.7° \times 0.2\text{dB/度} = 14.3 \text{〔dB〕}$$

となる．

101-19	固定受信機方向へ移動している送信機から送信された信号のドップラ偏移量を求めよ．送信機の位置は，北5km，東7km，高度1km である．受信機の位置は，北25km，東15km，高度2km である．送信機の速度ベクトルは，大きさが150m/sec で，方向が仰角20°，方位角5° である．送信周波数は10GHz とする．	2.5.2

東は X の正方向，北は Y の正方向，Z は上方向である．したがって，受信機の方位角と仰角は，

$$Az_R = \arctan\left(\frac{X_R - X_T}{Y_R - Y_T}\right) = \arctan\left(\frac{15-7}{25-5}\right)$$
$$= \arctan(0.4) = 21.8 \text{〔°〕}$$
$$El_R = \arctan\left(\frac{Z_R - Z_T}{\sqrt{(X_R - X_T)^2 + (Y_R - Y_T)^2}}\right)$$
$$= \arctan\left(\frac{2-1}{\sqrt{(15-7)^2 + (25-5)^2}}\right)$$
$$= \arctan\left(\frac{1}{21.5}\right) = \arctan(0.047) = 2.7 \text{〔°〕}$$

となる．次に，図 2.14 を使用する．速度ベクトルから北方向の球面角は，

$$\cos(d) = \cos(Az_V) \times \cos(El_V)$$

から，

$$d = \arccos(\cos(Az_V) \times \cos(El_V)) = \arccos(\cos(5°) \times \cos(20°))$$
$$= \arccos(0.996 \times 0.940) = \arccos(0.936) = 20.6 \text{〔°〕}$$

となる．同様に受信機から北方向の球面角は，

$$
\begin{aligned}
e &= \arccos(\cos(Az_R) \times \cos(El_R)) = \arccos(\cos(21.8^\circ) \times \cos(2.7^\circ)) \\
&= \arccos(0.927) = 22.0 \text{〔}^\circ\text{〕}
\end{aligned}
$$

となる．角 A と B は次式から得られる．

$$
\begin{aligned}
A &= \operatorname{arccot}\left(\frac{\sin(Az_V)}{\tan(El_V)}\right) = \operatorname{arccot}\left(\frac{\sin(5^\circ)}{\tan(20^\circ)}\right) \\
&= \operatorname{arccot}\left(\frac{0.087}{0.364}\right) = \operatorname{arccot}(0.239) = \arctan\left(\frac{1}{0.239}\right) \\
&= \arctan(4.18) = 76.5 \text{〔}^\circ\text{〕} \\
B &= \operatorname{arccot}\left(\frac{\sin(AZ_R)}{\tan(El_R)}\right) = \operatorname{arccot}\left(\frac{\sin(21.8^\circ)}{\tan(2.7^\circ)}\right) \\
&= \operatorname{arccot}\left(\frac{0.371}{0.0472}\right) = \operatorname{arccot}(7.9) = \arctan(0.127) = 7.24 \text{〔}^\circ\text{〕}
\end{aligned}
$$

したがって，角 $C = A - B = 76.5^\circ - 7.24^\circ = 69.3^\circ$ となる．次に，速度ベクトルから受信機方向の球面角は，次式から，

$$
\begin{aligned}
V_R &= \arccos(\cos(d) \times \cos(e) + \sin(d) \times \sin(e) \times \cos(C)) \\
&= \arccos(\cos(20.6^\circ) \times \cos(22.0^\circ) \\
&\qquad + \sin(20.6^\circ) \times \sin(22.0^\circ) \times \cos(69.3^\circ)) \\
&= \arccos(0.936 \times 0.927 + 0.352 \times 0.375 \times 0.353) \\
&= \arccos(0.916) = 23.9 \text{〔}^\circ\text{〕}
\end{aligned}
$$

となる．送信機と受信機の間の距離の変化率は，

$$
V_{\mathrm{REL}} = V\cos(V_R) = 150\mathrm{m/sec} \times 0.914 = 137.1 \text{〔m/sec〕}
$$

となる．ドップラ周波数偏移は，

$$
\Delta f = f \times \frac{V_{\mathrm{REL}}}{c} = \frac{10^{10}\mathrm{Hz} \times 137.1\mathrm{m/sec}}{3 \times 10^8\mathrm{m/sec}} = 4,570 \text{〔Hz〕}
$$

となる．

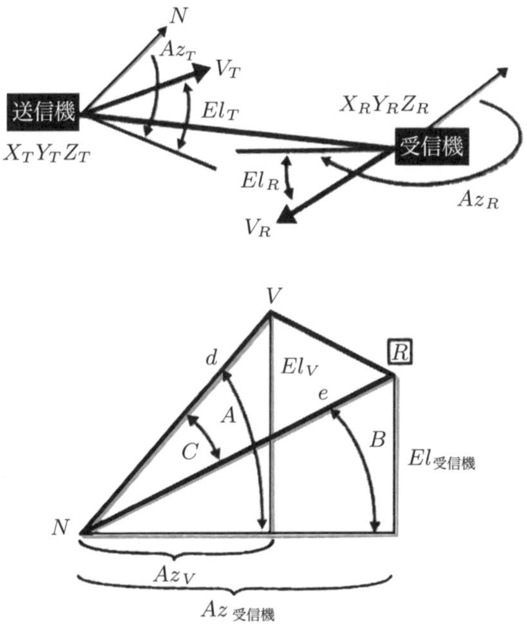

問題 101-19

101-20	1GHz で 30dB のボアサイト利得を持つアンテナの有効面積を求めよ．	3.3.2

図 3.5 のノモグラフを使用する．1kMHz（1GHz）の目盛りから中央の目盛りの 30dB を通って，右側の目盛り線まで直線を引き，その交点の目盛りで有効面積〔m^2〕を読み取ると，8.5m^2 が得られる（図参照）．

101-21	5GHz で動作する直径 2m，効率 55% のパラボラアンテナの利得はいくらか？	3.3.3

図 3.6 のノモグラフを使用する．左側の目盛りの 5GHz から，右側の目盛りの 2m まで直線を引き，中央の目盛りの交点の利得を読み取ると，おおむね 38dB が得られる（図参照）．

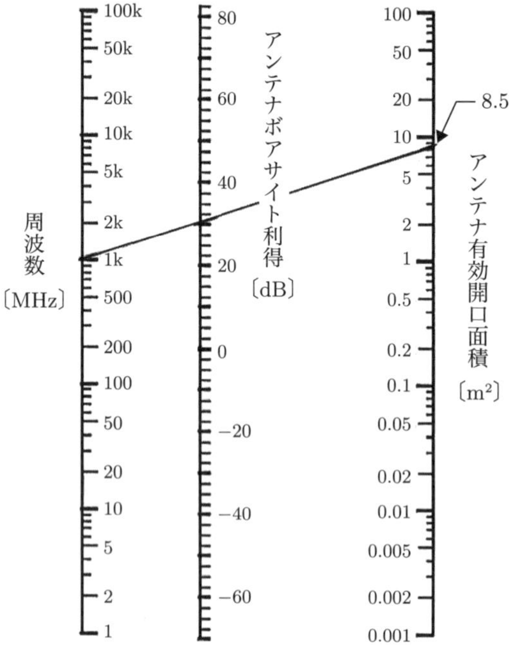

問題 101-20

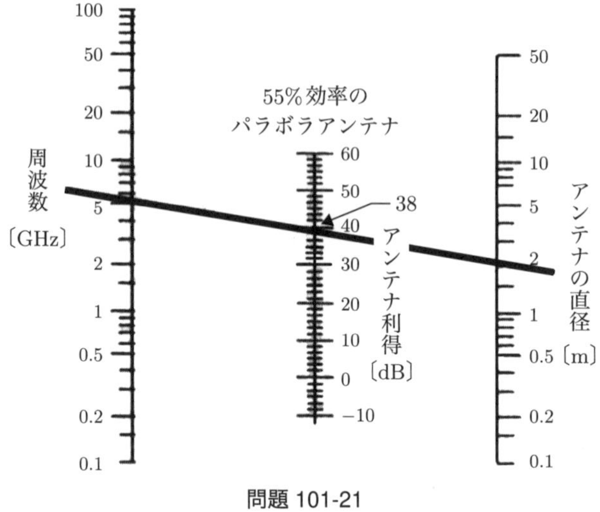

問題 101-21

101-22	仰角方向に 10°，方位方向に 25° の 3dB ビーム幅を持つ，効率 55% のパラボラアンテナの利得はいくらか？	3.3.4

$$\text{利得〔非 dB〕} = \frac{29,000}{10 \times 25} = 116$$
$$\text{利得〔dB〕} = 10\log(116) = 20.6\text{〔dB〕}$$

101-23	帯域幅が 10MHz，雑音指数が 5dB，所要信号対雑音比が 13dB である受信機の感度はいくらか？	4.11.2

$$\begin{aligned}\text{kTB} &= -114 + 10\log\left(\frac{\text{帯域幅}}{\text{1MHz}}\right) = -114 + 10\log(10)\\ &= -114 + 10 = -104\text{〔dBm〕}\end{aligned}$$
$$\begin{aligned}\text{感度} &= \text{kTB〔dBm〕} + \text{NF〔dB〕} + \text{SNR〔dB〕}\\ &= -104\text{dBm} + 5\text{dB} + 13\text{dB} = -86\text{〔dBm〕}\end{aligned}$$

101-24	雑音指数 3dB，利得 25dB の前置増幅器を持つ受信システムの雑音指数を求めよ．ただし，前置増幅器前の損失を 1dB，前置増幅器と受信機の間の損失を 13dB，受信機の雑音指数を 10dB とする．	4.11.2 雑音指数

図 4.17 のグラフを使用する．縦軸上で，

$$\begin{aligned}&\text{前置増幅器の利得} + \text{前置増幅器の雑音指数} - \text{受信機前の損失}\\ &\quad = 25 + 3 - 13 = 15\text{〔dB〕}\end{aligned}$$

を得る．この点を通る水平の直線を引く．横軸の受信機雑音指数 = 10dB を通る垂直の線を引く．これら 2 本の線の交点が劣化量を示す（この場合，1dB である）．したがって，

$$\begin{aligned}&\text{システムの雑音指数}\\ &\quad = \text{前置増幅器前の損失} + \text{前置増幅器の雑音指数} + \text{劣化量}\\ &\quad = 1\text{dB} + 3\text{dB} + 1\text{dB} = 5\text{〔dB〕}\end{aligned}$$

を得る．

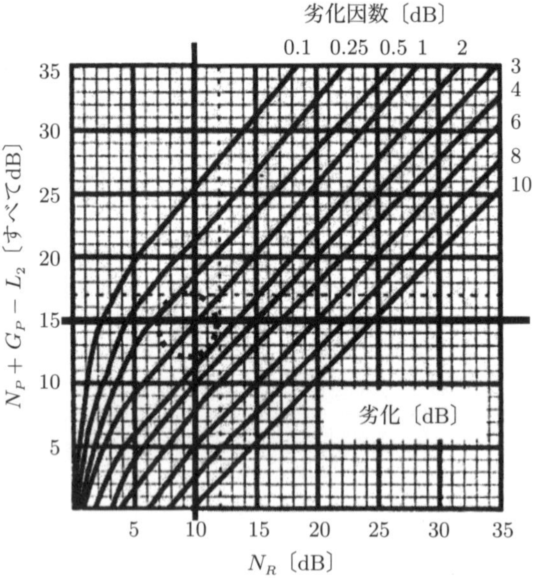

問題 101-24

101-25	変調指数が 5 で，検波前信号対雑音比が 4dB の FM 信号を受信する PLL 方式の周波数弁別器で得られる弁別後の信号対雑音比を求めよ．	4.12

しきい値より高い信号の FM 改善係数は，

$$\mathrm{IF_{FM}}〔\mathrm{dB}〕 = 5 + 20\log(\text{変調指数}) = 5 + 20\log(5) = 5 + 14 = 19〔\mathrm{dB}〕$$

となり，したがって検波後 SNR は，4dB + 19dB = 23dB となる．

101-26	サンプル当たり 5 ビットでデジタル化された信号における検波後信号対雑音比（実際には，信号対量子化比）を求めよ．	4.13.1

$$\mathrm{SQR}〔\mathrm{dB}〕 = 5 + 3(2m - 1)$$

$$m = \frac{\text{ビット数}}{\text{サンプル}} = 5$$

であるので，

$$\mathrm{SQR}\ [\mathrm{dB}] = 5 + 3 \times 9 = 32\ [\mathrm{dB}]$$

となる．

101-27	E_b/N_o が 8dB のコヒーレント PSK 変調信号におけるビットエラーレートを求めよ．	4.13.2

図 4.20 のグラフを使用する．この図の横軸は（dB 単位の）E_b/N_o 交点表示でなければならないことに注意してほしい．横軸の 8dB からコヒーレント PSK 曲線まで垂直線を引き，そこから縦軸のほうへ直線を引き，約 1.2×10^{-4} のビットエラーレート値を読み取る．

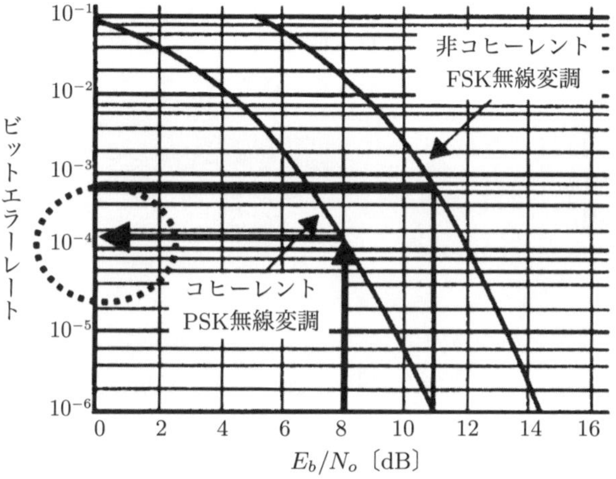

問題 101-27

101-28	パルス幅 2μsec，PRF 1,000pps で，2〜4GHz の範囲に存在するレーダ信号を，1 秒以内に捕捉する確率を求めよ．このレーダはビーム幅 5° で，5 秒周期の全周走査を行うものとする．受信感度は，レーダの 3dB ビーム幅全体を感知するのに十分であり，受信機の帯域幅は 10MHz である．	6.2

受信アンテナに最初のパルスが到達した時点で許容時間の 1 秒が始まるので，最初のビーム照射の間に信号を見つけなければならない．

ビーム幅が 5° で，脅威アンテナは 5 秒間で 360° をカバーするので，ビーム持続時間は $5\text{sec} \times (5/360) = 69.4\text{msec}$ となる．これは，ビーム走査が受信機を通り過ぎる間に，69 パルスを受信できることを意味する．

最大速度でステップ同調を行うとすると，帯域幅は一つの周波数に 1/帯域幅の時間，すなわち 100nsec 留まらなければならない．パルス長は $2\mu\text{sec}$ なので，パルスの間に 20 回（$20 \times 10\text{MHz} = 200\text{MHz}$ をカバーしながら）見ることができる．パルスごとの探知確率は，

$$\frac{200\text{MHz}}{2,000\text{MHz}} = 10\,〔\%〕$$

となる．

69 区間においてそれぞれのパルス間隔（1msec）の間に 1 帯域幅進めると，$69 \times 10\text{MHz} = 690\text{MHz}$ をカバーすることになる．69 パルスのうちの 1 パルスを探知する確率は，

$$\frac{690\text{MHz}}{2,000\text{MHz}} = 34.5\,〔\%〕$$

となる．

注：本書の範囲を超えるので本当はフェアではないが，もう一つの解法と解がある．それは，可能な限り高速に掃引して 69 回試せると考えた場合に，一つ以上のパルスを捕捉する確率を求めることである．69 回の試行のうち，少なくとも 1 回成功する確率は，

$$1 \times (1 - p)^{69}$$

である．ここで，p は 1 回の試行で成功する確率である．$p = 10\%$ なので，69 回の試行で成功する確率は $1 - 0.9^{69} = 0.9993$，すなわち 99.93% となる．

101-29	アンテナ高が 100m の送信機と高度 2,000m にある航空機に搭載した受信機の間の最大見通し距離を求めよ．ただし，平坦な 4/3 地球曲率の大地とする．	6.3.2

単位は D が km，H が m なので，最大見通し距離は，

$$D = 4.11 \times (\sqrt{H_T} + \sqrt{H_R})$$
$$= 4.11 \times (10 + 44.7) = 224.8 \text{〔km〕}$$

となる．

101-30	目的とする送信機は ERP が 1W で，受信機から距離 10km にあり，受信機はホイップアンテナを有しており，受信機からの距離 30km の障害のない見通し経路において，アンテナ利得 10dBi，出力 100W の妨害装置が達成する J/S を計算せよ．	9.2.3

$$\text{J/S} = P_J - P_T + G_J - G_T - 20\log(D_J) + 20\log(D_S) + G_{RJ} - G_R$$

P_T と G_T の和は，送信機の ERP 1W＝30dBm となる．G_{RJ} と G_R は，等しいので，これら 2 項は消える．したがって，

$$\text{J/S} = P_J + G_J - \text{ERP}_T - 20\log(D_J) + 20\log(D_S)$$
$$= +50 + 10 - 30 - 20\log(30) + 20\log(10)$$
$$= 50 + 10 - 30 - 30 + 20 = 20 \text{〔dB〕}$$

となる．

101-31	ERP 1MW のレーダから 15km にある ERP 1kW の自己防御用妨害装置が達成する J/S を計算せよ．目標のレーダ断面積は 2m² とする．	9.2.3

$$\text{J/S} = 71 + P_J - P_T + G_J - G_R + 20\log(D_T) - 10\log(\text{RCS})$$

$P_J + G_J = \text{ERP}_J$，$P_T + G_T = \text{ERP}_R$ および 1kW=+60dBm，1MW=+90dBm であるので，

$$\text{J/S} = 71 + \text{ERP}_J - \text{ERP}_R + 20\log(D_T) - 10\log(\text{RCS})$$
$$= 71 + 60 - 90 + 20\log(15) - 10\log(2)$$
$$= 71 + 60 - 90 + 24 - 3 = 62 \text{〔dB〕}$$

となる．

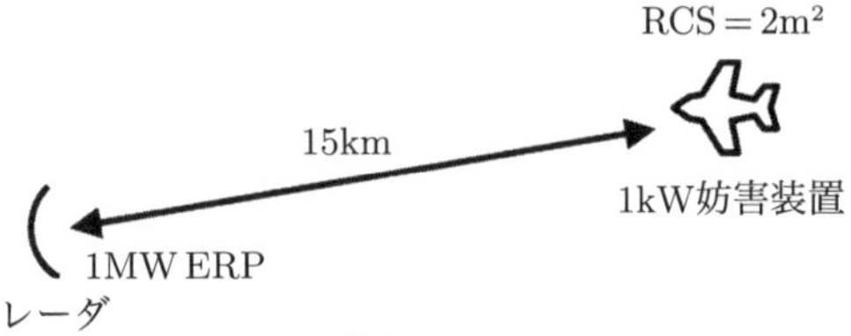

問題 101-31

101-32	バーンスルーが J/S 0dB で起きるとして，上記のレーダ，妨害機および目標におけるバーンスルーレンジを計算せよ．	9.3.5

まず，J/S 式を 20log(D_T) について解く．

$$20\log(D_T) = -71 - \mathrm{ERP}_J + \mathrm{ERP}_R + 10\log(\mathrm{RCS}) + \mathrm{J/S}$$
$$= -71 - 60 + 90 + 3 + 0 = -38$$

したがって，

$$D_T = 10^{-38/20} = 0.013\mathrm{km} = 13\ 〔\mathrm{m}〕$$

となる．

101-33	送信機出力 2kW，アンテナ利得 18dBi，レーダからの距離 25km にあるスタンドオフ妨害機が達成できる J/S を計算せよ．レーダの ERP は，主ビームアンテナ利得 30dBi を含めて 1MW とする．スタンドオフ妨害機は，0dBi のサイドローブ内にある．目標航空機は，レーダから 10km の距離にあり，$2\mathrm{m}^2$ の RCS を有する．	9.3.4

$$\mathrm{J/S} = 71 + P_J - P_T + G_J + G_{RJ} - 2G_R$$
$$-20\log(D_J) + 40\log(D_T) - 10\log(\mathrm{RCS})$$

1MW＝+90dBm および 2kW＝+63dBm であるので，

$$P_T = \mathrm{ERP}_R - G_R = +90\mathrm{dBm} - 30\mathrm{dB} = +60\ 〔\mathrm{dBm}〕$$

である．したがって，

$$\begin{aligned} \mathrm{J/S} &= 71 + 63 - 60 + 18 + 0 - 2(30) \\ &\quad -20\log(25) + 40\log(10) - 10\log(2) \\ &= 71 + 63 - 60 + 18 + 0 - 60 - 28 + 40 - 3 = 41 \text{〔dB〕} \end{aligned}$$

となる．

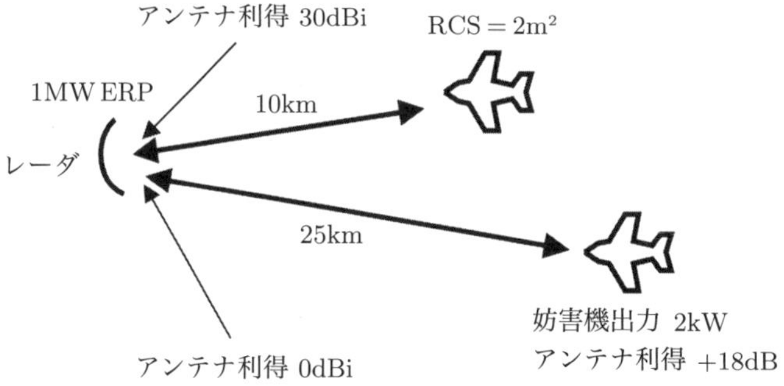

問題 101-33

101-34	問題 101-33 のレーダ，目標およびスタンドオフ妨害機におけるバーンスルーレンジを計算せよ．	9.3.4

バーンスルーレンジはレーダから目標までの距離であることに注意しよう．スタンドオフ妨害機は，レーダから一定の距離に留まる．所要 J/S は 0dB である．

スタンドオフ妨害の J/S を $40\log(D_T)$ について解く．

$$\begin{aligned} 40\log(D_T) &= -71 - P_J + P_T - G_J - G_{RJ} + 2G_R \\ &\quad +20\log(D_J) + 10\log(\mathrm{RCS}) + \mathrm{J/S} \\ &= -71 - 63 + 60 - 18 - 0 + 60 + 28 + 3 + 0 = -1 \end{aligned}$$

したがって，

$$D_T = 10^{-1/40} = 0.944\text{km} = 944 \text{〔m〕}$$

となる．

101-35	目標までの距離 15km, 3dB ビーム幅 2°, パルス幅 2μsec の場合，レーダ分解能セルの大きさはいくらか？	9.9.2

セルの奥行きは,

$$0.5(c \times \mathrm{PW}) = 0.5 \times ((3 \times 10^{8}) \times (2 \times 10^{-6})) = 300\ \text{〔m〕}$$

となり，セルの幅は,

$$\begin{aligned} 2R\left(\sin\left(\frac{\mathrm{BW}}{2}\right)\right) &= 2 \times 15,000 \times \sin(1^{\circ}) \\ &= 2 \times 15,000 \times 0.0175 = 524\ \text{〔m〕} \end{aligned}$$

となる.

101-36	5GHz の信号を −30dBm で受信し，1kW のリターン信号を送信するアクティブデコイによって模擬される RCS はいくらか？	10.7.3

1kW は +60dBm であるので，有効利得は

$$+60\mathrm{dBm} - (-30\mathrm{dBm}) = 90\ \text{〔dB〕}$$

である．したがって,

$$\begin{aligned} \mathrm{RCS}\ \text{〔dBm〕} &= 39 + G - 20\log(F) = 39 + 90 - 20\log(5,000) \\ &= 39 + 90 - 74 = 55\ \text{〔dBsm〕} \\ \mathrm{RCS}\ \text{〔m}^2\text{〕} &= 10^{55\mathrm{dBsm}/10} = 316,000\ \text{〔m}^2\text{〕} \end{aligned}$$

となる.

A.2 EW102 の問題

各問題は，本書で取り上げた題材に対応している．問題文の右の枠に記載された番号は，該当する式や説明が含まれる本書の節や項を示す．

102-1	パルス繰り返し周波数 5,000pps のレーダの一義的最大探知距離を求めよ．	2.5.1

$$\mathrm{PRI} = \frac{1}{\mathrm{PRF}} = \frac{1}{5,000} = 200\ [\mu\mathrm{sec}]$$

したがって，

$$R_{\max} = 0.5\mathrm{PRI} \times c = 0.5 \times (2 \times 10^{-4}\mathrm{sec}) \times (3 \times 10^{8}\mathrm{m/sec})$$
$$= 30,000\mathrm{m} = 30\ [\mathrm{km}]$$

となる．

102-2	パルス幅 10μsec のレーダの最小探知距離を求めよ．	2.5.1

$$R_{\min} = 0.5\mathrm{PW} \times c = 0.5 \times 10^{-5}\mathrm{sec} \times (3 \times 10^{8}\mathrm{m/sec})$$
$$= 1,500\mathrm{m} = 1.5\ [\mathrm{km}]$$

102-3	尖頭電力 1kW，デューティサイクル 10%，主ビーム尖頭利得 30dB，使用周波数 5GHz のレーダが，ビーム幅 2° で，5 秒間で全周走査を行う場合，距離 50km にある RCS 1m² の目標に対する受信信号エネルギーを計算せよ．	3.2

$$平均電力 = 1\mathrm{kW} \times 0.1 = 0.1\ [\mathrm{kW}]$$

$$波長\ (\lambda) = c/f = \frac{3 \times 10^{8}\mathrm{m/sec}}{5 \times 10^{9}\mathrm{Hz}} = 0.06\ [\mathrm{m}]$$

アンテナ利得（30dBi）$= 1,000$

目標にレーダ電波が当たっている時間は，目標がレーダビーム内にある時間と

等しい．したがって，目標がビーム内にある時間は，

$$\frac{2^\circ}{360^\circ} \times 5\text{sec} = 27.8\ \text{〔msec〕}$$

である（ビーム照射時間中に，大幅な距離変化がないと仮定していることに注意）．したがって，

$$\begin{aligned}\text{SE} &= \frac{P_{\text{AVE}}G^2\sigma\lambda^2T_{\text{OT}}}{(4\pi)^3R^4} \\ &= \frac{0.1\text{kW} \times 10^6 \times 1\text{m}^2 \times 0.0036\text{m}^2 \times (2.78 \times 10^{-2}\text{sec})}{(1.98 \times 10^3) \times (6.25 \times 10^{18})} \\ &= \frac{1.00 \times 10^4}{1.24 \times 10^{22}} = 8.06 \times 10^{-19}\ \text{〔Wsec〕}\end{aligned}$$

となる．

102-4	問題 102-3 のレーダの受信機に対する入力電力を dB 式を用いて計算せよ．	3.2

尖頭電力 1kW＝+60dBm であるので，

$$\begin{aligned}P_R &= -103 + P_T + 2G - 20\log_{10}(F) - 40\log_{10}(d) + 10\log_{10}(\sigma) \\ &= -103 + 60 + 60 - 20\log(5,000) - 40\log(50) + 10\log(1) \\ &= -103 + 60 + 60 - 74 - 68 + 0 = -125\ \text{〔dBm〕}\end{aligned}$$

となる．

102-5	問題 102-3 のレーダについて，目標で反射して目標から離れる電力と目標に到達する電力の比率を計算せよ．	3.2.1

この比率は，実質的に利得（G）である．

$$\begin{aligned}G &= -39 + 20\log(F) + 10\log(\text{RCS}) \\ &= -39 + 20\log(5,000) + 10\log(1) \\ &= -39 + 74 + 0 = 35\ \text{〔dB〕}\end{aligned}$$

到来する信号の強度と離れる信号の強度は，目標表面にある理想的な等方性アンテナに対して正規化されていることに注意すること．ただし，この信号は，目標で反射されることによって実際に大きくなったのではない．

102-6	問題 102-3 のレーダおよび目標における探知距離を計算せよ．（処理利得を含めた）レーダ受信感度は，−100dBm とする．	3.2.2

受信電力が感度に等しいとおいて，40log(d) について解く．

$$\begin{aligned}40\log(d) &= -103 + P_T + 2G - 20\log(F) + 10\log(\sigma) - \text{感度}\\ &= -103 + 60 + 60 - 74 + 0 - (-100) = 43\end{aligned}$$

したがって，

$$d = 10^{40\log(d)/40} = 10^{43/40} = 10^{1.075} = 11.9\ 〔\text{km}〕$$

となる．

102-7	帯域幅 20MHz，雑音指数 10dB，および所要信号対雑音比 13dB を有する RWR の感度を計算せよ．	3.3.1

$$\text{kTB} = -114 + 10\log\left(\frac{20\text{MHz}}{1\text{MHz}}\right) = -114 + 13 = -101$$

したがって，

$$\text{感度} = \text{kTB} + \text{NF} + \text{SNR} = -101 + 10 + 13 = -78\ 〔\text{dBm}〕$$

となる．

102-8	問題 102-3 のレーダを（その主ビームのピークで），感度 −45dBm，アンテナ利得 −3dBi の RWR が探知可能な距離を計算せよ．	3.3.3

$$\begin{aligned}20\log(d) &= P_T + G_M - 32 - 20\log(F) + G_R - \text{感度}\\ &= 60 + 30 - 32 - 74 - 3 - (-45) = 26\end{aligned}$$

したがって，

$$d = 10^{20\log(d)/20} = 10^{26/20} = 10^{1.3} = 20\ 〔\text{km}〕$$

となる．

102-9	アンテナ利得 −10dBi，帯域幅 10MHz，雑音指数 3dB，所要 SNR 13dB の ELINT 受信機が，問題 102-3 のレーダをその 0dB サイドローブで探知可能な距離を求めよ．	3.3.3

$$\mathrm{kTB} = -114 + 10\log(10) = 104$$
$$感度 = \mathrm{kTB} + \mathrm{NF} + \mathrm{SNR} = -104 + 3 + 13 = -88\ 〔\mathrm{dBm}〕$$
$$\begin{aligned}20\log(d) &= P_T + G_{\mathrm{SL}} - 32 - 20\log(F) + G_R - 感度\\ &= 60 + 0 - 32 - 74 - 10 - (-88) = 32\end{aligned}$$

したがって，

$$d = 10^{20\log(d)/20} = 10^{32/20} = 10^{1.6} = 39.8\ 〔\mathrm{km}〕$$

となる．

102-10	目標が 200m/sec で，周波数 10GHz の固定レーダに直進して来る場合のレーダで見えるドップラ偏移を求めよ．	3.6.1

$$\Delta F = 2\frac{V}{c}F = 2 \times \left(\frac{200}{3 \times 10^8}\right) \times 10^{10} = 13.333\ 〔\mathrm{kHz}〕$$

102-11	仰角が 35°，電離層高度が 100km の場合の単一局方探装置から目標電波源までの地表距離を計算せよ．	5.2.4

$$35^\circ = 0.6109\ 〔\mathrm{rad}〕$$

地球半径は，6,371km であり，

$$\begin{aligned}d &= 2R\left(\frac{\pi}{2} - B_R - \sin^{-1}\left(\frac{R\cos B_R}{R+H}\right)\right)\\ &= 2 \times 6,371 \times \left(\frac{\pi}{2} - 0.6109 - \arcsin\left(\frac{6,371\cos 35^\circ}{6,371 + 100}\right)\right)\\ &= 12,742 \times (0.9599 - \arcsin(0.8065)) = 12,742 \times (0.9599 - 0.9382)\\ &= 277\ 〔\mathrm{km}〕\end{aligned}$$

となる．

102-12	周波数 2GHz の信号について，距離 15km における見通し内拡散損失を計算せよ．	5.3.2

$$L_S = 32 + 20\log(F) + 20\log(d)$$
$$= 32 + 20\log(2,000) + 20\log(15) = 32 + 66 + 24 = 122 \text{〔dB〕}$$

102-13	高さ 2m のアンテナから送信され，高さ 200m のアンテナで受信された，周波数 120MHz の信号におけるフレネルゾーン距離を計算せよ．	5.3.3

$$\text{FZ〔km〕} = \frac{h_T h_R F}{24,000} = \frac{2 \times 200 \times 120}{24,000}$$
$$= \frac{48,000}{24,000} = 2 \text{〔km〕}$$

102-14	問題 102-13 の信号において，経路長が 15km の場合の拡散損失を計算せよ．	5.3.3

経路長は FZ 距離より長いので，2 波（平面大地）伝搬モデルが妥当である．

$$L_S = 120 + 40\log(d) - 20\log(h_T) - 20\log(h_R)$$
$$= 120 + 47 - 6 - 46 = 115 \text{〔dB〕}$$

102-15	ナイフエッジから 10km の地点で送信され，ナイフエッジから 50km の地点で受信された周波数 150MHz の信号におけるナイフエッジ回折による損失を計算せよ．ナイフエッジは送・受信機間の見通し線より 100m 高いものとする．	5.3.4

この損失を計算するのに図 5.9 のノモグラフを使用する．まず，正規化距離 d を計算する．

$$d = \frac{\sqrt{2}}{1 + d_1/d_2} d_1 = \frac{1.414}{1 + 10/50} \times 10\text{km}$$

$$= \frac{1.414}{1.2} \times 10\text{km} = 11.8\,〔\text{km}〕$$

ノモグラフから，（見通し線損失の上に）追加されるナイフエッジ回折損失は，13.5dB となる．

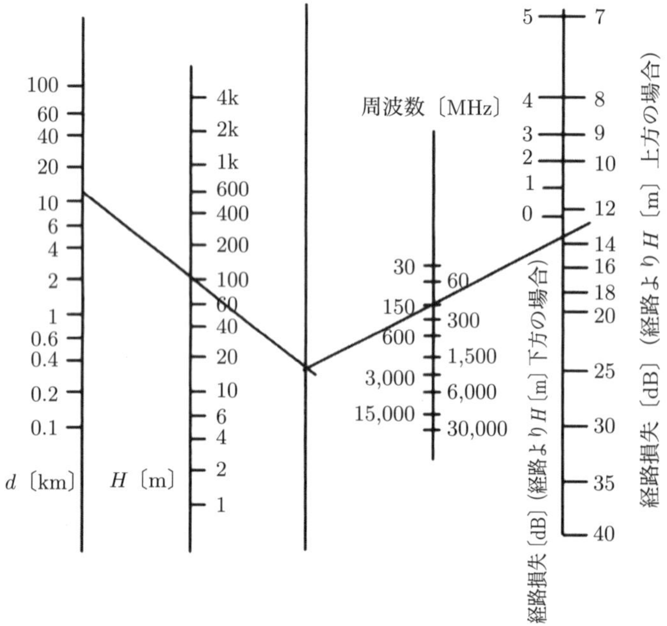

問題 102-15

102-16	250MHz における等方性アンテナ（すなわち利得 0dBi）の有効面積はいくらか？	5.4

$$A\,〔\text{dBsm}〕= 39 + G - 20\log(F) = 39 + 0 - 20\log(250)$$
$$= 39 + 0 - 48 = -9\,〔\text{dBsm}〕$$

したがって，

$$\text{面積}\,〔\text{m}^2〕= 10^{-9/10} = 0.13\,〔\text{m}^2〕$$

となる．

102-17	500MHz において 15μV/m と仕様値が規定されている受信機の感度は dBm でいくらか？	5.4

$$P = -77 + 20\log(E) - 20\log(F) = -77 + 20\log(15) - 20\log(500)$$
$$= -77 + 24 - 54 = -107\ \text{〔dBm〕}$$

102-18	150MHz において −100dBm と仕様値が規定されている受信機の感度は μV/m でいくらか？	5.4

$$E = 10^{(P+77+20\log(F))/20}$$
$$= 10^{(-100+77+20\log(150))/20}$$
$$= 10^{(-100+77+44)/20} = 10^{1.05} = 11.2\ \text{〔}\mu\text{V/m〕}$$

102-19	8 ビットでデジタル化された信号の信号対量子化雑音比はいくらか？	5.6.2

$$\text{SNR〔dB〕} = 5 + 3(2m - 1) = 5 + 3 \times 15 = 50\ \text{〔dB〕}$$

102-20	8 ビットのデジタイザから得られるダイナミックレンジ（DR）はいくらか？	5.6.2

$$\text{DR} = 20\log(2^m) = 20\log(256) = 48\ \text{〔dB〕}$$

102-21	検波前信号対雑音比 22dB，ビットレート 10,000bps，帯域幅 20kHz の信号における E_b/N_o を計算せよ．	5.6.6

$$E_b/N_o\text{〔dB〕} = \text{RFSNR} + 10\log\left(\frac{\text{帯域幅}}{\text{ビットレート}}\right)$$
$$= 22\text{dB} + 10\log\left(\frac{20\text{k}}{10\text{k}}\right)$$
$$= 22 + 3 = 25\ \text{〔dB〕}$$

102-22	目的とする送信機の ERP が 10W で，受信機からの距離が 10km である場合，360° 覆域のアンテナを持つ受信機から 50km 離隔している ERP = 1kW の妨害装置が達成できる J/S はいくらか？ ここで，送信機，妨害装置および受信機はマイクロ波帯を使用しており，そのすべてが地表から十分離れているものとする．	5.8.1

妨害装置方向の受信アンテナ利得は，目的の送信機方向の利得と同じなので，二つの利得項は消える．

$$1\mathrm{kW} = +60\mathrm{dBm}$$
$$10\mathrm{W} = +40\mathrm{dBm}$$

したがって，

$$\begin{aligned}\mathrm{J/S} &= \mathrm{ERP}_J - \mathrm{ERP}_S + 20\log(d_S) - 20\log(d_J) + G_{RJ} - G_R \\ &= \mathrm{ERP}_J - \mathrm{ERP}_S + 20\log(d_S) - 20\log(d_J) \\ &= 60 - 40 + 20\log(10) - 20\log(50) = 60 - 40 + 20 - 34 = 6\ \text{〔dB〕}\end{aligned}$$

となる．

102-23	ERP 10W，周波数 150MHz の送信機と受信機が，ともに実効アンテナ高 2m で，360° 覆域のアンテナを持っており，10km 離隔している．このとき，受信機から 50km 離隔した，ERP 1kW，実効アンテナ高 200m の妨害装置が達成できる J/S はいくらか？	5.8.2

まず，送信機と妨害装置の各回線における FZ 距離を計算する必要がある．そこで，

$$\mathrm{FZ}\ \text{〔km〕} = \frac{h_T h_R F}{24,000}$$

から，

$$\text{送信機の FZ} = \frac{2 \times 2 \times 150}{24,000} = 250\ \text{〔m〕}$$

$$妨害装置の\ \mathrm{FZ} = \frac{200 \times 2 \times 150}{24,000} = 2.5\ 〔\mathrm{km}〕$$

を得る．双方の伝搬距離では，2 波（平面大地）伝搬モデルを使用する必要がある．

$$\mathrm{J/S} = \mathrm{ERP}_J - \mathrm{ERP}_S + 40\log(d_S) - 40\log(d_J)$$
$$+20\log(h_J) - 20\log(h_S) + G_{RJ} - G_R$$

受信アンテナの妨害装置方向の利得は，目的の送信機方向の利得と同じであるので，二つの利得項は消える．

$$10\mathrm{W} = +40\mathrm{dBm}$$
$$1\mathrm{kW} = +60\mathrm{dBm}$$

したがって，

$$\mathrm{J/S} = \mathrm{ERP}_J - \mathrm{ERP}_S + 40\log(d_S) - 40\log(d_J)$$
$$+20\log(h_J) - 20\log(h_S)$$
$$= 60 - 40 + 40\log(10) - 40\log(50) + 20\log(200) - 20\log(2)$$
$$= 60 - 40 + 40 - 68 + 46 - 6 = 32\ 〔\mathrm{dB}〕$$

となる．

102-24	チップレート 1Mbps，ビットレート 1Kbps，システム損失 0dB，所要 $\mathrm{SNR_{OUT}}$ 15dB の DS スペクトル拡散信号における妨害マージンはいくらか？	5.9

拡散に使用される符号はチップレートであり，ビットレートの 1,000 倍であるので，処理利得は 30dB である．そこで，妨害マージンは，

$$M_J = G_P - L_{\mathrm{SYS}} - \mathrm{SNR_{OUT}} = 30\mathrm{dB} - 0\mathrm{dB} - 15\mathrm{dB} = 15\ 〔\mathrm{dB}〕$$

となる．

102-25	FH 送信機が，高さ 2m，利得 2dB のアンテナで 10W を送信する．高さ 2m，利得 2dB の（ホイップ）アンテナを持つ同期した受信機が 10km 離れた位置にある．ホッピングチャンネルは 25kHz 幅で，ホッピング範囲は 58MHz である．可変帯域幅の出力 2kW 雑音妨害装置が，利得 12dB，アンテナ高 30m の対数周期アンテナで，50km 離隔した位置から受信機に向けて妨害波を送信する．2 波（平面大地）伝搬モデルが妥当であるとする．このとき，最適な妨害を与える妨害帯域幅はいくらか？ また，妨害される受信チャンネル数はいくつか？	5.9.1

$$\mathrm{ERP}_J = +63 + 12 = +75 \text{〔dBm〕}$$
$$\mathrm{ERP}_S = +40 + 2 = +42 \text{〔dBm〕}$$

目的とする送信機からの受信電力は，

$$\begin{aligned} P_R &= \mathrm{ERP}_S - (120 + 40\log(d_S) - 20\log(h_T) - 20\log(h_R)) + G_R \\ &= \mathrm{ERP}_S - 120 - 40\log(d_S) + 20\log(h_T) + 20\log(h_R) + G_R \\ &= 42 - 120 - 40 + 6 + 6 + 2 = -104 \text{〔dBm〕} \end{aligned}$$

となる．周波数ホッパはデジタル信号であるので最適 J/S = 0dB であり，そのために，妨害装置は妨害すべき受信チャンネルそれぞれに −104dBm を送り込まなければならない．ホッピングは 25kHz チャンネルで 58MHz をカバーするので，2,320 のホッピングチャンネルが存在する．受信機に入る全妨害電力は，

$$\begin{aligned} P_{RJ} &= \mathrm{ERP}_J - (120 + 40\log(d_J) - 20\log(h_J) - 20\log(h_R)) + G_{RJ} \\ &= 75 - 120 - 40\log(50) + 20\log(30) + 20\log(2) + 2 \\ &= 75 - 120 - 68 + 30 + 6 + 2 = -75 \text{〔dBm〕} \end{aligned}$$

$$\mathrm{J/S} = -75 - (-104) = 29 \text{〔dB〕}$$

となる．29dB は $10^{29/10} = 794$ という真数である．妨害帯域幅は 794×25kHz = 19.85MHz となる．妨害雑音を 794 チャンネル全体に拡散させれば，各チャンネルはそのチャンネルにホッピング信号がホップするとき，J/S = 0dB とな

る．被妨害チャンネル率は，794/2,320 = 34.2% となる．デジタル信号に対して，33% の妨害デューティサイクルは十分であると考えられるので，この妨害は効果がある．

次式も使用できることに注意しよう．

$$J/S = ERP_J - ERP_S + 40\log(d_S) - 40\log(d_J) + 20\log(h_J) - 20\log(h_S)$$

この式で J/S が直接求められ，被妨害チャンネル当たり 29dB 下がるように，周波数を十分なチャンネルにわたって拡散するということになる．

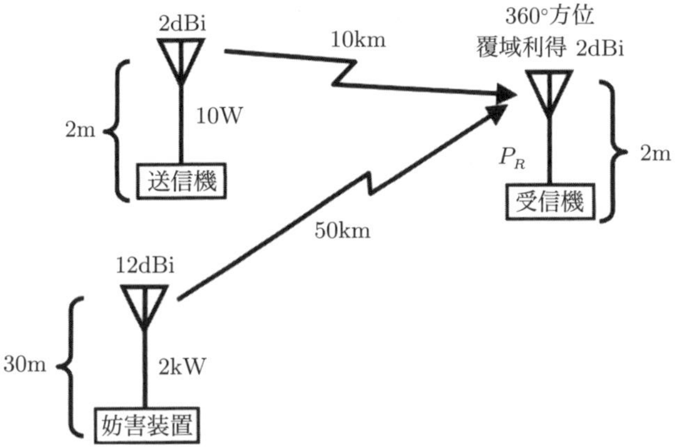

問題 102-25

102-26	全周波数範囲にわたって周波数がランダムに分布しており，360° にわたる方位において測定値がランダムにとられているとした，以下の（明らかに小さな）データ群から RMS 誤差，標準偏差，および平均誤差を求めよ．全データ点は真の到来電波入射角からの測定誤差で，単位は度である． 1.1, −2.0, 0.5, 0.7, −3.3, −0.2, 1.2, 8, −0.1, 1.7	6.4.1

まず，誤差値を平均して平均誤差を求める．

$$平均誤差 = \frac{誤差の合計}{10} = \frac{7.6}{10} = +0.76〔°〕$$

次に，各誤差値を 2 乗し，その平均をとる．その後，平均の 2 乗根をとる．

1.21, 4.0, 0.25, 0.49, 10.89, 0.04, 1.44, 64, 0.01, 2.89

この合計値は 85.22 である．2 乗誤差の平均は 8.522 となり，2 乗平均平方根 (RMS) 誤差は 2.92° となる．標準偏差（各測定誤差から平均誤差が差し引かれてある場合の RMS）は，

$$\begin{aligned} \sigma &= \sqrt{\mathrm{RMS}^2 - \text{平均値}^2} \\ &= \sqrt{2.92^2 - 0.76^2} \\ &= \sqrt{7.95} = 2.82 \text{〔°〕} \end{aligned}$$

となる．

102-27	地球局における局地水平線上空 5° にある静止衛星と地球局の間の 5GHz 信号における拡散損失を計算せよ．	7.4.1

衛星から上記の地球局までの経路長は 41,408km である．したがって，

$$\begin{aligned} L_S &= 32 + 20\log(F) + 20\log(d) \\ &= 32 + 20\log(5,000) + 20\log(41,408) \\ &= 32 + 74 + 92 = 198 \text{〔dB〕} \end{aligned}$$

となる．

102-28	地球局における局地水平線上空 5° に見える衛星と地球局の間の 15GHz 回線における大気損失を求めよ．	7.4.2

図 7.5 のグラフを使用して，横軸上の 15,000MHz から仰角 5° の曲線まで垂直線を引く．その交点から縦軸方向に水平線を引き，回線における全大気損失を読み取る．すると，3.5dB が得られる．

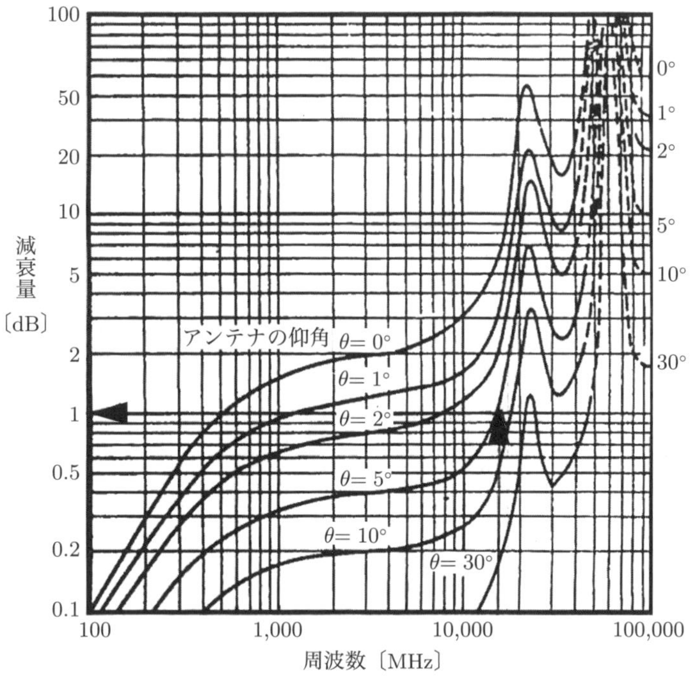

問題 102-28

102-29	並雨の降雨区間 25km を通る 10GHz の地上回線における降雨による損失を求めよ.	7.4.3

表 7.4 を使用して，図 7.8 で使用する正しい曲線（曲線 C）を決定する．次に，図 7.8 のグラフ横軸上の 10GHz から曲線 C まで垂直に線を引く．その交点から縦軸方向に水平線を引き，縦軸上の 1km 当たりの降雨損失を読み取る．よって，この回線における降雨損失は，0.05dB/km × 25km = 1.25dB となる．

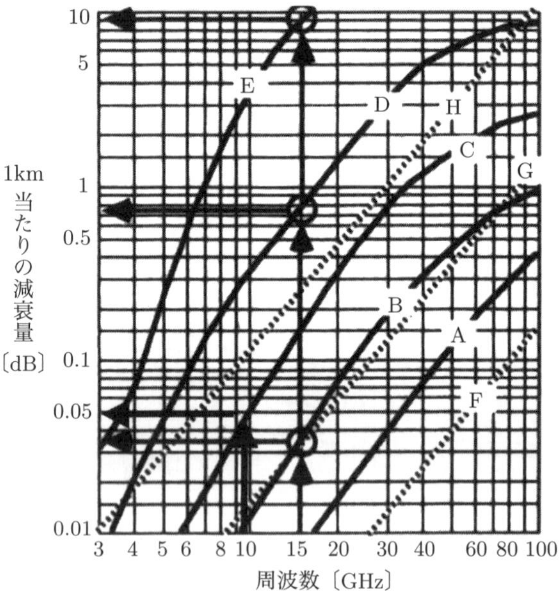

問題 102-29

102-30	地球局からの仰角 5° にある衛星から地球局への，並雨の降雨区間を通る 10GHz 回線における降雨による損失を求めよ．0°C 等温線高度は 3km である．	7.4.3

降雨域を通過する経路は，0°C 等温線から地球局までであるので，

$$d_R = \frac{H_{0\,\mathrm{deg}}}{\sin El} = \frac{3\mathrm{km}}{\sin(5°)} = \frac{3\mathrm{km}}{0.0872} = 34.4 \,〔\mathrm{km}〕$$

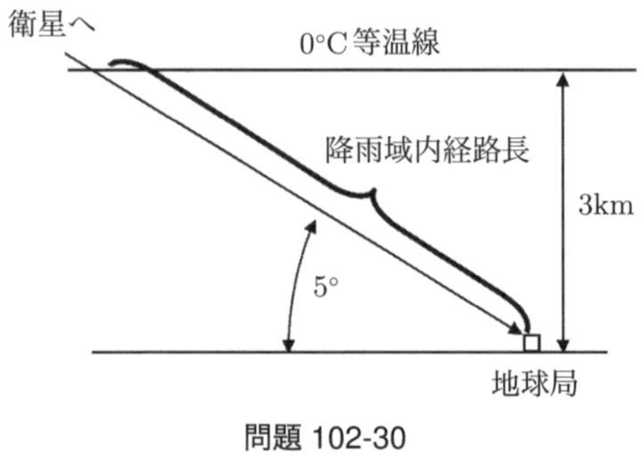

問題 102-30

である．問題 102-29 から，降雨損失は 0.05dB/km であることがわかっている．したがって，降雨損失は 0.05dB/km × 34.4km = 1.7dB となる．

102-31	アンテナ仰角 30°，運用周波数 10GHz，線路損失 6dB，受信機雑音指数 2dB である受信システムにおける地球局装置の雑音温度を求めよ．周囲温度は 290K である．	7.3.4

図 7.2 のグラフからアンテナ雑音温度を求める．横軸上の 10GHz から仰角 30° の曲線まで垂直線を引き，その交点から縦軸方向へ左に水平線を引き，アンテナ雑音温度 8K を読み取る．

したがって，給電線の雑音温度は，

$$T_{\mathrm{LINE}} = (10^{L/10} - 1)T_M = (10^{6/10} - 1) \times 290\mathrm{K}$$
$$= (10^{6/10} - 1) \times 290\mathrm{K} = (4 - 1) \times 290\mathrm{K} = 870\,〔\mathrm{K}〕$$

となり，受信機の雑音温度は，

$$T_R(10^{\mathrm{NF}/10} - 1) = 290 \times (10^{\mathrm{NF}/10} - 1) = 290 \times (10^{2/10} - 1)$$
$$= 290 \times (1.58 - 1) = 170\mathrm{K}$$

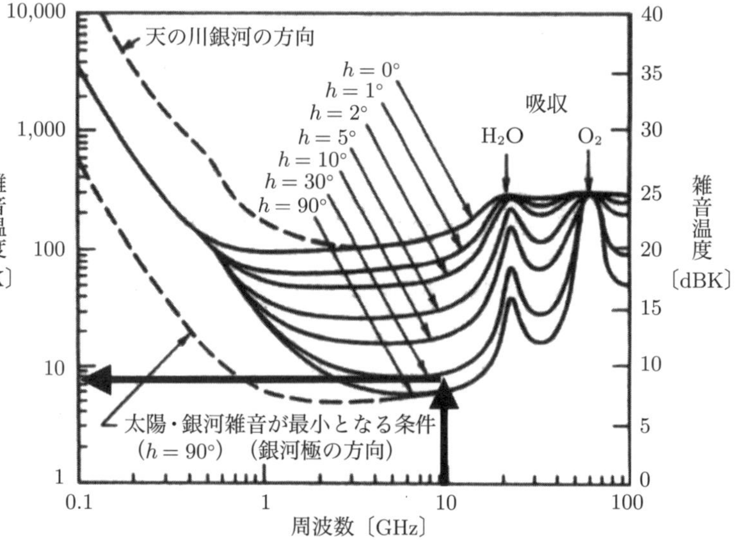

問題 102-31

$$T_S = T_{\mathrm{ANT}} + T_{\mathrm{LINE}} + T_{\mathrm{RX}} = 8\mathrm{K} + 870\mathrm{K} + 170\mathrm{K}$$
$$= 1,048 \text{〔K〕}$$

となる．

102-32	アップリンクの EIRP が 55dBW，回線損失（拡散＋大気＋降雨）が 200dB，受信アンテナ利得が 45dBi，衛星回線受信機におけるシステム雑音温度が 900K のとき，衛星の C/T を計算せよ．	7.6.1

G/T_S を求めるため，アンテナ利得を非 dB 形に変換し，システム温度で割り，その後，dB に戻す．

$$45\mathrm{dB} = 10^{45/10} = 31,622$$
$$G/T_S = \frac{31,622}{900} = 35.1 \text{（これは 15.5dBi/K である）}$$
$$C/T = \mathrm{EIRP} - L + G/T_S = 55\mathrm{dBW} - 200\mathrm{dB} + 15.5\mathrm{dBi/K}$$
$$= 55 - 200 + 15.5 = -130 \text{〔dBW/K〕}$$

102-33	ダウンリンクの EIRP が 60dBW，回線損失が 204dB，地球局の受信アンテナ利得が 30dBi，地球局におけるシステム雑音温度が 600K のとき，地球局の C/T を計算せよ．	7.6.1

$$G/T_S = \frac{10^{30/10}}{600} = 1.7 \text{（これは 2.2dBi/K である）}$$
$$C/T = \mathrm{EIRP} - L + G/T_S$$
$$= 60\mathrm{dBW} - 204\mathrm{dB} + 2.2\mathrm{dBi/K} = -142 \text{〔dBW/K〕}$$

102-34	データの伝送帯域幅が 5MHz のとき，アップリンクとダウンリンク（問題 102-32，102-33）における総合信号対雑音比はいくらか？	7.6.1

総合 C/T の逆数は，アップリンクとダウンリンクの C/T 値の逆数の和であるが，それらを足し合わせる前に，線形に変換しなければならない．

$$
\begin{aligned}
C/T_{\mathrm{up}} &= -130\mathrm{dBW/K} = 10^{-130/10} = 1 \times 10^{-13} \\
C/T_{\mathrm{down}} &= -142\mathrm{dBW/K} = 10^{-142/10} = 6.3 \times 10^{-15} \\
\frac{1}{C/T_{\text{総合}}} &= \frac{1}{C/T_{\mathrm{up}}} + \frac{1}{C/T_{\mathrm{down}}} = 10^{13} + 1.6 \times 10^{14} = 1.7 \times 10^{14} \\
C/T_{\text{総合}} &= 5.9 \times 10^{-15} = -142.2\ \text{〔dBW/K〕} \\
C/\mathrm{kT} &= C/T - \mathrm{kT} = -142.2 + 228.6 = 86.4\ \text{〔dBHz〕} \\
C/N &= C/\mathrm{kT} - 10\log(\mathrm{BW\,Hz}) \\
&= 86.4 - 10\log(5 \times 10^{6}) = 86.4 - 67 = 19.4\ \text{〔dB〕}
\end{aligned}
$$

付録 B

EW101 連載コラムとの相互参照

EW101

第 1 章　対応コラムなし

第 2 章　1995 年 7, 9 月号および 2000 年 3, 4 月号

第 3 章　1997 年 9〜12 月号

第 4 章　1995 年 8, 10, 12 月号および 1996 年 1, 4 月号

第 5 章　1998 年 10〜12 月号および 1999 年 1〜3 月号

第 6 章　1998 年 1〜4 月号および 5 月号の一部

第 7 章　1998 年 5 月号の一部および 6〜9 月号

第 8 章　1994 年 10 月号および 1995 年 1〜6 月号

第 9 章　1996 年 5〜8, 11, 12 月号および 1997 年 1〜4 月号

第 10 章 1997 年 5〜8 月号

第 11 章 1999 年 4〜12 月号および 2000 年 1, 2 月号

EW102

第 1 章　対応コラムなし

第 2 章　2001 年 10〜12 月号および 2002 年 1, 2 月号

第 3 性　2000 年 5〜12 月号および 2001 年 1, 2 月号

第 4 章　2001 年 3〜9 月号

第 5 章　2003 年 6〜12 月号および 2004 年 1〜4 月号

第 6 章　2002 年 9〜12 月号および 2003 年 1〜5 月号

第 7 章　2002 年 3〜7 月号

付録 C

参考文献一覧

ここでは，読者が蔵書に加えると役立つであろう電子戦および関連分野に関する書籍を紹介する．これらの書籍はすべて私の蔵書であり，私はそれらのほとんどを，何らかの貴重な情報を得るために極めて頻繁に利用している．

- *EW101*（D. Adamy 著，2001 年 Artech House 刊，ISBN 1-58053-169-5）．
  ── 数学をほんの少しだけ使用して，電子戦分野の RF の特徴を扱っている．*Journal of Electronic Defense* 誌の EW101 コラムをもとにしたもの．
- *Introduction to Electronic Warfare Modeling and Simulation*（D. Adamy 著，2003 年 Artech House 刊，ISBN 1-58053-495-3）．
  ── EW のモデリングおよびシミュレーション（M&S）の一般的な入門書．用語，概念およびアプリケーションを扱う．EW への M&S 導入の助けに十分で基本的な資料が含まれている．
- *Practical Communication Theory*（D. Adamy 著，1994 年 Lynx Publishing 刊，ISBN 1-8885897-04-9）．
  ── 片方向回線について述べるとともに，実際の傍受問題に使える簡単な dB 公式を提供する．
- *Electronic Countermeasures*（J. Boyd 編，1961 年 Penisula Publishing 刊，ISBN 0-932146-00-7）．
  ── EW の全側面について掘り下げた，専門家による技術論文集．もともとは，米国陸軍通信団のもとで用意された極秘教科書で，1973 年に秘密区分が解除された．

- *Detectability of Spread Spectrum Signals*（R. Dillard，G. Dillard 共著，1989 年 Artech House 刊，ISBN 0-89006-299-4）.
  ── スペクトル拡散信号を探知するためのエネルギー探知アプローチの範囲を網羅している.
- *Spread Spectrum Systems with Commercial Applications*（R. Dixon 著，1994 年 John Willey R Sons 刊，ISBN 0-471-59342-7）.
  ── スペクトル拡散信号の概要と数学的特性解析.
- *Introduction to UAV systems*（P. Fahlstron，T. Cleason 共著，1998 年 UAV Systems, Inc. 刊，ISBN 995144328）.
  ── UAV システム，すなわち，機体，推進力，誘導，任務計画，ペイロードおよびデータリンクに関する非常に理解しやすい範囲を扱う.
- *Electronic Warfare for the Digitized Battlefield*（M. Frater，M. Ryan 共著，2001 年 Artech House 刊，ISBN 1-58053-271-3）.
  ── 現代の電子戦場と適切な EW 技法について運用面に焦点を置き，重要な新通信 EP について作戦レベルを記述している.
- *The Communications Handbook*（J. Gibson 編，1997 年 CRC Press 刊，ISBN 0-8493-8349-8）.
  ── 伝搬モデルのすべてを網羅するなど，通信の幅広い項目についての論文集.
- *Electronic Warfare*（D. Hoisington 著，1994 年 Lynx Publishing 刊，ISBN 1-885897-10-3）.
  ── ほとんど数式を使用しない，電子戦分野全体についての 2 分冊の教科書.
- *Radar Cross Section*（E. Knott，J. Shaeffer 共著，1993 年 Artech House 刊，ISBN 0-89006-618-3）.
  ── レーダ断面積について詳細に記述している．RCS のモデル化法とそれがレーダおよび EW システムの運用に及ぼす影響を含む.
- *Radar Vulnerability to Jamming*（R. Lothes，M. Szymanski，R. Wiley 共著，1990 年 Artech House 刊，ISBN 0-89006-388-5）.
  ── 重要な ECM 技法についての記述と，それらがレーダ性能に及ぼす影響についての数学的記述.

- *Introduction to Electronic Defense Systems*（F. Neri 著，1991 年 Artech House 刊，ISBN 0-89006-553-5）.
  ── EW 分野全体の非数学的範囲を扱う．脅威送信機の実用的な記述を含む.
- *Advanced Techniques for Digital Receivers*（P. Pace 著，2000 年 Artech House 刊，ISBN 1-58053-053-2）.
  ── デジタル信号とデジタル受信機の大学院レベルの範囲，すなわち設計および性能解析.
- *Introduction to Communication Electronic Warfare Systems*（R. Poisel 著，2002 年 Artech House 刊，ISBN 1-58053-344-2）.
  ── 通信信号とその伝搬のほか，それらの信号に対する EW の原理と実践を広範にカバーしている.
- *Electronic Warfare in the Information Age*（D.C. Schleher 著，1999 年 Artech House 刊，ISBN 0-89006-526-8）.
  ── 物理的および数学的な性能評価を使用した電子戦分野を扱う．MATLAB 5.1 で計算した多数の例を含む.
- *Spread Spectrum Communication Handbook*（M. Simon ほか編，1994 年 McGraw-Hill 刊，ISBN 0-07-057629-7）.
  ── その分野の専門家によるスペクトル拡散通信についての権威あるハンドブック.
- *Introductions to Radar Systems*（M. Skolnik 著，2001 年 McGraw-Hill 刊，ISBN 0072881380）.
  ── 各種レーダおよびそれらの性能について記述した権威ある書物.
- *Introduction to Airborne Radar*（G. Stimson 著，1998 年 SciTech Publishing 刊，ISBN 1-901121-01-4）.
  ── 極めて平易ではあるが，レーダについて何も知らない（または記憶していない）人たちのために，（航空機搭載レーダだけではない）レーダ全般を扱った書物.
- *Fundamentals of Electronic Warfare*（S. Vakin，L. Shustov，R. Dunwell

共著，2001 年 Artech House 刊，ISBN 1-58053-052-4）.
── チャフおよびデコイの範囲全体を含む EW 活動の数学的特性解析.

- *Applied ECM*（L. Van Brunt 著，1982 年 EW Engineering, Inc. 刊，ISBN 0-931728-05-3）.
  ── 3 巻にわたり，ECM の範囲を完全かつ厳格に取り扱う．出版社（EW Engineering, Inc., P.O. Box 28, Dunn Loring, VA22027）からのみ利用可.
- *Information Warfare Principles and Operations*（E. Waltz 著，1998 年 Artech House 刊，ISBN 0-89006-511-x）.
  ── 情報戦の用語，概念，および実行の総合的（非数学的）範囲を扱う.
- *Electronic Intelligence: The Interception of Radar Signals*（R. Wiley 著，1985 年 Artech House 刊，ISBN 0-89006-138-6）.
  ── 広範なレーダ信号に対する受信および電波源位置決定システムの質的・量的性能の全範囲を取り扱った書物.
- *The Infrared Handbook*（W. Wolfe，G. Zissis 編，1985 年 Office of Naval Research 刊，ISBN 0-9603590-1-x）.
  ── 透過現象を明らかにする多数の表とグラフを使用した，IR の理論と実際.

補遺：用語集

この補遺部分は，初めて電子戦に接する読者が，電子戦を支える技術あるいは運用に関して，一般に馴染みのない用語や考え方について，本書の内容とあわせて理解していただきたいとの思いから訳者が付け加えたものである．電子戦用語は，一般の国語辞書にある語義と異なる場合がある．さらに，陸・海・空の各自衛隊間でさえ，関連用語の表現，意義，使い方が異なることも少なくない．そのため，読者が混乱せず理解できるよう努めたつもりである．

- 各用語はおおむね本書における出現順に列挙した．各章で取り上げている内容に対して，どのような用語が関連しているかがわかるようにした．
- 本文中で説明されていない用語のうち，内容の理解に役立つと思われる主要な用語について簡単に説明した．
- 本文中で説明されている内容であっても，さらに理解を深めるのに役立つもの，あるいは多様な解釈ができるものについて，短く説明した．
- 用語には，英語表現（あるものは英略語も）を付記した．
- 本用語集作成にあたって主として参考にした文献・資料などを末尾に記載した．さらに詳しく知りたい方は，これらを参照されたい．

■ 第 1 章：序論

ジャーナル・オブ・エレクトロニックディフェンス〔Journal of Electronic Defense; JED〕　米国の軍事通信電子月刊誌．

電子支援対策〔electromagnetic (electronic) support measures; ESM〕　通信電子情報活動（陸自）ともいう．差し迫った脅威の認識を目的として，作戦指揮官の直接の指揮下で講じられる処置のうち，放射された電磁エネルギーの発射源を捜索，傍受，識別および位置決定（標定）する活動に関わる電子戦の一つの区分をいう．したがって，電子支援対策は対電子（ECM），対電子対策（ECCM），脅威回避，ターゲティング，その他の部隊の作戦運用などにおける即時の決心に必要な情報（資料）を提供するものである．ESM によって得られた知識は，通信情報（COMINT）および電子情報（ELINT）とともに信号情報（SIGINT）の作成にも活用される．近年，電子戦支援（ES）と呼ばれるようになった．

位置決定〔location〕　“location” の本来の意義は「位置」，「座標」，「所在」，「配置」などであるが，海自では「位置決定」を使用している．陸自では一般に海自でいう「位置決定」を「標定」（orientation; 各種の手段・方法により目標の位置などを定めること）という．本書の原書では “location” を使用しているので，「電波源の位置決定」などの表現に統一した．また，同様に動詞は “locate” を用いており，本来の意義は「標定する」，「目標や自己の現在位置を測量・測定あるいは見つけ出して決定する」，「位置を突き止める」などであるが，本書の訳では，“location” との関連から，「標定する」ではなく「位置決定する」に統一した．感覚的には，「位置を決定する」のはあくまでも敵の自由意思であるとも思われるが，ここでは，軍事行動の対象として「監視」，「追尾」，「照準」，「射撃」などを行うことを前提に「位置を特定する」活動として理解されたい．

電子対策〔electromagnetic (electronic) countermeasures; ECM〕　対電子（空自），攻撃的電子戦（陸自）ともいう．敵の電磁スペクトルの効果的利用を妨げ，あるいは減ずるために講じられる処置に関する電子戦（EW）の一つの区分であり，近年の電子攻撃（EA）と同義である．

対電子対策〔electromagnetic (electronic) counter-countermeasures; ECCM〕　防御的電子戦（陸自）ともいう．敵の電子戦に対抗して味方の電磁スペクトルの有効な利用を確保するために講ずる対策を含む電子戦（EW）の一つの区分であり，近年の電子防護（EP）と同義である．

指向エネルギー兵器〔directed-energy weapon; DEW〕　[1] 敵の装備，施設や人員などを損傷または破壊する直接的な手段として，主として指向エネルギー（DE）を使用するシステムをいう．[2] 粒子ビーム，高エネルギーレーザ，レーザ銃，高出力マイクロ波（high-power microwave; HPM）（出力はギガワット（GW）級，エネルギー 100〔J/pulse〕で通信電子機器を攻撃する）などの指向エネルギーを使用するハードキル ECM 武器をいう．ただし，高空における核爆発で生じる無指向性電磁波の EMP（electro-magnetic pulse）は，HPM とは異なり，DEW には含めない．

電子戦支援〔electronic warfare support; ES〕　差し迫った脅威の認識を目的として，作戦指揮官から任務付与され，あるいはその直接の統制下で講じられる処置のうち，意図的あるいは非意図的に放射された電磁エネルギーの発射源を捜索，探知，傍受，識別および位置決定する活動に関わる電子戦の一つの区分をいう．したがって，電子戦支援は電子戦運用，ならびに脅威回避，ターゲティングおよび自動追尾など，その他の作戦運用における即時の決心に必要な情報（資料）を提供するものである．ES によって得られた知識は，通信情報（COMINT）および電子情報（ELINT）とともに信号情報（SIGINT）の作成にも活用できる．以前は，前述の電子支援対策（ESM）と呼ばれた．

電子攻撃〔electronic attack; EA〕　敵の戦闘力を低下，無力化，あるいは撃破する目的で，人員，施設または装備を攻撃するため，電磁エネルギーあるいは指向エネルギーを使用する電子戦（EW）の一つの区分をいう．対電子，電子対策（ECM）とも呼ばれる．電子攻撃には次が含まれる．［1］妨害および電磁欺騙などにより，敵による電磁スペクトルの効果的利用を妨げるか低下させる活動．［2］主要な破壊機構（レーザ，電波利用兵器，粒子ビーム）として電磁エネルギーまたは指向エネルギー（DE）を利用する武器を使用すること．

電子防護〔electronic protection; EP〕　EP は電子妨害および友軍同士の意図しない電子妨害，干渉といった EW の困難な状況にも対処するものであり，以前は，対電子対策（ECCM）と呼称された．視点の違いから，以下の表現がされることもある．［1］味方の戦闘能力を低下，無力化あるいは破壊する彼我の電子戦運用による影響から人員，設備および装備を防護するために講じられる活動に関する電子戦の一つの区分．［2］電子攻撃（EA）を打破するために使用される対策を含む情報戦（IW）の区分の一つ．

信号情報〔signal intelligence; SIGINT〕　通信情報（COMINT），電子情報（ELINT），テレメトリ情報（TELINT），および外国信号計測情報（FISINT）のいずれかを個々に，あるいはすべてを組み合わせた情報・知識の総称．

通信情報〔communications intelligence; COMINT〕　外国の通信活動を主たる資料源として得られる情報および通信に関する技術的知識をいう．COMINT は SIGINT の下位区分の一つである．

電子情報〔electronic intelligence; ELINT〕　外国の発射する通信用以外の電磁波信号源からの電子的放射（核爆発または放射能源から放射されるものを除く）を収集・分析して得た情報および電子に関する技術的知識をいう．この収集活動は戦争状態や特定任務の実施に先行して主として平時に継続して行われる点が，ESM と異なる．ELINT は SIGINT の下位区分の一つである．

スループット率〔throughput rate〕　処理速度，転送速度のこと．理論上実現可能な単位時間当たりのデータ転送量（理論スループット）．エラー訂正による損失や，プロトコルのオーバヘッド，データ圧縮による影響などを差し引いたものが実効速度となる．

■ IW 関連用語

本書の 1.2 節では「情報戦」について，EW との関連で簡単に説明しているが，現代の軍事環境において，EW 技術を効果的に用いるために，EW と IW との関係を理解することが重要であるとの観点から，以下，情報戦関連用語について，参考までにやや詳しく紹介する．

指揮・統制〔command and control; C2〕　正規に補職された指揮官がその任務の達成にあたり，隷下部隊に対してその権限を行使し指令することをいう．指揮統制機能は，指揮官が人員・装備・通信・施設および手順を調整/統制し，任務達成のために部隊および作戦を計画，指示，調整，統制することによって実行される．別の表現をすると，指揮官の職務そのものと言える．

C2 サイクル〔command & control cycle〕　作戦の計画立案と指揮下部隊の指揮・統制（C2）にあたって，指揮官が使用する情報を取得・処理・配布するための人員・装備・施設・手段などの配分に関わる一連の活動のことであり，正確な情報に基づいて正しい判断を行い，有効な行動を選択することを手助けするものである．すなわち，監視・捜索，目標捕捉，情報処理，判断，意思決定および行動といったプロセスを循環させることであり，どのレベルの部隊においても指揮・統制の適用における枠組み構成に役立つ仕組みである．また，C2 サイクルは意思決定サイクル，IDA サイクル，OODA（observation, orientation, decision, action）ループ，あるいは Boyd サイクルとも言われている．

情報戦〔information warfare; IW〕　米国統合参謀本部の定義では，「我の情報と情報システムを有効ならしめ，これを防護する一方，敵の情報と情報システムに悪影響を及ぼすことによって，国家軍事戦略を支援する観点から情報優越を達成するためにとられる活動」とされ，危機または紛争時に実施される情報作戦（IO）の中の軍事面の活動と位置付けられている．より一般的には，軍事行動において，C2 サイクルに対抗する戦いとして，敵に対し情報の優越を獲得しようとする戦いにおいてとるべきあらゆる行動であると理解されている．IW の目標は，敵に対して迅速に優位を占め支配を可能にするために有効な情報の優越を獲得することにある．IW の用語や各技術は，必ずしも統一されていないが，狙いや手段などにより数多くの原則的な記述がなされ，IW の多様な側面をうかがわせるものになっている．以下に，ほぼ共通する考え方を列挙する．(1) 社会，政治，経済あるいは軍の電子情報システムに対して，平時・有事を問わず，密かにあるいは公然と，巧妙に講じられる破壊的または破壊活動であり，その目的は，戦いに迅速かつ決定的に勝利するために，敵に対する情報優越を獲得するとともに，資本，資源および人的費用を最小限にし，かつ双方の人的損耗を最小にして，敵の行動に影響を及ぼし，紛争を抑止あるいは終結，ないしは失敗させることにある．(2) IW は，敵に先んじて情報を収集，処理して行動することが必要である．(3) IW の特徴としては，国家基盤に直接影響を及ぼすこと，地理的・政治的境界がないこと，瞬時性/永続性の両面を保有していること，比較的低コスト・小規模な攻撃能力で実施できること，効果が対象国の情報化の進展度に依存することなどが挙げられる．(4) 米国国防大学は，IW を 7 形態に分類・定義している．以下にその定義と若干の説明を記す．

① **指揮統制戦**（command & control warfare; C2W）：敵の指揮系統を混乱させることを目的とする戦いをいい，指揮統制システム上で各種情報の授受・阻害などを行って敵の能力の低下または無力化を図る．

② **諜報基盤戦**（intelligence-based warfare; IBW）：敵の指揮統制系の情報システムから敵の作戦計画・位置などを入手することを目的とする戦いをいい，攻撃（攻勢）的諜報戦と防御（防勢）的諜報戦に区分される．前者は戦闘空間における敵の配置・行動を各種センサで把握することを指し，後者は隠蔽・ステルス技術の適用によって敵情報システムを欺く行動を指す．

③ **電子戦**（electronic warfare; EW）：敵の電磁波利用の妨害を目的とする戦いをいい，情報取得・伝達に関する物理的基礎を弱体化させるものである．電子戦の特性を特徴付けるものは，常に電磁スペクトラムである．通信システムを OSI（open system interconnection; 開放形システム相互接続）モデルとして論ずるならば，従来の EW は物理層に対する働きをするものといえる．伝統的な EW の諸活動は，敵の電磁波の使用を阻害し，我の電磁波の使用を防護することを狙いとしてきた．また，EW はセンサや通信装備が発する電磁波の探知・妨害・妨害対策などが主体であったが，将来のデジタル化戦場における EW の予想される本質的な変化は，その向かうところがネットワークとなり，それがまた EW 機会の急増をもたらすということであろう．今後は情報システムのネットワーク上にある各種情報の窃取や偽情報の入力などが重要な要素となるものと予想される．例えば，無線ネットワーキングプロトコルの使用は，新しい脆弱性を生み出し，妨害や欺まんによるネットワークの中断の可能性を生み出す．敵のデータ通信システムの送信を模

倣した信号の送信，特に搬送波検出多元接続（CSMA）に準拠したプロトコルの場合，敵のシステムにチャンネルが動作中であると錯覚させ，敵が送信できないようにすることができる．それゆえ，これによる中断は，妨害に要する電力より十分低い電力で実現できる可能性がある．従来使用されていたEW技術は引き続き使用される一方で，将来の数多くのEW技術は，基本的に物理層に集中していた攻撃からネットワークセキュリティに対する攻撃と，このような攻撃から防護するセキュリティサービスへと焦点が移っていくものと思われる．とはいえ，ESの伝統的な捜索，傍受，方探および分析といった区分はここでもまだ通用する．ESは，メッセージの内容，メッセージの外的特徴あるいは送信位置のいずれであっても，基本的にネットワークセキュリティにおける機密性に対する攻撃に利用できる．

④ **心理戦**（psychological warfare; PW; PSYWAR）：敵の，せん動・かく乱や第三者の支持獲得を目標とする戦いをいい，将来的には，従来の放送・出版などのメディアに加えて，インターネットが主要な手段となると予想される．

⑤ **ハッカー戦**（hacker warfare; HW）：敵のコンピュータシステムへの攻撃による敵情報システムのかく乱を目的とする戦いをいい，一般に攻撃側の素姓・位置・規模は不明であり，その攻撃意図は，対象システムの全面的な機能麻痺，断続的な機能停止，データエラーを不規則に生起させる，情報の無差別窃取，サービスのかく乱・停止，システムの監視・情報収集，誤情報の入力など，多種多様である．

⑥ **経済情報戦**（economic information warfare; EIW）：敵国の経済基盤のかく乱を目的とする戦いであり，情報システムを通じて敵に対する経済的優位を獲得するため，経済関連情報の遮断・擾乱，あるいは偽データの伝送などを実施する．

⑦ **サイバー戦**（cyber warfare; CW）：コンピュータネットワークを主体に構成される仮想空間（cyber space; サイバー空間）上で破壊活動を実施することを目的とした新しい情報戦の形態であり，コンピュータウイルスなどを活用して軍事機密（戦略・戦術・核・宇宙）情報を収集したり，交通・通信・金融・電気・ガス・水道などの重要インフラの制御機能をかく乱したり，あるいは機能的に破壊する．物理的破壊を伴わず，地理的に無制限（世界全域もしくは任意の地域），また時間的に無制限（瞬時，同時，永続的）に機能的破壊を招くことなどが特徴であり，明示的な武力攻撃の有無とは無関係に相手国に被害を与え，自国に利益をもたらす．

指揮統制戦〔command and control warfare; C2W〕　情報戦（IW）の基本形態の一つ．上記「情報戦」①を参照．C2Wには，攻勢（攻撃）および防勢（防御）の両面がある．(1) 対C2（counter C2）：敵部隊の有効なC2を阻むため，情報を拒否することによって，敵のC2システムに影響を及ぼし，能力を低下させるかあるいは無力化させること．(2) C2防護（C2 protection）：味方を優位にするか，あるいは味方の情報システムに対して情報を否定し，影響を及ぼし，味方の情報システムの能力を低下させるか，あるいは破壊しようとする敵の活動を無効にすることによって，自己部隊の有効なC2を維持すること．以上，二つに区分される．

情報作戦〔information operations; IO〕　作戦間，我が情報機能を防護しつつ，敵および対象勢力の意思決定に影響を与え，混乱させ，改ざん，あるいは侵害するため，他の一連の作戦に呼応した情報関連機能を総合的に運用することをいう．米国陸軍における現在の定義では，より狭い範囲で現実の戦闘における情報の効果に焦点を当てたものをIWと位置付け，やや広い概念で作戦の全範囲における情報の効果に視点を置くものを情報作戦（information operations; IO）と位置付けている．IOは，緊要な時期・場所において，必要な武器あるいは資源を使って戦闘構成部隊を支援・強化するため，情報の有する全特性を総合するものとし，米国陸軍野外教範FM100-6 "Information Operations" では，次のように定義されている：「軍事作戦の全領域にわたる優位を獲得するため，軍事情報環境において，情報を収集・処理するとともに，情報を基礎として行動する友軍の能力発揮を容易にし，強化し，防護する継続的な作戦をいう．IOには，地球規模の情報環境との相互作用，敵の情報，および意思決定能力を利用，または否定することが含まれる」．

全領域における情報作戦〔full spectrum information operations〕　米国陸軍は，全領域における情報作戦を以下のカテゴリーに区分している．

- 欺騙（deception）
- 心理作戦（psychological operations; PSYOPS）
- 作戦保全（operations security; OPSEC）
- 物理的攻撃（physical strikes）
- 対欺騙（counterdeception）
- 対情報（防諜）（counterintelligence）
- 電子戦（electronic warfare; EW）
- 民政（civil affairs）
- 対宣伝（逆宣伝）（counterpropaganda）
- コンピュータネットワーク防御（computer network defense）
- コンピュータネットワーク攻撃（computer network attack）
- 広報（public affairs）

情報優越〔information superiority〕　情報を収集，処理，および配布する敵の能力を利用または否定しつつ，情報を収集，処理，および配布するという，途切れることのない情報の流れから生じる作戦上の優位性を持つことをいう．

情報システム〔information system〕　情報の収集，処理，蓄積，伝送，表示，配布，および廃棄のためのインフラ，組織，要員，および構成部隊のすべてをいう．

情報環境〔information environment〕　情報を収集，処理，配布，あるいは情報に基づいて行動する各個人，組織，およびシステムの集合（体）をいう．

攻撃（攻勢）的情報作戦〔offensive information operations〕　特定の目的を達成または進展させるため，(攻撃をしかける) 敵の意思決定者に影響を及ぼすように，情報の相互支援を受けて，隷下部隊および支援機能ならびに活動を総合的に行使すること．これらの能力や活動には，作戦保全（operations security; OPSEC），軍事欺騙（military deception; 偽騙行動，軍事欺まん），心理作戦（psychological operations; PSYOPS），電子戦，物理的破壊および特殊情報作戦があるが，それに留まらず，コンピュータネットワーク攻撃（computer network attack; CNA）を含めることもある．

作戦保全〔operational security; OPSEC〕　作戦の実施にあたり，敵および我が行動を阻害する敵性勢力の情報活動から我が能力と企図を秘匿・防護することをいい，作戦およびその他の行動に付随した味方の行動を分析する以下の過程をいう．(1) 敵の情報システムが監視可能な我が行動を特定する．(2) 敵の情報システムが，いずれは敵にとって有益となる緊要情報を引き出すため，解明あるいは総合でき，取得するかもしれない兆候を究明する．(3) 敵の利用に対する味方の活動における弱点を受容できるレベルまで取り除くか，低下させる手段を選択し，実行する．

作戦保全兆候〔operations security indicator〕　OSPEC 兆候．敵が緊要情報を得るため解明または全貌を知りうる，味方の探知可能な活動や公刊情報．

作戦保全手段〔operations security measures〕　緊要情報に関する重要秘密を獲得，保持するための手段・方法をいい，以下のカテゴリーが適用される．(1) 活動の統制，(2) 対策，(3) 対策の分析．

作戦保全の脆弱性（弱点）〔operational security vulnerability〕　敵の効果的意思決定に根拠を与えるため，やがては敵が取得し，正確に評価するかもしれない OSPEC 兆候を与える味方の活動状態をいう．

欺騙行動; 軍事欺騙; 軍事欺まん〔military deception; MILDEC〕　攻撃的情報作戦の一部であり，敵軍，民兵組織，暴力テロ組織の意思決定者に対して，意図的に間違った情報を与えて判断を誤らせる（欺騙する）ための行動をいい，それによって敵に我が任務遂行につながる特定の行動をとらせる（あるいはとらせない）ようにすることをいう．

心理作戦〔psychological operations; PSYOPS〕　攻撃（攻勢）的情報作戦の一部であり，外国の民衆に対して計画的に選択情報を伝達する活動をいう．その目的は，彼らの感情・動機・目的認識に影響を与え，最終的には外国の政府・組織・軍事勢力などの行動に対して，我に有利な結果を得ることにある．

特殊情報作戦〔special information operations; SIO〕　その機密性により，また潜在的効果または影響，保全要件，あるいは国家安全保障に関わる緊要性の理由から，特殊審査および承認審査を必要とする情報作戦をいう．

■ 第2章：脅威

脅威撃破チェーン〔threat kill chain〕　脅威と成功裏に交戦するため，その目標（例えば，航空機）の撃破に生起するであろう一連の事象をいい，監視，識別，目標捕捉，武器の誘導，および最終撃破といった要素からなる．

対電波放射源ミサイル; 対レーダミサイル〔anti-radiation missile; ARM〕　電波源にパッシブにホーミングするミサイル．通信用電波源にも有効．

高速対電波源ミサイル〔high speed anti-radiation missile; HARM〕　早期警戒レーダや防空システムを目標とする米国海軍・空軍の高速の対電波放射源ミサイル．

シンチレーション〔scintillation〕　[1] 蛍光物質に放射線のような荷電粒子が当たると蛍光発光する現象をいい，放射線/粒子線の検出手段を指すこともある．シンチレーション物質には，プラスチック，硫化亜鉛，ヨウ化ナトリウムなど，さまざまな物質がある．レーザ誘導ミサイルは，レーザ光線によるこの蛍光発光する効果を利用したものである．[2] 目標の角度変化が，レーダ反射信号を変動させること（目標ノイズともいう）などにより，レーダ画面などに生じる目標の明確で急速な変動（位置変化）をいう．これを利用した ECM 妨害技法に GLINT がある．

信号帯域幅〔signal band width〕　データ伝送に使われる信号の最高周波数と最低周波数の差（周波数の幅）をいい，単位は Hz（ヘルツ）である．電波や電気信号を用いたアナログ通信では，この幅が広いほど単位時間に送られる情報の量が増える．デジタル回線でも，単位時間に送られる情報量の観点から帯域幅と通信速度はほぼ同意義で使用され，転送可能なビットレートを指し，単位は bps（bit/sec）である．

比帯域; 比帯域幅〔percentage bandwidth〕　比帯域＝帯域幅÷中心周波数で表される比率をいう．これは，中心周波数が高くなるほど，比帯域は同じでも使える帯域幅が広くなるため，伝送可能な情報量が増えることを意味する．例えば，それぞれ 1MHz に対する 1kHz，1GHz に対する 1MHz は，いずれも同じ比帯域（=1/1,000）であるが，中心周波数が 100kHz であれば，同じ比帯域でも帯域幅はわずか 100Hz となる．逆に，帯域幅を一定にすれば，中心周波数 1MHz，帯域幅が 1MHz で比帯域は 1，中心周波数 100MHz で比帯域は 1/100，1,000MHz で比帯域は 1/1,000 となり，中心周波数が高くなるほど比帯域は小さくなる．同じ比帯域ならば，中心周波数が高くなるほど帯域幅が広くなるので，伝送可能な情報量が増えることになる．

ホーミング誘導〔homing guidance〕 目標を識別する（見分ける）何らかの性能によって駆動する内蔵装置を使用して，ミサイル，誘導砲弾，誘導魚雷などを目標に命中させる最終段階の飛翔（航行）軌道の修正・制御を，主として自律的に行う方式をいう．その基本的誘導法として，アクティブ，セミアクティブ，およびパッシブの各誘導方式が挙げられるが，ほかに自律的ではなく外部からの指令（コマンド）によって誘導される指令誘導方式がある．また，自律と誘導の中間的な追尾方式として，ミサイルが得た目標情報に基づいて外部からミサイルを誘導するミサイル経由目標追尾（track-via-missile; TVM）方式もある．

ライダー; レーザレーダ〔laser radar; LADAR〕 電波の代わりにレーザを使用し，目標と見られる物体の画像を写真に近い品質で生成するソリッドステート装置をいう．正確な目標距離は，レーザの送信から反射パルスのリターンまでの経過時間を測定することにより決定される．赤外線映像とは異なり，モノクロ写真に類似した写真品質に近い高解像度の 3 次元画像を作り出す．

撃ち放し; ファイア・アンド・フォゲット（機能，能力，方式）〔fire-and-forget; F&F〕 自律誘導・追尾能力を持つミサイルの発射方式である．熱源または電波源にホーミングするパッシブ方式，あるいはアクティブレーダ方式のシーカを搭載し，発射母機・発射機側からの誘導制御が不要であり，母機または射手は発射後直ちに反転退避することが可能である．その機能，能力，あるいは方式そのものを指すこともある．launch-and-leave とも呼ばれる．

モノパルスレーダ〔monopulse radar〕 電波源あるいは目標の角度位置についての情報は，ローブ切り替え方式やビームが連続生成される円錐走査方式でわかるように，複数の同時アンテナビームで受信される信号を比較して得られる．モノパルスレーダは，各受信パルスからの追尾誤差情報を取り出すことが可能で，同じような出力や大きさの円錐走査方式に比べて追尾誤差を低減することができる追尾レーダの一種である．複数（通常四つ）の受信アンテナや給電器を中心軸に対称に配置し，目標からの各 RF 反射パルスを同時に受信するように作動する．四つのアンテナ間の信号位相を検出する方法（位相モノパルス）と振幅を検出する方法（振幅モノパルス）があり，それによってレーダビームの中心線に対する電波源/目標の位置が示される．比較回路の出力によって，追尾誤差をゼロにするようにサーボ系を制御する．複数パルスは通常，追尾精度の改善，あるいはドップラ分解能を得るために使用されるが，モノパルスビームの同時性によって，単一のパルス（つまり，モノパルス）から 2 次元の角度を検出することができる．したがって，パルスごとの振幅変動に影響されず，実質的に 1 個のパルスで角度を検出できる．モノパルス原理は，パルス，CW のいずれのレーダ方式においても利用でき，同時ロービング（simultaneous lobing）とも呼ばれる．

3dB ビーム幅〔3dB beamwidth〕　アンテナ利得がボアサイトの利得の半分に低下（すなわち，利得が 3dB 低下）する（1 平面内の）両側の角度の幅．すべてのビーム幅は「両側」の値であることに注意すること．例えば，10° の 3dB のビーム幅を持つアンテナでは，利得がボアサイトから 5° の点で 3dB 低下するので，二つの 3dB 点は 10° 離れていることになる．

SORO〔scan-on-receive-only〕**レーダ**　送信アンテナのパターンを一定にするか，走査を行わないかのいずれかによって，受信アンテナのパターンのみで目標方向を走査するような技法を用いるレーダをいい，LORO（lobe-on-receiver-only）とも呼ばれる．なお，SORO ECCM として，円錐走査，またはトラック・ホワイル・スキャン方式の SORO/LORO レーダで使用される ECCM 技法もあり，この技法は振幅変調を利用した敵の妨害装置のセルフスクリーニング ECM 技法を無効にする．

トラック・ホワイル・スキャン〔track while scan; TWS〕**レーダ**　真の意味では追尾（トラッキング）レーダではないが，ミサイル誘導のための完全で正確な位置情報を提供するレーダである．それぞれ異なる周波数を使用する二つのアンテナで別個に作り出される 2 本のビームを利用する．実現手段の一つとして，一つのビームで通常のセクタ走査を継続しながら，もう一つは割り当てられた目標を追尾し，生データを用いてコンピュータで目標速度を計算しつつ，目標の未来位置を予測するシステムがある．なお，ほとんどの航空機搭載レーダや近年の地上設置型レーダでは，単一のアンテナで走査しながら，一つまたは複数の目標を同時に捕捉，追尾して，目標の位置情報を定期的に報告する方式が使用されている．

SA-2　NATO 名で「ガイドライン」，ロシア名で「V-75 ヴィトナ」と呼ばれている．

旧ソ連の中・高高度用の2段式地対空ミサイル．1957年のA型から1968年のF型まで確認されており，60年代から70年代における旧ソ連軍防空ミサイル部隊の主軸であった，最終型SA-2Fは，旧共産圏，中国，アフリカなどで現役である．1960年5月，米軍U-2偵察機を撃墜したことで有名．キューバ危機，印パ戦争，ベトナム戦争などで多数使用された．レーダ指令誘導方式である．ベトナム戦争中期からは，米軍のECMにより，撃破率が逐次低下していったと言われている．

セクタ走査〔sector scan〕　セクタスキャンともいい，アンテナが設定した角度範囲（セクタ）を反復して走査する方式で，主ローブの走査間隔は，受信機がセクタの中心にある場合以外では，二つの値を持つ．

円錐走査〔conical scan〕　コニカル走査，あるいはコニカルスキャンともいい，アンテナが章動（nutation; うなずき）運動する走査方式で，受信波は正弦波の振幅パターンとなり，正弦波状の振幅がビーム内の受信機の位置に応じて変動する．受信機の位置が走査アンテナで形成される円錐の中心に移動するにつれ，正弦波の振幅は減少する．受信機が円錐の中心に置かれた場合，アンテナのセントロイド（ビームの中心軸）方向は受信機から常に同じ角度だけ外れたままになるので，信号の振幅は変動しない．

レーザ目標指示器; レーザ指示器〔laser designator〕　レーザエネルギービームを放射する装置で，特定の地点または目標を指示するために使用される．レーザ照射による目標からのシンチレーションに向かって，レーザ受信機を持つミサイルがホーミングする．誘導（ホーミング）装置内部のレーザによって電磁放射を行うものはレーザ照射器（laser illuminator）という．

実効放射電力〔effective radiated power; ERP〕　実効輻射電力，有効放射電力ともいう．ある一定の方向に放射される電波の電力の強さのことで，空中線に供給される電力に，与えられた方向の空中線の相対的な利得（すなわち，利得が1（0dB）の等方性アンテナを基準にした，与えられた方向における空中線の利得）を乗じたものをいう．本書（2.5.1項「パルスレーダ」）では，「パルス信号が送信アンテナから離れた際に与えられた方向に放射される電力」の意で使用している．

レーダ分解能〔radar resolution〕　レーダが，距離または方位が極めて近い位置にある二つの物体（目標）を区別する能力をいう．高い距離精度が要求される火器管制レーダは，ほんの数mしか離れていない目標でも区別できなければならない．一般に捜索レーダは距離精度がさほど高いものではなく，高々数百mあるいは数km離れた目標を区別すればよい．レーダ分解能は通常，距離分解能と角度（方位）分解能に分類される．

距離分解能〔range resolution〕　3.8.1 項の説明のとおり，同一方向にある二つの目標を区別できる最小距離差（またはその能力）をいう．基本的には，レーダのパルス幅，目標の種類と大きさ，および受信機と指示器の性能によって決まる．うまく設計されたレーダ装置は，最大効率ですべての要素において，パルス幅の半分の時間（に電波が伝搬する距離）で分離された目標を区別することができる．したがって，理論的な距離分解能 S_r〔m〕は，$S_r = c\tau/2$ となる．ここで c は光速，τ はパルス幅である．パルス圧縮方式では，レーダの距離分解能 S_r〔m〕は，パルス幅ではなく送信パルス帯域幅 B_{tx} で与えられ，$S_r \geq c/(2B_{tx})$ となる．この方式では，長パルス幅でも極めて高い距離分解能が得られるが，平均電力はさらに高くなる．

方位分解能〔azimuth resolution; angular resolution〕　3.8.2 項の説明のとおり，方位分解能は，同じ距離にある二つの目標を区別できる最小の角度をいう．レーダの方位分解特性は，電力半値幅（3dB 点）で定義される 3dB 角 Θ（シータ）で表されるアンテナビーム幅で決まる．アンテナ放射パターンの電力の半値点（つまり，3dB ビーム幅）は通常，方位分解能を規定するアンテナビーム幅の区間として指定される．したがって，同一距離にあるまったく同じ目標は，アンテナビーム幅以上に分離されれば角度的に分解される．ビーム幅 Θ が小さいほど，レーダアンテナの指向性は高くなり，方位分解能はさらに向上する．二つの目標の直線距離が同じ場合の方位分解能 S_A〔m〕は，$S_A \leq 2R\sin(\Theta/2)$ で求められる．ここで，R はアンテナが向いている方向の直線距離，Θ はビーム幅である．

レーダ分解能セル〔radar resolution cell〕　レーダ分解能セルとは，アンテナのビーム幅とパルス幅で決まる幾何学的容積内にある複数目標をレーダが区別できなくなる幾何学量をいい，距離分解能と方位分解能は，結果的に分解能セルに影響を及ぼす．つまり，このセルの意味は非常に明確で，どちらかが最終的にドップラシフトの変化を拠りどころにできなければ，同一分解能セル内に所在する 2 目標を区別できないということである．パルス幅 τ が短いほど（あるいは送信パルスのスペクトルが広いほど），かつ開口角が狭いほど，分解能セルは小さくなり，レーダの耐妨害性が高くなる．セルの幅はアンテナのビーム幅で決まり，また，深さ（奥行き）は処理後のパルス幅の 1/2 で決まり，どちらも距離の単位で表される．分解能セルの幅 w〔m〕と奥行き δ〔m〕は，

$$w = 2\sin\left(\frac{\text{ビーム幅}}{2}\right) \times R$$

$$\delta = \frac{\text{パルス幅}}{2} \times c$$

となる．ここで，R はレーダと目標との距離，c は光速である．これら二つの値と R における仰角方向のビーム幅角 θ_{EL} で形成する立体の容積が，分解能セルの大きさとなる．レーダと目標との距離が減少すると分解能セルの幅は小さくなるが，距離分解能は変化しない．

コヒーレント信号; 可干渉（性）信号〔coherent signal〕　コヒーレントとは波動が互いに干渉し合う性質を持つことをいい，コヒーレント信号は二つ（または多数）の波の振幅と位相の間に（例えば同位相のような）一定の関係がある信号を指す．これに対し，二つ（または多数）の波の振幅と位相がでたらめに変動し，干渉などが生じない信号を非コヒーレント（noncoherent; 非同期）信号という．

CW レーダ〔continuous wave radar〕　CW（連続波）を用いたレーダをいう．レーダや EW システムにおいて，この用語は送信機が常に作動状態にある（すなわち，パルス化されていないので，デューティサイクルが 100% である）ことを意味する．これらのシステムでは，送信機出力は周波数変調（FM）または位相変調（PM）される．CW レーダは，パルスレーダに比べて所要スペクトル帯域を節約しながら，固定バックグラウンドと移動目標とを区別する能力を持つ．CW レーダは目標の正確な距離変化率を取り出すことはできるが，目標までの距離測定はできない．

ブラインド距離〔blind range〕　送信機と受信機が同一位置にあり，1 個のアンテナで送受信を行うパルスレーダ（monostatic pulse radar; モノスタティックレーダ）は送信・受信アンテナが同じであることから，送信間は送受共用器（送受切り替え装置）で受信機が切断され，受信できない．ブラインド距離とは，この間に探知できない最小距離，すなわち最小測定距離 $R_{\min}$ を意味する．この間に送信パルスが完全にアンテナから離れ，またレーダ装置は受信機に切り替えられなければならない．探知すべき距離が短距離であるほど，送信時間 τ と復帰時間 t_{recovery} を，可能な限り短くしなければならない．ブラインド距離は，最小探知距離 $R_{\min} = c(\tau + t_{\mathrm{recovery}})/2$〔m〕で求められる．ここで，$c$ は光速である．レーダからパルス幅に等しい時間距離以下に存在する目標は探知できない．パルス幅が 1μsec の一般的な短距離レーダで通常許容される最小探知距離は，約 150m である．パルス幅が長いほどレーダの最小探知距離は大きくなるが，パルス圧縮レーダでは，10〜数百 μsec オーダのパルス長のパルスであっても使用可能である．

下方監視・射撃〔look down, shoot down; LD/SD〕　地上目標を発見し，攻撃できる能力であり，高いクラッタ抑圧能力を有する火器管制用機上レーダを必要とする．

目標〔target; objective〕　[1] 部隊が占領すべき，または到達すべき地域，[2] 射撃などの対象物，［3］目的を達成するために具体的に行うべき事項，をいう．特に，レーダにおいては，一般に，電磁エネルギーを反射または再送信してレーダ装置に返すあらゆる個々の物体，具体的には，レーダによる捜索あるいは監視の対象となる物体をいう．また，EW においては，一般に電磁エネルギーを放射している放射源，具体的には，EW システムによる探知あるいは妨害の対象となる電波源（emitter）をいう．

捕捉〔acquire〕　目標の識別のため，その存在と十分詳細な位置を決定する過程（捕捉レーダの場合），あるいは，武器を効果的に使用できるようにレーダビームを指向する過程（追尾レーダの場合）をいう．

目標捕捉〔target acquisition〕　射撃管制/追尾レーダが最初に目標にロックオンするまでの一連の処理をいう．通常，追尾レーダに概略の目標座標が提供され，それが目標の位置を見つけ出すために空間の概略の範囲を捜索し，火器を有効に使用できるのに十分詳細な目標の探知，識別および位置決定を行う手順をいう．

捕捉レーダ〔acquisition radar〕　ビーム幅の狭い火器管制レーダを機能させるのに十分な精度で目標の位置を決定するレーダをいう．前項の目標捕捉手順を実行する機能を有するレーダ．

捜索レーダ〔search radar〕　対空捜索レーダは，早期警戒（early warning; EW）および地上管制要撃（ground controlled interception; GCI）の役割を持つことから，EW/GCI レーダとも呼ばれる．一般に探知距離が極めて長く，比較的低い周波数でパルス長が長い．一部の捜索レーダは，チャープパルス（つまり，線形周波数変調パルス）を使用する．これによって，レーダの距離分解能が改善される．パルス間に 2 進符号を使用することでも，距離分解能を改善できることがある．比較的狭いアンテナビームを使用するため，アンテナは通常大型となる．捜索レーダが目標を捕捉すると，レーダは情報を関連する武器システムに申し送るか，被探知目標機を要撃する戦闘機を誘導する戦闘機コントローラに伝える．特定の捜索レーダは特定の武器システムに付随していることがあり，また，単一のレーダで捕捉，追尾の両モードを保有する捜索レーダもある．

追尾〔tracking〕　レーダ，光学，その他の手段により，正確かつ継続的に目標の位置決定を行うこと．

追尾レーダ〔tracking radar〕　その主要な機能がレーダ目標を追尾し，ミサイルが目標に誘導されるか，あるいは火砲が目標に狙いを定めることができるように，目標座標（射程および角度位置）を確定するレーダをいう．これには，円錐走査方式とモノパルス方式という二つの主要な形式がある．追尾レーダは十分に高い位置精度を与えるとともに，武器がその目標と交戦できるように常に位置情報を更新する．レーダ誘導式のミサイルは，常時更新される目標の位置に実際に誘導される．火砲が照準を可能にし，目標の位置で射弾を破裂させるための適切な遅延時間を砲弾の信管に設定するためには，3 次元の追尾情報を必要とする．追尾レーダでは一般的に，捜索レーダより高い周波数が使用される．

航跡; 追尾〔track〕　[1] 航跡表示板に表示された，関係ある一連の触接（contact）．[2] 移動目標の逐次の位置表示または記録．[3] 放射点を固定して自動追尾し，それによって誘導すること．[4] 火砲の照準を正確に維持すること，あるいは位置決め装置で移動目標を継続して照準すること．[5] 上空の航空機または艦船の実航跡あるいは地上の経路（進路は計画された経路であるのに対し，航跡は実際にとった経路である）．

信管起動用レーダ〔fusing radar〕　兵器の炸裂半径のほんの数倍の極めて短距離の探知距離を持つ信管を起動するためのレーダをいう．それ以外のレーダとは無関係に，ミサイルの種類によって決まる目標との距離において信管を起動させ，目標に致命的効果を与える．

デューティサイクル〔duty cycle〕　（パルスレーダの）送信パルス幅とこれに対応したパルス繰り返し時間との比．デューティファクタ（duty factor）ともいう．

折り返しダイポールアンテナ〔folded dipole antenna〕　片側半波長（$\lambda/2$）のダイポールを折り返してループ状にした構造の一般的な 1/2 波長アンテナであり，広帯域受信機のアンテナ（八木アンテナなど）の放射器として用いられることが多い．折り返しのないダイポールと異なり，平衡電流が流れないので，同軸ケーブル給電が可能である．高い入力インピーダンス（通常のダイポールの約 4 倍）を持ち，回路基板やシールドなどの周辺部品に近接しても，周辺部品との近傍電磁界結合が発生しにくいため，入力インピーダンスの低下とアンテナの放射抵抗の低下を防ぐことができるので，高い放射効率を実現できる．また，比較的小型化が可能であり，航空機搭載用アンテナに使用されることが多い．指向性は，水平設置の場合，水平方向に 8 の字形，垂直方向には無指向性で，偏波面は水平となる．

アイソレーション〔isolation〕　アンテナや電子回路において，電気的にどれだけ分離できているか，またはどれだけ結合（回り込み）がないかの尺度に使われる．アンテナにおいては，アンテナ電力と受信アンテナに到来する回り込み信号レベルの比率をいい，単位は dB を使用することが多い．また，送信アンテナからの受信電力に対する受信アンテナ出力回路への回り込みによる挿入損と見ることもできる．送受信アンテナのアイソレーションを確保するには，送信アンテナとの距離を十分離隔できる位置に受信アンテナを設置する必要があり，必要な信号品質が得られない場合は，受信点を距離的に分離，アンテナの指向性のヌル方向に受信アンテナを離隔，地形・建造物構造の利用，また，アンテナの偏波面効果の利得差やフロント・バック比改善による利得差の利用といった手段が有効である．

アップリンク〔uplink〕　［1］移動局から地上固定無線局方向の回線，［2］衛星回線における地球局から衛星方向の回線をいう．

ダウンリンク〔down link〕　アップリンクと逆方向の回線をいう．

■ 第3章：レーダ特性

バイスタティックレーダ〔bistatic radar〕　送信系統と受信系統を離隔して設置するレーダをいう．レーダ反射波をレーダの方向以外に散乱させるステルス目標の探知に有効とされる．最も一般に遭遇するバイスタティックレーダには，セミアクティブミサイルがある．その送信機はミサイルに搭載，あるいは（地上または機上の）発射プラットフォーム，すなわち近傍に位置しており，受信機は発射プラットフォームと目標のほぼ中間に位置するミサイルに搭載されている．送信アンテナと受信アンテナは同一ではなく，位置も異なる．目標とレーダとの距離は，目標とミサイルとの距離と異なることから，それぞれの間の空間伝搬損失は異なる．バイスタティックにおいてミサイルで受信されるRCSは，モノスタティックにおけるRCSと必ずしも同じとは限らないことに注意する必要がある．セミアクティブミサイルは，目標に対し，残存のための自己防護用ECMを持つことを強いるバイスタティックレーダでもある．その他のバイスタティックレーダの例として，超水平線レーダ（over the horizon radar; OTH-R）がある．これは地球の電離層でHF帯の送信・受信レーダ信号が反射されることを利用して，目標の探知，追尾を通常のレーダ水平線を越えて可能にする地上設置式のバイスタティックレーダである．また，衛星・航空機バイスタティックレーダは，送信機またはイルミネータ（照射器）を人工衛星（高度800km）に搭載し，受信機を航空機（高度6〜16km）に搭載することによって，レーダ覆域を拡張し地上目標の位置特定機能を改善することができる．また，航空機に送信機を搭載する必要がないので，寸法，質量および電力所要を削減できる．バイスタティックレーダに対するEWとして，バイスタティックレーダESMが挙げられる．これは，目標探知のために彼我双方のレーダの送信機会を捉えるESM受信機の使用に関する技術である．また，ECMオペレーダがリアルタイムで敵のレーダディスプレイを再現できるようにして，敵のレーダ画像を「盗み取る」という，これからのECM技術も研究されている．

特定電波源識別〔specific emitter identification; SEI〕　レーダ固有の「電子シグネチャ」によって特定のレーダ（電波源）を識別する機能．SEIデータは，電波源を高い信頼度で識別でき，味方や敵の電波源の位置，識別および追尾のための情報を提供することができる．周波数，パルス繰り返し周波数（PRF）測定に加えてパルス不規変調（unintentional modulation on pulse; UMOP; 非意図的パルス変調）（機器固有のパルス波形のこと）を検出して対象電波源を特定する，米国海軍が開発した新ESM技術である．

レーダ断面積〔radar cross section; RCS〕　レーダ反射断面積ともいう．一般にσで表され，(1) 幾何学上の断面積（レーダから見た目標の大きさ），(2) 反射率（目標から反射される電力と目標を照射するレーダ電力との比），(3) 指向性（反射電力のすべてが全方向に反射されるとして，レーダ方向に散乱して返ってくる電力とレーダに反射される全電力との比）の関数である．

有効面積〔effective area〕　実効面積ともいう．電波は電力を面積当たりp〔W/m^2〕で運ぶ．あるアンテナによって，P_m〔W〕の（最大）電力が得られるとする．このとき，そのアンテナは実効的に面積Ae，つまり，$P_m = pAe$，$Ae = P_m/p$を持っていたと言える．言い換えると，受信アンテナから取り出せる最大の有効電力が断面積Ae内への到来電波の面積に等しいとき，Aeをそのアンテナの有効面積といい，$Ae = \lambda^2 G/4\pi$で表せる．ここで，λは波長，Gはアンテナ利得である．（利得1の等方性アンテナの）有効面積は，アンテナがエネルギーを放射する，あるいは集める（送信機から受信機までの距離に等しい半径の）球の表面積で決まる．

ヨー平面〔yaw plane〕　機体・船体・弾体の中心部を通る垂線（ヨー軸）に直角な平面を指す．

ステルス（性）〔stealth〕　いわゆる「センサによって防護されたエリアを発見されることなく通過できる」能力を指す．これはプラットフォームのレーダ断面積（RCS）を減少させることで実現し，その方法として，電磁波吸収材またはレーダ吸収体（RAM）を使用する方法，さらには電波を減衰させる分散器（dissipater）を使用する方法などがある．

帯域幅〔bandwidth; BW〕　レーダ受信機などの最高と最低周波数の差をいい，B，BWまたはΔfで表し，その単位はヘルツ〔Hz〕である．ベースバンド（変調前または復調後の基本情報，またはオリジナル情報となる信号帯域）チャンネルやビデオ信号においては，帯域幅はその最高周波数に等しい．レーダ受信機では，帯域幅はIF（中間周波数）フィルタ段でほとんど決定される．受信機は後方散乱パルスの信号帯域幅を処理できなければならない．帯域幅が広いほど，受信機への入力雑音レベルは大きくなる．雑音は，すべての周波数で存在するので，受信機の帯域フィルタで同調される周波数範囲が広くなると，雑音強度レベルは高くなり，SN比が低下し，受信感度も低下する．帯域幅は，信号で搬送される情報量にほぼ比例する．

レーダ警報受信機〔radar warning receiver; RWR〕　探知したレーダについて，形式，識別および方向などの情報を提供する広帯域受信機.

熱雑音レベル〔kTB〕　熱雑音とは，電子運動によって生まれる温度に比例した雑音であり，そのレベルは帯域 B で区切られた周波数帯域の雑音電力の総和で示す．k はボルツマン定数（1.38E-23），T は絶対温度〔K〕，B は帯域幅〔Hz〕である．熱雑音レベル，受信機の雑音指数，信号対雑音比を「感度の 3 要素」と呼ぶ，

雑音指数〔noise figure; NF〕　増幅器で信号を増幅する際, 信号に雑音が加わると, 信号と雑音はともにそれ以降の利得で増幅されるので，理想的な増幅器（内部雑音がないと考えた増幅器）内ではSN比は変化しない．しかし実際は，内部雑音により信号以上の増幅度で雑音が増幅され，SN比が悪化する．この雑音が増幅される度合を示すのが雑音指数であり，増幅機器の雑音特性の良さを示す指標として用いられる．雑音指数は NF = (入力側での SN 比) ÷ (出力側での SN 比) = $S_i/N_i \div S_o/N_o$ で規定される．ここで，S_i, N_i はそれぞれ入力端での信号および雑音電力，S_o, N_o は同じく出力端での信号および等価入力雑音電力である．内部雑音がない理想的な状態では NF = 1 であるが，一般に NF > 1 であり，この値が小さいほど特性が良いとされる．利得 G の増幅器を考えると，$S_o = \mathrm{GS}_i$ であるから，$\mathrm{NF} = N_o/\mathrm{GN}_i$ であり，NF は出力雑音が単純に増幅されたものに対してどの程度大きくなっているかを示している．$N_o = \mathrm{GN}_i + (\mathrm{NF} - 1)\mathrm{GN}_i$ であり，第 1 項は入力雑音が単純に増幅された量，第 2 項は内部雑音に対応する量となる. 雑音指数は，変調や復調に関係ないので，変調方式あるいは変調器や復調器の忠実度にも関係しない．また，利得とは切り離して考える必要がある．したがって，雑音指数は，FM 受信機の感度を示すために使われる雑音静寂度やデジタル通信で使用されるビット誤り率（BER）より一般的な概念である．

所要信号対雑音比〔required signal-to-noise ratio〕　受信機の信号処理に必要な信号対雑音比は，信号が伝達する情報の種類，その情報を伝達する信号変調方式，

受信機出力に対する処理の種類，および信号情報が表現する最終的な使用形態に大きく依存する．受信感度を決めるために定義すべき所要 SN 比は，「RF SN 比」あるいは「搬送波対雑音比」（CNR; C/N; CN 比）と呼ばれる「検波前 SN 比」であることを理解することが大切である．変調方式によっては，受信機出力信号の SN 比を，RF SN 比よりはるかに大きくすることができる．例えば，ある受信システムの有効帯域幅が 10MHz，システムの雑音指数が 10dB で，自動処理用にパルス信号を受信するように作られている場合，その受信感度は，kTB + 雑音指数 + 所要 SN 比 = −114dBm + 10dB + 10dB + 15dB = −79dBm となる．

検波前積分 SN 比〔predetection SNR〕　通常のレーダにおける受信信号の SN 比改善法の一つである，目標に対して複数のパルスを送信し，このとき得られる複数の受信パルスを積分して探知能力を向上させるレーダパルス積分処理において，（第 2 検波器による）検波前に受信パルスの位相を合わせて加算して得られる SN 比をいう．これに対して，検波後のビデオ信号を加算する検波後積分（ビデオ積分ともいう）と呼ばれる積分方法もある．

パルス圧縮〔pulse compression; PC〕　パルスレーダの問題の一つは，パルス長に応じたレーダの距離分解能限界があることであり，また，距離自体，パルスで送信可能な電力に制約がある．これらはパルス圧縮によって克服できる．パルス圧縮とは，伝搬波形を伝送線路の電子回路特性によって変更する際に作り出される波形形成過程を表す総称用語であり，変調を加えた長いパルスを送信し，受信時に相関処理することでレーダなどの距離分解能を向上させる技術である．所望の距離分解能を保ちながら，長パルスを送信できるため，送信ピーク電力を抑えて，探知距離を延伸することが可能となる．このため，パルス圧縮は，半導体素子を用いた高いピーク電力を得にくいレーダにとって非常に重要な技術である．パルスは周波数変調されており，リターン信号が重複しているかもしれない目標の分析を促進する方法を提供する．パルス圧縮は，送信インパルス（ピーク）電力を時間的圧縮により増幅したいということがその原点にあり，長いパルス幅の高エネルギーと短いパルス幅の高分解能の利点を取り入れたやり方である．パルスの各部分は固有の周波数を持っているので，そのリターン信号は完全に分離できる．この変調あるいは符号化には，FM（周波数変調）として，線形（チャープレーダ）や非線形の時間周波数符号化波形（例えば，Costas 符号），あるいは PM（位相変調）のどちらかが用いられている．パルス圧縮の利点は，低パルス出力であるのでソリッドステート増幅器に適していること，最大探知距離を延伸できること，良好な距離分解能・耐電磁妨害性・被捜索困難性を持っていることであり，欠点は，回路配線の複雑さ，最小探知距離の貧弱さ（レーダアンテナからパルス幅に相当する距離までは送信波と散乱信号が混在するため，復調時に復号できない領域，すなわち欠偶領域が存在する），相関処理によるタイムサイドローブが目標のゴーストエコーを生み出すことなどである．

リンギング〔ringing〕　各種の急激な状態変化が装置内で引き起こす（電圧や電流の急激な変化といった）現象をいい，比較的短時間ではあるがその変動が持続することがある（過渡（transient）電圧・電流ともいう）．EW システムが，このような個々の装置特有の変動特性を検知，識別して対象電波源を特定する ESM 技術として，本書では SEI を紹介している．

デジタル変調〔digital modulation〕　デジタル変調は，現代の通信システムやそれらの実現について理解するための基礎となる重要な概念である．無線通信では，他システムとの干渉を避けるために，使用できる周波数帯域がシステムごとに厳格に決められている．このとき，情報に応じて，割り当てられた周波数帯域に入る信号（帯域信号）を生成する必要がある．これは，一般に変調と呼ばれる操作によって行われる．変調とは，情報信号（変調信号）で搬送波の振幅，位相，周波数を変化させて被変調信号を生成する過程をいう．情報がデジタル信号の場合，被変調信号はいくつかの信号波形の集合で表される．つまり，変調信号は状態が有限の（離散的な）数に限定される．この集合の構成要素によっては，送信増幅器の線形性の要求条件や，同一 SN 比下での誤り率特性などに違いが生じる．また，異なるシステムからの干渉や，周波数選択性フェージングに対する耐性を持った方式が必要になる場合も考えられる．これに対して，アナログ変調は，データはアナログ値であり，変調信号は無数の値を扱うことができる．デジタル，アナログのいずれの変調においても，搬送波はアナログ信号である．アナログ変調に比べて，デジタル変調では，通信システムの信頼性の向上，データ速度の向上，柔軟なハードウェアの実現，複雑な信号処理のアルゴリズムの一体化が可能になる．

デジタル変調方式には，大別して振幅変調（ASK），周波数変調（FSK），位相変調（PSK），直交振幅変調（QAM）などがある．ASK は情報（変調信号）に応じて振幅を変化させる手法であり，各シンボル区間において，いくつかの振幅候補から一つを選択する．FSK は情報に応じて周波数を変化させる方式であるので，振幅は一定である．PSK は情報に応じて位相を変化させる．QAM は ASK と違い，情報符号系列を分けて二つのASKを生成し，同相成分（I）と直交成分（Q）として合成する．ASKやQAMは各信号点の振幅が異なるため，ひずみなく送信するためには線形性の高い送信増幅器が必要になる．一般に送信側で波形整形フィルタが用いられるため，実際に送信される波形は振幅変動のある信号となる．

I&Q〔in-phase and quadrature〕　同相成分（I）と直交位相成分（Q）を表す．デジタル通信では多くの場合，変調は極座標をIとQの直交座標で表現する．つまり，I軸を0°の位相（同相），Q軸を90°回転したものとし，信号ベクトルのI軸への投射を“I”成分，Q軸への投射を“Q”成分という．データはこれらの軸で構成されるIQ複素平面（I/Qプレーン）の離散ポイントに投射される（これらの集まりをコンステレーション（集群，星座）ポイントと呼ぶ）．信号を一つのポイントから別のポイントに移動させるには，振幅と位相を同時に変調する必要があるが，これを振幅，位相それぞれの変調器で変調することは困難であり，また，振幅変調機能を持たない従来の位相変調器では不可能である．I/Q変調器はこのデジタル変調を簡単に実現し，振幅変調と位相変調を同時に行うことが可能になる．

シンボルレート〔symbol rate〕　伝送路に符号（シンボル）を送り出す速度をいう．必要となるデジタル通信伝送路（チャンネル）の帯域幅は，ビットレートではなくシンボルレートによって決まる．すなわち，

$$\text{シンボルレート} = \frac{\text{ビットレート}}{\text{1シンボルで送ることができるビット数}}$$

である．ビットレートは，システムのビットストリームの周波数であり，例えば，音声を10kHzでサンプリングする8ビットのサンプラ（標本器）を持つ無線機の場合，ビットレートは，$8 \times 10{,}000$〔サンプル/sec〕で，80kbps（キロビット/sec）となる．シンボルレートは，ボーレートと呼ばれることもあるが，ビットレートと同じではない．各シンボルで送信できるビット数が増えれば，同じ量のデータをより狭いスペクトルで送ることができる．したがって，BPSKよりQPSK（4値PSK）のほうが，効率良く送れることになる．

擬似ランダム符号〔pseudo-random code〕　ランダムな信号に見える（真にランダムではない）符号列をいう．一様ランダムな系列（真にランダムな符号）の定義は，「あるランダムな対象を連続的に生成していく過程を考えたとき，ある時点までに得られている対象列が既知であっても，次の対象が何であるかを有意に予測することはできない系列」である．コンピュータで乱数列を出力することは原理上不可能であり，代替として「擬似」乱数列をコンピュータで出力する方法が，擬似乱数生成法である．真にランダムな符号を使用することで望ましい結果が得られること

はよくあるが，それが実際に不可能な場合，例えば通信チャンネルにおける誤りを訂正する際に，どのメッセージが送られたかを受信者が特定するためには，送信者と受信者の間でメッセージの符号化法についてあらかじめ決めておく必要がある．その場合でも真のランダム符号を共有することも可能ではあるが，符号化，復号化にあたっての計算コストが膨大となるため，現実的ではないことが多い．そこで実際には，「ランダムに見える」（つまり，擬似ランダム）符号を使用することで目的を達成できる．誤り訂正符号，擬似乱数生成器（ランダムに見える系列を出力する関数），データサンプラ（標本器）などは，その対象であり，スペクトル拡散変調を使用した通信，レーダのパルス変調など，信号のデジタル化，秘匿化に活用できる．通常使われる擬似ランダム符号は，シフトレジスタとフィードバックを用いた回路によって比較的簡単に発生確率の等しい 0 と 1 を生成できる．

移相器〔phase shifter〕　アレイアンテナにおいて，各素子アンテナの励振位相を変化させて，主ビームを空間の任意方向に電子的に向けるために制御される位相切り替え器をいう．これを制御することによって，高速なビーム走査，放射パターンの最適化，サイドローブ抑圧，ビーム幅変化，大電力化が可能になるといった，フェーズドアレイアンテナの機能が発揮される．

高速フーリエ変換〔fast Fourier transform; FFT〕　帯域幅の大きい信号を準リアルタイムで効率的にフーリエ解析できるアルゴリズムの一つ．フランスの数学者 Jean Baptiste Joseph Fourier の 1822 年の著書 *Théorie analytique de la chaleur* で発表された．パルスレーダの受信信号は，振幅と位相を測定して測距などを行うためのパルスの時間系列の信号である．ドップラ処理技術は，この信号のスペクトル（周波数）成分をフーリエ解析により測定することを基本としている．この時間領域における信号の周波数成分は，フーリエ変換を実行することにより周波数領域の信号として得られ，それがフーリエ逆変換により時間領域の信号に戻される．レーダエコーにはその信号形式内に各種の情報を含んでいることから，フーリエ変換は信号処理の基本的な手法になった．

距離アンビギュイティ〔range ambiguity〕　距離測定における曖昧さ（不明確さ，あるいは多義性）のこと．パルスレーダで距離測定を行う上での問題は，目標からのエコーが強力な場合，いかにして目標までの距離を曖昧さなく測定するかである．この問題は，パルスレーダが一般に一連のパルスを送信することから起きる．レーダ受信機は，最後に送信したパルスの前縁とエコーパルスとの間の時間を測定して距離を判断する．エコーは，2 番目の送信パルスを送信した後の長距離目標から受信される可能性がある．この場合，レーダは間違った時間間隔を測定することになり，したがって，その距離は誤りとなる．この測定過程では，そのリターンパルスが当然，第 2 番目のパルスのものであるとして，目標の距離を極めて近いものと報告する．これが距離アンビギュイティであり，パルス繰り返し時間を超過した距離に強力な反射目標が存在している場合に生起する．

合成開口レーダ〔synthetic aperture radar; SAR〕　SAR は，フェーズドアレイと同じように機能するが，フェーズドアレイの多数の並列アンテナ素子とは逆に，単一のアンテナを時分割で各アンテナ素子として使用する．各アンテナ素子の異なった幾何学的位置は，現在移動中のプラットフォームよって決まる．SAR プロセッサは，時間周期 T の間の移動区間における全レーダリターン信号の振幅と位相を保存する．そこで，プラットフォームの速度を v として，vT の大きさのアンテナで得られる信号を再構成することが可能になる．レーダプラットフォームの軌跡に沿って視線の方向が変化するにつれ，アンテナを延伸する効果を持つ信号処理によって合成開口が作り出される．T を大きくすることで「合成開口」が大きくなり，したがって，より高分解能が実現できることになる．SAR が達成可能な方位分解能は，実際の（フェーズドアレイの）アンテナの長さで得られる方位分解能のほぼ半分であり，それはプラットフォームの高度（距離）に依存しない．安定した，完全なコヒーレント送信機，高効率の強力な SAR プロセッサ，ならびに飛行経路とプラットフォームの速度の正確な情報は，SAR の要件である．このような技術の利用を通じて，レーダ設計者は実際の開口アンテナに求めることが非現実なほどの，大きさが最大 10m に及ぶフェーズドアレイと同等の分解能を達成することができる．

脅威識別（TID）テーブル〔threat identification table〕　RWR や ESM 受信機が個々の受信信号を分離した後，測定諸元と照合して，（脅威または非脅威を）識別するために，あらかじめ収集・審査された諸元値（周波数，パルス幅，パルス繰り返し周期，チャープまたはバイナリ符号などのパルスの変調方式，CW 変調，アンテナの走査特性など）を分類・整理した照合テーブル（表）をいう．測定諸元値が TID の一組の諸元値と一致した場合は「脅威」または「非脅威」として，一致しない場合は信号の種類が「不明」として，報告される．

パルス列分離〔deinterleaving〕　単一の電波源を分離・識別できるように，パルスレーダが複数電波源から同時に受信した信号のパルス列（混在パルス列信号）から特定のパルス列を分離する処理をいう．詳細は『電子戦の技術 基礎編』の 5.3 節を参照されたい．

アジリティ〔agility〕　運用中にレーダなどの性能を著しく低下させることなく，周波数，パルス幅，パルス繰り返し周期といったパラメータをランダムあるいは擬似ランダムに変化させること，またそのようなレーダの（ECCM）能力をいう．

周波数アジリティ〔frequency agility〕　運用中の帯域内で周波数を迅速に変化させることができるレーダの能力をいい，パルス信号その他の送信周波数をランダムまたは一定のシーケンスで変更するのが一般的な方法である．スポット妨害を回避し，かつ妨害装置に対してより効果の少ないバラージモードへの移行を強いる ECCM 技法である．

LPI〔low probability of intercept〕　低被傍受/探知確率．低出力，高指向性，周波数可変性その他の設計属性から，パッシブな装置（ESM 受信機）による，探知あるいは識別を困難にする電波発射装置の特性をいう．詳細は『電子戦の技術 基礎編』第 7 章を参照されたい．

LPI レーダ〔low probability of interception radar〕　ピーク出力の低さ，運用法，その他の設計上の特徴から，ESM 受信機または ELINT 受信機を使用して探知することが困難，また探知しても識別が困難なレーダをいう．その特徴としては，(1) 狭ビーム，かつレーダのボアサイトから離れると発見が困難な低サイドローブを持つアンテナを使用している，(2) 必要な場合のみレーダパルスを送信する，(3) 送信パルス電力を低減する，(4) どの帯域でも極めて小さい信号だけが存在するようにレーダパルスを広周波数帯域にわたって拡散する，あるいは (5) パルス形状，周波数，またはパルス繰り返し周波数（PRF）といった送信諸元を変化させて，予測不可能なやり方で，存在を検知されるほど長く同一諸元値には留まらずに跳び回る，(6) 目立たない波形（例えば，擬似ランダムビットパターン）を使用したパルス内変調を使用する，などが挙げられる．LPI レーダの目的は，ESM 受信機による傍受を防げることにある．これは，一般に ESM 受信機の同調と整合しないレーダ波形を使うことで達成される．したがって，従来の ESM 受信機は，LPI レーダを極めて短距離でしか探知できない．従来のパルスレーダが LPI レーダと同じ目標探知距離を得るのに少なくとも 10kW を必要とするのに対し，代表的な LPI レーダは，1W まで切り替え可能なパルス出力を持つ．これによって，LPI レーダでは，ESM 受信機に対してレーダ波形の持続時間と帯域幅の積に等しい処理利得が得られる．この処理利得によって，従来の ESM 受信機が持つ距離の 2 乗による強みを克服するため，LPI レーダを電磁波の送受信方向の 4 乗根に依存する 1 次レーダとして使用できるようになる．しかし，現状では LPI レーダは短距離利用に限定されている．

LPID レーダ〔low probability of identification radar〕　ESM 受信機がレーダの型式を正確に識別することを困難にする電波諸元を持った LPI レーダをいう．送信には従来形式の比較的長いパルス幅が利用され，パルス送信中は受信機を「断」にする送受共用器が必要である．そのため，多くの LPID レーダは，独立した送信および受信アンテナを同時に搭載している．

処理利得〔processing gain〕　［1］信号の処理利得とは，処理前信号の SN 比に対する処理済み信号の SN 比をいい，通常 dB で表す．［2］スペクトル拡散通信方式では，目的とする信号のコヒーレントな帯域拡散，再配置，および再構成で得られる信号利得，SN 比，信号形状，その他の信号の改善（比率）をいう．本章では，拡散信号帯域幅とベースバンド信号帯域幅の比（dB 値）をいう．

エネルギー探知技法〔energy detection approach〕　信号の捜索において，電磁波環境について既知の情報がない場合，あるいは，まったく未知の環境などにおいて，「電磁エネルギーの存在」を探知することによって電波が存在していることを探知する技法をいう．一般的には，変調方式を問わず電磁エネルギーの存在を探知することから始め，電波に関する情報資料を逐次蓄積していき，その後，周波数帯，周波数の各種パラメータを特定する過程（パラメトリック捜索）で，変調方式，信号強度，地域，時間などの特徴を収集・分析して，より具体的に対象を絞り込んでいく手順をいう．

パラメトリック捜索〔parametric search〕　脅威電波源捜索において，当該電波の電波到来方向，周波数，変調方式，受信信号強度および時間といったパラメータを収集する捜索法，あるいはその過程をいう．

■ 第 4 章：電子戦における赤外線・電子光学の考慮事項

伝送窓〔transmission window〕　「大気の窓」ともいう．赤外線領域（2〜15μm）では，H_2O，CO_2，および O_3 の原子・分子の振動モードによる吸収が支配的である．これらの吸収線（absorption line）（H_2O では 2.7μm および 6.3μm，CO_2 では 4.3μm および 15μm，O_3 では 9.6μm）以外の「透過率の高い波長領域」を伝送窓と呼び，特に 3〜5μm 帯および 10μm 帯は，EW 分野の機器で利用される．なお，O_3 については，紫外線領域の 0.3μm 以下でも強い吸収帯が存在する．図 4.4 を参照されたい．

シーカ〔seeker〕　目標を捜索，捕捉，ロックオン，および追尾するために武器センサを一定方向に向ける装置をいい，一例にミサイルに搭載・運搬されるホーミング装置がある．

レティクル系〔reticle system〕　入射光を変調するためにレティクル（網線; 焦点板）を使用する光学検出系のことで，レティクルは装置の焦点面内に位置し，ビームを周期的に振幅変調することで光線を通過させる．

ダイナミックレンジ〔dynamic range〕　装置または変換器が処理できる信号レベルの最大許容レベルと最小許容レベルの範囲（差）をいい，dB 単位で表す．

比例航法〔proportional navigation〕　ミサイルのホーミング飛翔において，ミサイルの旋回率が照準線の変化率に比例する航法制御方式をいう．自ミサイル誘導開始時の進行方向を角度基準として，自ミサイルから目標への視線がなす角度を照準線（LOS）といい，

$$\text{LOS の時間変化率} = n \times \text{ミサイルの速度ベクトルの変化率}$$

という運動方程式によってミサイルの経路を決定する航法である．ここで n は定数である．ミサイルの飛翔経路は，ミサイルの針路の変化率がミサイルから目標までの照準線ベクトルの旋回率に正比例する経路となる．その結果，この経路変化は照準線の旋回を是正するので，一定方向のコースに帰還することになる．

中心軌跡自動追尾〔centroid homing〕　ミサイルの視野に複数の放射源がある場合，放射源の出力重心にホーミングするミサイルの追尾方式．

中心軌跡追尾〔centroid tracking〕　目標の両端の寸法を認識し，両端の中心にミサイルを命中させるようにするための誘導情報を作り出す追尾方式．

1 次元赤外線ラインスキャナ〔one dimension infrared line scanner〕　プラットフォームの前進運動によって，面走査を可能にする走査装置．探知および潜在目標の識別の可能性がある十分な解像度で 5〜10 マイル幅を走査できるので，赤外線ラインスキャナは，フィルムに記録されるかデータリンクを通して管制局に伝送できるデータを生成する．

赤外線ライン走査方式〔infrared linescan system〕　航空機搭載のパッシブ赤外線記録方式であり，飛行経路に交わるように地上を走査し，航空機が飛行経路に沿って前進するに従ってその記録に連続的にラインを追加する．これに対して，照射の 1 次放射源としてレーザを使用したアクティブ映像記録方式を，レーザライン走査方式（laser linescan system）という．

前方監視型赤外線装置〔forward-looking infrared; FLIR〕　情報収集に使用される代表的パッシブ赤外線画像センサで，航空機（固定翼機，回転翼機）・艦船・戦闘車

両搭載型，および個人携帯型がある．装置自体に走査機構，または無走査方式の焦点面検知素子 2 次元アレイ（focal plane array; FPA）を持ち，実時間の前方赤外線映像を取得する．夜間や荒天時におけるパイロットの操縦能力向上のためのセンサ機能も提供する．これに対し，1 次元検知素子アレイを用い，アレイと直交するプラットフォームの進行で画像を形成するものを，下方監視型赤外線装置（down looking infrared system; DLIR）という．

赤外線捜索追尾〔infrared search and track; IRST〕　手動または自動で，脅威目標から放射される赤外線エネルギーを探知・識別して警報を発するとともに，探知した目標を自動的に追尾する方式をいう．近年は，欺まん装置に対抗するために，赤外線画像情報を扱う画像型 IRST となってきている．FLIR とは異なり，広い範囲にわたって遠距離まで目標を監視することを要求されることが多く，このため目標は点目標となり，特に目標の特徴量を捉えるためにマルチスペクトル化，マルチセンサ化が進展している．

砂漠の嵐作戦〔Operation Desert Storm〕　イラクのクウェート侵攻が原因で生起した湾岸戦争における多国籍軍の主作戦の名称．国連憲章第 42 条に基づいて 1991 年 1 月 17 日に開始された，米国や英国をはじめとする 34 か国の諸国連合からなる多国籍軍によるイラク攻撃をいう．2 月 23 日以降，陸上部隊が進攻開始．この間の主要な電子戦としては，E-8，Joint-STAR 機によるイラク地上部隊の捜索・監視により空爆の精度を高めるとともに，電子戦機によるエスコート妨害，ECM ポッド，チャフ，フレアなどの使用により自己防護を実施したことが挙げられる．また，本書にあるように，多国籍軍は暗視能力を持たないイラク軍に対し，航空部隊，地上部隊ともに，光波技術を活用して，主として夜間における攻撃を有利に進めた．

複数波長発煙〔multispectral obscuration〕　可視光，IR およびミリ波領域を遮へいする発煙や黒炭ベースの合成物といった，いくつかのスペクトルを有する遮へい手段（煙幕）を活用する発煙法．

シグネチャ〔signature〕　各種センサに対して各種装備品・人員などがその存在や種類を露呈する原因となる物理的現象や痕跡などをいう．レーダ反射，赤外線（熱線）放射，可視光反射（形状/色彩），航跡雲，エンジン排気，音響/振動発生，電磁波放射，地磁気擾乱，（周辺流体に対する）圧力変化といった種類が挙げられる．

シグネチャ管制〔signature control〕　作戦行動間，味方部隊に対する敵の探知，追尾および戦闘能力を減ずるため，レーダ断面積（RCS），赤外線変調，レーダパルス繰り返し率といったプラットフォームの放射特性や物理的特性を巧みに管制することをいい，シグネチャ管理（signature management），ステルス化（low observable; 低被発見確率化）と同義である．シグネチャ管制には，音響シグネチャ管制（acoustic signature control），赤外線シグネチャ管制（infrared signature control），マルチスペクトル（複数波長）シグネチャ管制（multispectral signature control），可視光シグネチャ管制（optical signature control），電波（RF）シグネチャ管制（radio frequency control），および航跡（航跡雲）シグネチャ管制（wake signature control）がある．近代的な艦船では，赤外線シグネチャ管制を効果的に行うため，ディーゼルエンジン排気やガスタービン排気の抑制を実施している．

赤外線シグネチャ管制〔infrared signature control〕　敵の赤外線センサの使用による探知，追尾，および戦闘に対してプラットフォームの感受性を低下させることを目的に作られた材料，電子機器およびプラットフォームの設計特性を使用することをいう．これには，プラットフォームの IR シグネチャ源から IR センサを遮へいする IR 塗料，皮膜，フィルム，熱または電気的に作動する素材の使用および技法が挙げられる．

赤外線警報装置〔infrared warning system〕　赤外線センサによる監視データや既定の決定アルゴリズムに基づいて，自動的に事象状態を警報する警報装置をいう．赤外線警報の利用には，(1) ミサイル発射の探知，特性解析，(2) 毒ガス検知，(3) 核爆発探知，(4) 軍用機に対する地対空射撃警報，(5) 地形障害回避，(6) 地雷の危険警報，(7) 大気汚染の危険度または異質ガスによる大気被害の程度の検知，(8) 侵入検出/予防警報装置，(9) 燃料タンク内の火災警報，などがある．

■ 第 5 章：通信信号に対する EW

拡散損失〔spreading loss〕　等方性アンテナを基準アンテナとした場合の，自由空間における損失をいう．なぜ自由空間損失を拡散損失と呼ぶかについて，一つの具体例により以下に示す．等方性アンテナの有効開口面積 A_{ei} は波長 λ に依存しており，$A_{\mathrm{ei}}=\lambda^2/(4\pi)$ である，これは実際には円周 λ（すなわち半径 $\lambda/(2\pi)$）の円の面積である．波長より周波数で表すのが一般的であるので，$\lambda = 300\mathrm{m}/f\mathrm{MHz}$ で換算すると，$A_{\mathrm{ei}} = 300^2/(4\pi f^2)$ となる．距離 r〔m〕において送信アンテナが照射する面積は，半径 $\lambda/(2\pi)$ の球の表面積 $4\pi r^2$〔m^2〕に広がる．そこで，$A_{\mathrm{ei}} = 7,160/f^2$〔$\mathrm{m}^2$〕となる，よって，等方性アンテナ間の伝搬損失 $L_{\mathrm{fs}} = 4\pi^2/(7,140/f^2) = 0.00176(rf)^2$ となるので，m を km に変換すると，$L_{\mathrm{fs}} = 1,760(fd)^2$ となる．そこで，損失を dB 単位に変換するために両辺の対数をとると，$10\log_{10}(L_{\mathrm{fs}}) = 10\log_{10} 1,760 + 10\log_{10}(f^2) + 10\log_{10}(d^2)$ となる．これを整理すると，$L_{fs} = 32.4 + 20\log_{10} f + 20\log_{10} d$〔dB〕となり，5.3.2 項で取り上げている自由空間損失と同じ式で表せる．つまり，距離の 2 乗と周波数の 2 乗の関数である．したがって，送信アンテナから遠ざかるほどエネルギーが拡散してしまう．それゆえ拡散損失と呼ばれる．

電離層吸収損失〔ionospheric absorption loss〕　電波が電離層を通過する際の減衰による損失で，第 1 種減衰と言われる減衰をいい，各層の電子密度が高いほど，また，通過する周波数が低いほど減衰が大きくなる．HF 帯および MF 帯においては，D 層と E 層が吸収層として働くので，両方の層を通過するときの吸収により減衰する．ちなみに，第 2 種減衰は，電波が電離層で反射されるときに受ける減衰をいい，周波数が高いほどその減衰は大きいが，第 1 種減衰よりは小さい．

大地反射損失〔ground reflection loss〕　電波が複数回の跳躍による反射によって伝搬する場合，電波のエネルギーは地表面で反射するたびに失われる．このときのエネルギーの損失をいい，その程度は，周波数，入射角，地表面の不整の度合，および反射地点の導電率に依存する．

マルチパス反射・屈折〔multipath reflection, refraction〕　電波伝搬において，直接伝搬経路以外に伝搬経路上の地形・地物で反射・屈折することで経路長が異なる経路で電波が到達する現象をいい，受信信号強度の変動，周波数歪み，時間遅延およびフェージングといった現象を引き起こす．EW の観点からは，周波数・電力測定や方探における誤差などの生起要因になりうる．

マルチパス干渉〔multipath interference〕　送信機からの電波が，地上波，地表面反射，あるいは一つ以上の電離層による電離層屈折，電離層反射など，多数の経路を通って受信機に到達することにより，位相が同じ（同相），または異なる（異相）電波を受信するために干渉が起こる現象をいう．同相の電波は互いに強め合い，受信所ではより強い信号を生み出す．逆に，異相の場合は，信号が弱められるか，あるいはフェージングを起こす．信号強度が狭い範囲または小さい時間間隔で急激に変化したり，他のマルチパス信号でドップラ偏移が変化してランダムな周波数変調が起こることもある．受信点で二つの信号の伝搬経路が短時間に交互に入れ替わる場合には，周期性フェージングを引き起こすことがある．これは，HF 帯上空波伝搬において，例えば E 層からの電波が F 層で反射される現象が 2 回起こる場合に生じる場合がある．

フェージング〔fading〕　電波伝搬における反射，回折，および散乱は信号電力に大きな影響を与えるとともに，信号を減衰させる主要な原因を構成する要素となる．この信号強度が変動する現象をフェージングという．反射，回折，散乱による電波の相互作用は，特定の位置におけるマルチパスフェージングを引き起こす．フェージングは，大規模フェージングと小規模フェージングに大別される．大規模フェージングは広域の変動が原因で，送信機と受信機の間の距離変動によるものが特徴的である．小規模フェージングは，（半波長程度の）小さな位置変化あるいは周囲環境の変化（周囲の物体，人などが送信機と受信機の間を横切ったり，ドアの開閉など）によるもので，信号の時間的な拡散，およびチャンネルの時間的な差異により，周波数選択性フェージング，単純フェージング，低速および高速フェージングなどに細分される．

HF 帯伝搬におけるフェージング　HF 帯伝搬におけるフェージングは，主として送信機から受信機までの数多くの伝搬形態によって引き起こされるマルチパスフェージングであり，位相および振幅の変動を伴う．信号が多数の伝搬経路を通って同時に受信機に到達することで干渉を起こすことに起因する．特に，伝搬経路長差が大きい上空波伝搬経路において発生することが多く，一般に，移動性電離層かく乱によるフェージング，偏波フェージングおよび跳躍性フェージングに区分できる．(1) 移動性電離層かく乱（traveling ionospheric disturbances; TID）として知られているフェージングは，太陽フレアから放射される X 線が電離層の D 層の電子密度を増加させることによって起こり，ある地域への電離層反射波の入射の傾きが変動することから，集中したりぼやけることに関連して，フェージング期間は 10 分以上のオーダで変化する．TID は，5〜10km/min の速度で水平移動し，周波数が高いほど影響を受ける．一部は太陽活動の影響を受けるオーロラ帯で起こり，遠くまで伝わることがある．そのほかは，天候による障害が原因で起こる．TID は，位相，振幅，偏波および到来角の変動原因になることがある．(2) 偏波フェージングは，伝搬経路間の偏波の変動により起こる．受信アンテナは信号の一部を受信することができなくなる．この種のフェージングは，ほんの一瞬の場合もあれば，数秒間続く場合もある．(3) 跳躍性フェージングは，使用周波数が MUF（最高使用周波数）に近い場合か，あるいは受信アンテナがスキップゾーンの境界の近くに位置している場合の，特に日の出や日の入りの時間帯に観察される．これらの時刻は電離層が不安定で，MUF が上下の周波数に振れるようになり，信号が次第に明瞭になったり，不明瞭になったりする．受信位置がスキップゾーンの境界付近にある場合，電離層の上下動に応じてスキップゾーンの境界も変動する．

奥村－秦モデル〔Okumura-Hata model〕　関東平野およびその周辺における詳細な測

定値（1967年）に基づいて作られた，広く使用されている屋外の経験的伝搬モデルの一つ．奥村氏が実験をもとに一連の曲線を作り出し，秦氏がそれを数式化したものである．地形を「準平滑地形」と「不規則地形」に大別．(1) 準平滑地形は，開放地（高い樹木や建物が伝搬経路沿いに存在しない空間），郊外地域（伝搬経路沿いに小集落，樹木や家屋による散乱がある高速道路沿い，ただし混雑のない移動で，近傍に多少の障害物が存在），および市街地（大規模なビル，家屋が密集した大都市）の環境における伝搬を扱う．(2) 不規則地形はさらに「丘陵地形」，「孤立山岳」，「傾斜地形」，「陸海混合伝搬路」に分類される．対象周波数帯が150MHz〜1.5GHzで，基地局のアンテナ高が30〜200m，受信アンテナ高が1〜10mで，伝搬距離1〜20kmで最も有効とされている．

Walfish-Bettroni モデル〔Walfish-Bettroni model〕　都市環境における屋外伝搬損失計算用のモデルである．このモデルは，周波数 f が $300\text{MHz} \leq f \leq 3\text{GHz}$，伝搬距離 d が $200\text{m} \leq d \leq 5\text{km}$ の範囲の伝搬に適用される．モデルの使用にあたっては，送信アンテナ高が中程度の高さの建物より高いこと，また，都市は一つのビル群で，一様にまとまっており，通りは伝搬方向に対して直交するとともに，送信機と受信機の間に位置するビル群の半分によって遮へいされるとした場合の影響をモデル化している．受信機到達までの損失原因としては，自由空間損失の影響と，第1フレネルゾーン内に存在する建物による多重回折による影響の二つが主に考慮される．

Saleh モデル〔Saleh model〕　中規模オフィス内における2本の垂直偏波アンテナ間の屋内伝搬測定結果を用いた屋内伝搬モデルの一つであり，1987年にSalehが発表した．このモデルにより，屋内の無線通信路は時間的な変動が極めて緩やかで，送信機と受信機との間が見通し線でない場合でも通信路のインパルス応答は統計的にアンテナの偏波に依存しないことが示された．測定結果の報告によると，最大遅延範囲はビル内の部屋において100〜200nsec，廊下で300nsecであった．屋内の遅延分散のRMSは平均25nsec，最大50nsecであり，見通し線でない場合，信号の減衰は $e^{3\sim4}$ の対数正規法則に従う．

SIRCIM モデル〔simulation of indoor radio channel impulse response model〕　小縮尺の屋内における通信路のインパルス応答を測定する実際的なサンプルを生成するシミュレーションモデルである．RappaportとSeidelが開発した，屋内における離散的なインパルス応答通信システムモデルをもとにして，精密で経験的な統計モデルを開発し，SIRCIMというコンピュータソフトウェアとして作成されたもの

である．

フレネルゾーン〔Fresnel zone〕　電波伝搬経路を構成する二つのアンテナ間の最短距離を軸とする，2 波伝搬による干渉が生じる仮想的な回転楕円体状の空間をいう．実際にはこの空間は無限に広がる（第 1〜第 n FZ と表す）が，エネルギー伝達には主に第 1 フレネルゾーンが寄与する．第 1 フレネルゾーンは，電波エネルギーが受信機に最短距離で到達する場合と別ルートで到達する場合との経路長差が半波長以内の経路の軌跡内に作られる回転楕円体状の空間をいい，電波は受信点で互いに強め合う作用があるが，この空間が伝搬経路上の障害物によって遮られると，逆にエネルギーの減衰要因（伝搬損失）となる．第 1 フレネルゾーン内に障害が存在しない経路を，いわゆる「見通し線（LOS）伝搬」として扱う．

等価信号強度〔equivalent signal strength〕　実効等方放射電力（effective isotropically radiated power; EIRP）とも呼ばれるもので，無損失等方性アンテナで同じ信号強度を得るために，この無損失等方性アンテナに入力する送信の強さをいう．つまり，ある空間における電波の強さを，それと等価な電波を生む送信電力で表すと，絶対利得 G_t とアンテナ入力電力 P_t の積 G_tP_t となり，G_t を 1 とすると，無損失等方性アンテナへの入力電力と等しくなる．同じ信号強度とは，同じ送信の強さのことで，送信アンテナ利得とその入力電力の積であり，このときの利得を絶対利得とすると，無損失等方性アンテナに入力する電力にほかならない．

自由空間インピーダンス〔free-space impedance; free-air impedance〕　自由空間（送受信点間の伝搬空間が均質等方性で，屈折，回析，反射，吸収，散乱のいずれの現象も伴わず，電波の放射・拡散による損失だけが考えられるような空間）の特性インピーダンス（固有インピーダンス）Z_0 を表し，磁界強度 H_0〔A/m〕と電界強度 E〔V/m〕の関係から，$Z_0 = E/H_0 = 120\pi = 376.6$〔Ω〕となる．

サンプリング定理〔sampling theorem〕　標本化定理，ナイキスト定理ともいう．時間軸上で連続した値を持つアナログ信号をデジタル系で扱うために，飛び飛びの（離散的な）時間（例えば毎秒 8,000 回）ごとの値で表すことをいい，そのときの値を標本（サンプル）または標本値と呼ぶ．標本化周期 T に関して，$Fs = 1/T$〔Hz〕を標本化周波数，$\Omega s = 2\pi/T$〔rad/sec〕を標本化角周波数（あるいは単に標本化周波数）と呼ぶ．与えられた連続時間信号が持つ情報を失うことなく標本化するには，標本化周期（あるいは標本化周波数）を適切に選ぶ必要がある．これについて厳密に議論したものが「シャノンの標本化定理」である．「入力信号として最大周波数 $F_{\max}$ までの交流信号を A/D 変換した後に，これを D/A 変換して戻したとき，原信号が忠実に再生できるためには，少なくとも $2F_{\max}$ 以上の標本化周波数 Fs で標本化する必要がある」という定理である．例えば電話においては $F_{\max} = 3.2\text{kHz}$，$Fs = 8\text{kHz}$，CD では $F_{\max} = 20\text{kHz}$，$Fs = 44.1\text{kHz}$，テレビでは $F_{\max} = 4.2\text{MHz}$，$Fs = 14.318\text{MHz}$ が採用されている．

量子化しきい値〔quantizing threshold〕　標本化は信号の時間変数を離散的な値に変換する操作である．これに対し，信号の振幅を離散的な値に変換する操作を量子化という．デジタル信号処理では，量子化された離散時間信号，すなわちデジタル信号が処理の対象となる．しきい値とは，標本値を量子化する際の変換の境界値をいい，その最小値以上をデジタル信号の処理対象とする．

ナイキスト速度; ナイキストレート〔Nyquist rate〕　信号の帯域 Ωc が与えられたとき，その信号の情報を失うことなく標本化できる標本化周波数の下限をいい，$2\Omega c$ である．つまり，正確に波形を再現するには，信号の持つ最高周波数成分の 2 倍以上の速度で標本化する必要がある．標本化速度，サンプリングレートともいう．

同期方式〔synchronization scheme〕　データの区切りのタイミング（伝送上の時間基準）を識別する方式のこと．データを送る際，受信側もデータを受け取る準備ができている必要がある．また，どこからデータが始まるのかを受け取る側にはっきり伝える方法が必要となる．このデータを伝送するために送信側と受信側がタイミングを合わせることを「同期をとる」といい，その同期方式は「非同期式」と「同期式」に大別される．(1)「非同期式」は，ビットや文字をグループ化し，グループ内で個々の信号に規定された時間間隔が関係付けられるが，他のグループとは関係を持たない．したがって，受信側では個々のグループごとにサンプルブロックの設定を取り直す．同じ 1 ビットの周期で送信側と受信側とが「調歩」するため，受信側にも基準クロックが必要である．非同期方式，ASYNC（asynchronous）とも呼ばれるが，実際にはスタートビットとストップビットで 1 文字ずつ同期をとっている．1 文字分の情報につき，常にスタートビット，ストップビットが付くので送信速度が遅くなるが，安価である．(2)「同期式」は，グループ間の関係が保たれ，一定の速度で連続的に送出されるので，受信側は入力データに同期されたサンプルブロックを保持することになる．SYNC（synchronous）ともいう．受信側に基準クロックは必要とされない．「文字同期」（キャラクタ同期）と「フレーム同期」（フラグ同期）に大別される．「文字同期」はメッセージの初めに同期用文字を送信する方式である．「フレーム同期」はフレーム単位の伝送で用いられる方式で，始まりと終わりに決まったフラグが付けられており，それによりフレームを識別できる．

量子化雑音〔quantization noise〕　標本化され，量子化，符号化されたデジタル値を再びアナログ信号に戻したときに，再生信号と入力信号との間で生じる誤差のことである．理想的なA/D変換器でも，連続量が不連続なデジタルデータに変換されるので，量子化による誤差が生じる．nビットのA/D変換器で変換する場合，合計$2n$個の段階のデータに分けられることになり，各段階の途中の値は隣り合う上か下の値に丸められる．したがって，量子化には本質的に1/2 LSB（最下位ビット値の半分）の誤差が伴う．

検波前信号対雑音比〔predetection signal-to-noise ratio〕　SN比は信号電力と雑音電力との比を表すが，その信号が変調されていた場合には，変調方式により値が異なる．そのため，検波前の信号に対しては，変調方式に依存しないCN比（carrier-to-noise ratio）とは区別して取り扱う．

$\sin X/X$ 周波数パターン〔$\sin X/X$ frequency pattern〕　コンピュータ解析の進歩に伴って考案された，ゲインや群遅延周波数特性をチェックする信号に使用される周波数パターン．$\sin X/X$（sinc関数）信号は，インパルスを理想低域フィルタ（LPF）に通した波形で，ある周波数以下のすべての周波数を含むことが知られている．例えば，$\sin(x)$の1周期をt〔sec〕とすると，その波形は$1/t$〔Hz〕以下のすべての周波数を含むことになる．システムの応答波形をアナライザで見るだけで特性が把握でき，ブランキングエリアに乗せてサービス中にリアルタイムで監視することもできる．

スペクトル拡散通信〔spread spectrum communications〕　スペクトル拡散通信は，拡散符号系列によって広い周波数帯域に伝送したい信号のスペクトルを拡散させて通信する方式である．受信側では，拡散符号系列の種類からチャンネルを切り替えることが可能である．スペクトル拡散方式の定義は，「情報を伝送するために最低限度必要な帯域よりも非常に広い周波数帯域に拡散させる通信方式であり，その周波数帯域幅は伝送情報以外の関数に依存する」ということである．ここで述べている「最低限度必要な帯域」とは，通信容量定理の占有帯域幅（情報帯域幅）のことである．また，「非常に広い周波数帯域」とは，一般的には最低限度必要な帯域幅の100倍以上と考えられている．さらに，「周波数帯域幅は伝送情報以外の関数に依存する」というのは，スペクトル拡散通信における帯域幅を左右する要因が「拡散率」（拡散係数）であり，これは伝送情報以外の関数だということである．この拡散率を決めるのが拡散符号系列の符号速度である．スペクトル拡散通信の特徴として，非同期の多元接続が可能なこと，干渉を与えたり受けたりすることが少ないこと（低干渉性，耐干渉性），伝送路でのマルチパスやひずみに強いこと，高分解能の測距，測定が可能なことなどが挙げられる．スペクトル拡散通信が電子戦に与える影響は，特にLPI機能を利用した通信防護機能において際立っており，信号の傍受，電波源位置決定，あるいは妨害をより困難にするということが挙げられる．

拡散係数〔spreading factor〕　スペクトル拡散方式の無線通信における，送信データ速度（ビットレート; bit rate）と拡散符号速度（チップレート; chip rate）との比率，つまりチップレート ÷ ビットレートで表される．拡散率ともいう．スペクトル拡散方式では，変調後の信号に対して，さらにもう一度拡散符号を使って変調してから空中に送出する．通信実施においては，周波数の利用効率を考えた場合，拡散率は大きいほうが好都合であるが，合成された信号を元に戻す逆拡散の処理が複雑になる．電子戦においては，拡散率が大きいほど必然的に信号の傍受，電波源位置決定，あるいは妨害が困難になる．

周波数ホッパ〔frequency hopper〕　FH（frequency hopping）機能を持つ送信機（周波数ホッピング送信機）をいう．

チップ〔chip〕　拡散信号の情報パルス（ビット）で1または0のいずれかを転送するのに要する時間間隔をいう．また，ビットそのものを指すこともある．

5か条からなる作戦命令〔five-paragraphs operations order〕　例えば，(1) 状況（敵，我），(2) 構想（方針，指導要領），(3) 各部隊の任務，(4) 兵站事項，(5) 指揮・通信（統制事項）といった定型的な命令形式（米国陸軍や陸自の例）のことであり，パターン化されていることから，傍受によって通信内容の類推，分析がある程度可能になることがある．

音標文字〔phonetic alphabet〕　音声通信において曖昧性を排除するために用いられる，無線通信用アルファベットの読み方．例えば，Aはアルファ，Bはブラボー，Cはチャーリーのように，アルファベットの文字を独特の読み方で呼ぶ．

全地球測位システム〔global positioning system; GPS〕　衛星利用航法システムの一つで，米国防総省が所管している，複数の人工衛星が発信する電波を受信して現在位置の緯度経度・高度を測定するシステムで，1973年，米海軍・空軍共同により開発が開始された．使用者に位置・航法・時刻（positioning, navigation & timing; PNT）情報を提供する．最低3個の衛星からの衛星位置情報および時刻（原子時計）信号を受信することで，地球上のあらゆる地点で昼夜全天候下，高精度の3次元自己位置決定が可能になる．精度は軍用（P code または Y code）は 16m，民間用（CA code）は 100m に規制されていたが，2000 年春に民間用の精度抑制措置が撤廃された．現在は衛星 30 個（予備衛星含む）を米空軍が運用中で，全地球規模で民間にも開放している．陸海空航法援助業務のほか，受信表示装置は「カーナビ」として一般に普及し，携帯電話機には GPS モジュールを内蔵することが規定されており，即時に 3 次元自己位置・速度・時刻データ取得が可能である．電波型式は，直接拡散（DS）方式の符号分割多重方式であり，測位精度は CA code が RMS > 30m，P code または Y code が RMS > 3m である．

符号分割多重方式〔code division multiplexing scheme〕　通信の多重化方式の一種．具体的な接続方式には，符号分割多元接続（code division multiple access; CDMA）がある．周波数や時間といった物理的空間を分割するのではなく，各利用者に異なる拡散符号を割り当て，拡散符号の直交性によってチャンネルを識別する．送信側ではチャンネルごとに異なる符号で信号を符号化し，受信側では同一の符号を鍵として復号化することによって，同じ周波数の信号を同時に複数のチャンネルに割り当てる多重通信方式である．拡散符号が非常に高速なため，一般に時分割多元接続（TDMA）よりさらに伝送速度が速くなる．拡散方式としては，GOLD 符号などで直接拡散する DS と，周波数を切り替える FH がある．

スタンドイン妨害〔stand-in jamming; SIJ〕　スタンドフォーワード妨害（stand forward jamming; SFJ; 妨害機が本隊に先行する電子戦法）と類似しているが，普通は妨害機に代えて，低出力の妨害装置を搭載した UAV（無人機）を使用する妨害戦法をいう．通信妨害では，これに加えて，設置型妨害装置，砲発射散布妨害装置により，敵の受信機に極力接近することによって，低出力で高 J/S を得る妨害戦法もある．

デューティファクタ〔duty factor〕　「デューティサイクル」（p.304）を参照．

誤り検出・訂正符号〔error detection and correction code; EDC code〕　伝送路で発生する誤りを受信側で訂正する誤り訂正（forward error correction; FEC）や，誤りを検出して誤ったデータを再送信する自動再送制御（automatic repeat request; ARQ）により，高品質な無線伝送を実現する技術が，誤り制御技術（広い意味での誤り訂正技術）である．誤り訂正符号は「ブロック符号」と「畳み込み符号」に大別され，それぞれにランダム誤りに強い符号とバースト誤りに強い符号がある．まず，ブロック符号の例としては，主に衛星通信や初期の移動通信の制御回線に用いられた BCH（Bose-Chaudhuri-Hocquenghem）符号や Golay 符号，リードソロモン（RS）符号，無線 LAN や次世代移動通信への応用が検討されている低密度パリティ検査（low density parity check; LDPC）符号などがある．一方，畳み込み符号の例としては，畳み込み符号に対するビタビ復号法，ターボ符号などがある．ビタビ復号法は，当初衛星通信のランダム誤りに対する誤り訂正方式として実用化が進められた．また，ターボ符号は第 3 世代移動通信におけるデータ伝送への応用から検討が進み，これらは現在の無線通信における中心的な誤り訂正方式となっている．さらに複数の符号を組み合わせた連結符号（concatenated code）があり，畳み込み符号化ビタビ復号法とリードソロモン（RS）符号の連結符号は，放送を含む無線伝送によく用いられる方式である．

FEC は，受信側で誤りを検出すると同時に誤り訂正も行う．フィードバック回線が不要なため，少ない遅延でリアルタイム伝送が可能となり，音声や画像などの伝送に利用されている．また，放送・同報のような単方向の回線に用いることができる．しかし，一般に誤り訂正能力を高くするほど冗長度が大きくなり，効率が低下するとともに装置が複雑になる．一方，装置の簡易さを重視し，伝送遅延，遅延揺らぎを許容しうるノンリアルタイム伝送を行うデータ通信などでは，誤りを検出して自動的に再送を要求する ARQ が用いられる．そのほか，FEC と ARQ を組み合わせたハイブリッド ARQ 方式もある．

リンク 16〔Link 16〕　指揮統制用および情報交換用の戦術データ通信網をいう．このLink 16 を用いて戦術情報を配布・交換するシステムを「統合戦術情報資料配布システム」（Joint Tactical Information Distribution System; JTIDS）または「統合戦術データ情報資料リンク」（Tactical Data Information Link-Joint; TADIL-J）と呼ぶ．Link 16 は，米空軍および米海軍を中心に開発した Link 11 の能力向上版である．Link 11 が持つネットワーク統制局（network control station; NCS）を持たず，全ノードが対等な送受信権を持つため，システム抗堪性が大きい．またUHF 帯（960〜1,215MHz）を使用する見通し距離内用であるが，通信容量は Link 11 の約 100 倍である．時分割多元接続（time division multiple access; TDMA）方式を採用しており，1/128sec（＝7.8125msec）の時間スロットごとにネット参加プラットフォーム（JTIDS units; JUs）に送受信枠を割り当て，1 ネットワークに最大 128 局の JU が参加できる．ECCM 能力が強化され（直接拡散および周波数ホッピング方式を採用），16bit コンピュータを採用し，処理能力が向上している．MIL-STD-6016C（Link 16 message standard latest edition）規定の標準メッセージフォーマット型式（J series message standard），JTIDS（joint tactical information distribution system）および TDMA 方式に基づくネットワークアーキテクチャが採用されている．Class II 端末は航空機搭載用である．見通し距離外通信用の衛星通信利用 S-TADIL-J（satellite TADIL-J）は呼出配当多元接続（demand assigned multiple access; DAMA）を採用し，1 ネットワークに最大 16 局が参加可能となっている．

リードソロモン符号〔Reed Solomon code; RS 符号〕　誤り訂正符号の一種で，データ伝送の際に発生する誤りに対して，m ビットを 1 単位としたシンボルごとに誤り訂正を行う符号化方式．バースト誤り（連続的に発生する誤り）に対処できるため，通信品質が向上する．ハミング符号などに比べて誤り訂正能力は高いが，処理に複雑な演算を多用するため，誤りの訂正に多くの時間がかかる．リードソロモン符号はリードソロモン (n, k) 符号と定義され，BCH 符号を拡張したもので，BCH 符号が 1 か 0 の 2 元符号であるのに対し，m ビットで構成されるシンボル（2^m 通りの値をとる）単位で誤り訂正を行う．例えば，5.6.8.2 項のリードソロモン $(31, 15)$ 符号では，15 シンボルの情報に 16 シンボルの検査シンボルを付加しているため，8 シンボル誤りまで訂正が可能である．RS 符号の応用例としては，衛星通信や地上・衛星のデジタル放送において畳み込み符号と組み合わせた連接符号がある．

統合戦術情報配布システム〔joint tactical information distribution system; JTIDS〕　米軍および同盟軍の戦場情報の統合・共有化のためのデジタルネットワーク（データリンク）である．使用周波数は L バンドで，時分割多元接続（TDMA）技術を採用している．戦術に適用するための米統合フォーマットにより，情報配布，位置決定，識別能力を持つ近代的な無線通信システムであり，高い伝送速度で情報を配布し，敵の電波空間でも安全に通信できるように秘匿化し，対通信妨害能力を持つよう暗号化されている．端局構成は，Class1（大型・地上または艦載）/ Class2（小型・機上搭載/車載）であり，Link-16 データ通信網を構成する．NATO 軍と共用化され，秘匿音声およびデータ/レーダ映像伝送・敵味方識別・味方位置決定などの機能を有する．運用通達距離は 550km で（見通し距離），ユーザ数 2〜9,800，周波数ホッピングと直接拡散のハイブリッドスペクトル拡散変調/時分割多重アクセス（TDMA）方式を採用しており，128 回線までの同時構成，メッセージ放送および個別通信が可能である．耐妨害性能が高く，陸海空軍の各種装備に広く搭載され，湾岸戦争でも有効性が確認された．2000 年代の主要装備として，1980 年代から小型軽量化・価格低減を図った第 3 世代の多機能情報配布システム（multifunction information distribution system; MIDS）が開発，配備されている．

インターリーブ〔interleave〕　バースト誤り訂正符号以外にも，バースト誤りをインターリーブによってランダム化し，ランダム誤り訂正符号によって訂正することも可能である．インターリーブは送信側で符号の順番を入れ替えて，伝送路上で発生したバースト誤りに対して受信側で入れ替えの逆の操作（デインターリーブ）を行うことにより，集中したバースト誤りをランダム化することができる．インターリーブには，ブロック単位で並び替えを行うブロックインターリーブと，よりランダム性を持たせるランダムインターリーブがある．また，時間軸上のインターリーブに加え，OFDM（直交周波数分割多重方式）のようなマルチキャリア伝送における周波数インターリーブがある．

ロールオフ率〔roll off rate〕　デジタル信号，すなわちパルス信号を有する信号の周波数スペクトルは，高調波を含む極めて広帯域の信号である．したがって，有線・無線を問わず，通信システムを構成する際に周波数の有効利用などを考えると，通信データをできるだけ狭帯域で伝送することが望ましい．矩形パルス信号は広帯域（理論的には無限周波数まで）の周波数スペクトルを有しているので，複数のユーザが同じ伝送路を使用して通信を行う場合，チャンネル間で干渉を起こす．したがって，矩形パルス信号の伝送を行うデジタル通信システムにおいては，伝送信号の帯域制限を行う必要がある．しかし，むやみに帯域を制限するとデジタル信号がパルス波形でなくなってしまい，情報復調時に誤った判断をする可能性が高くなる．そこで，帯域制限されたデジタル信号が干渉することなくデジタル（パルス）として扱うことができる基準が設けられており，これを「ナイキスト基準」という．実際には，正確な矩形スペクトルを持つパルスを回路的に実現することはできないので，矩形パルス信号の肩をなだらかにしたようなパルスを用いる．「なで肩」にすることをロールオフするといい，このナイキスト基準を満たした上で帯域制限を行うロールオフフィルタの周波数特性を「ロールオフ特性」という．ここでロールオフする程度をロールオフ率といい，これを大きくすればするほど，スペクトルの肩はなだらかになる．逆にゼロに近づけると急峻な振幅特性となり，周波数利用効率は上がるが，欠点として「アイ」が狭くなり，シンボル判定のタイミングのずれによりビットエラーが生じやすくなる．このフィルタの遮断域特性は余弦波で表されるので，このような低域フィルタ（LPF）をコサインロールオフフィルタと呼ぶ．

■ 第 6 章：電波源位置決定システムの精度

三角測量〔triangulation〕　三角形を用いて求点の測量諸元を得る測量法をいう．三角測量には，三角形の 3 個の角および基線を測定する狭義の三角測量と，三角形の

2 個の角および基線を測定する前方交会法，既知座標を占位しない 1〜3 個の地点間の水平角を測定して任意の地点の座標を求める後方交会法がある．電波源位置決定においては，一般に電波源位置と方探所の位置関係に応じて，狭義の三角測量と前方交会法のいずれの測量法もとりうるが，できるだけ多くの基線を使用した測量により，誤差を少なくする必要がある．

ターゲティング〔targeting〕　[1] 限られた戦力で，より多くの打撃を敵に与えるため，陸海空それぞれの部隊が，それぞれの目標を相互に調整する活動（統合用語集）．[2] 作戦要求および能力を考慮しつつ，目標を選択し，優先順位を付与して，目標への最適な対処手段を調整する過程（JP 1-02，DoD Dic.Mil.Terms）．[3] 目標指向（陸自），目標選定（空自），あるいは，狭義に目標捕捉ともいう．

キューイング〔cueing〕，**センサキューイング**〔sensor cueing〕　キューイングは，射撃準備のため，あるシステムから別のシステムにデータを渡す過程をいう．センサキューイングは，センサに対して捜索範囲を引き継ぎ（移管），あるいは他のセンサの補助により目標捕捉を行わせることをいい，より広域の捜索能力を持つセンサが絞り込んだ範囲を，捜索範囲の狭いセンサに引き継ぐ方法がある．

協調的電波源〔cooperative emitter〕　本書では，味方部隊において，例えば同じ符号系を用いた通信系を構成している送信機（電波源）をいう．これに対して，敵対する通信系の送信機などの電波源は，非協調的電波源（non-cooperative emitter）と呼んで区別している．

カージオイドパターン〔cardioid pattern〕　定円に外接しながら円が滑らずに回転するとき，その円周上の定点が描く軌跡（外サイクロイドともいう）と同じ形を持つアンテナパターンで，心臓形とも呼ばれる．極座標方程式で，原点からの距離 $r = a(1 + \cos\theta)$ によって表され，x 軸に対して線対称で，尖点（ヌル）は原点 O にある．x 軸とは原点 O と $(2a, 0)$ で交わり，y 軸とは $(0, a)$ と $(0, -a)$ で交わる．

基線〔baseline〕　インターフェロメータ（干渉計）などによる電波源方位測定における 2 本のアンテナの間隔をいい，互いに位置，方向，距離が正確にわかっていることが前提となる．また，実際には，二つの方探所の位置（方探アンテナの位置）を結ぶ地図上の直線をいう．この際，各方探所の位置誤差を最小限に止める必要があり，基線の正確さは位置決定精度に影響する大きな要因の一つとなる．

アンビギュイティ〔ambiguity〕　多義性，両義性，曖昧さのことである．一般に，ある概念や言葉に相反する二つの意味や解釈が含まれていることをいう．電波源位置決定において，複式距離測定法を用いると，円弧の交点が 2 か所発生するため，どちらの交点が実際の位置かを判断する必要がある．そのためには，それぞれの方探所からの距離を測定しなければならないが，特に通信波の場合，これは極めて困難である．これは，到着時間差法（TDOA）（6.3 節参照）などで解決することができる．また，インターフェロメータ方探システム（6.2 節参照）では，基線の設定によっては，鏡像（mirror image）によるアンビギュイティが発生するが，この場合は，指向性の異なる基線を使用することで，容易に解決できる．また，基線が 1/2 波長より長くなる場合，到来電波入射角（AOA）が +90° から −90° に移動すると，位相差が 360° 以上変化することがある．インターフェロメータは極めて高精度であるが，2 本のアンテナが同一周期の信号を受信しているかどうかを知る手段を持たないので，アンビギュイティのある答えを出してしまう．このアンビギュイティは通常，より短い基線を用いた分離測定（separate measurement）を行うことで解決できる（詳しくは，『電子戦の技術 基礎編』8.6 節を参照）．電波源位置決定におけるアンビギュイティとは別に，レーダにおいては，距離測定における曖昧さ（不明確さ，あるいは多義性）を意味する距離アンビギュイティがあるが，詳細は本書の第 3 章を参照．

複式距離測定法〔multiple distance measurements〕　2 か所の傍受所を中心とする半径が既知の 2 本の円弧の交点から，電波源の位置を決定する技法である．ここで，EW および SIGINT システムにおいて，実際に距離測定による位置決定を実施するには，二つの大きな問題がある．最初の問題は，2 か所の傍受所から 2 本の円弧を描くと交点が二つできるので，このアンビギュイティを何らかの方法で解消しなければならないことである．2 番目の（一般に極めて困難な）問題は，パッシブな距離測定では，適切な正確さで敵の送信機までの距離を測定することが困難だということである．TDOA を用いた位置決定システムでは，この方法を含めた各種技法を用いることで，極めて正確な位置決定が可能である．

フロント・バック比〔front-back ratio; front to back ratio〕　前後電界比．アンテナから主方向に放射されたエネルギーとその反対方向に放射されたエネルギーの比をいう．

不確実性領域〔area of uncertainty〕　統計上，システムの挙動（例えば，電波源の位置決定における電波伝搬特性）自体がランダムな性質を含んでいるため，同様の試行を繰り返すたびに結果が異なる領域（地域や，ばらつきの幅，変動傾向など）をいい，プロセス自体のランダムさである変動性（variability; ばらつき）とわれわれが知り得た情報に限界があることに起因する無知（ignorance; 知らないこと）のそれぞれに区分して，定量的に表現することができる．不確実性を表現するために行った多数の統計的な解析結果を感度解析や標本検定の手法によって分析することによって，不確実性が支配的となる入力条件を同定することが可能となる．本書では，「関心電波源が含まれているかもしれない地域」と説明している．

等時線〔isochrone〕，**等周波数線**〔isofreq〕　どちらの英語にも「等しい」，「同じ」という意味の接頭辞 “iso” が付されており，それぞれ「等時線」，「等周波数線」と訳される．厳密な日本語表現では「等時間差線」および「等周波数差線あるいは等周波数偏差線」と呼ぶべきであろうが，電波源位置決定システムの用語としては，「時間差が同じ点を結ぶ包絡線（双曲線）」および「周波数差あるいは周波数ドップラ偏差が同じ点を結ぶ包絡線（双曲線）」という意味で通常使われるので，煩雑さを回避するため，本書の訳語として「等時線」と「等周波数線」をそのまま使用した．第 7 章では，「等温線」（isotherm）という用語も出てくるが，この場合は一般用語として「同じ温度点を結んだ線」の意味で使用している．

標桿〔aiming stake〕　一般に照準用の目盛りの付いた棒をいう．陸自では「ポール」といい，20cm ごとに赤と白で塗装された鋼鉄製の棒であり，砲兵部隊の測量や一般の地形測量などにおいて，測点の表示に用いられる．15cm の尖った先端部（下端）は，正しく剽悍の軸上にあり，2 分割されたものを連結すると長さが 215cm となる．

誤差配分; 誤差の割り当て〔error budget〕　『電子戦の技術 基礎編』の 8.3.2 項では，受信所（方探所）の座標誤差，システムの機器誤差，システムの設置誤差，標点誤差，位置誤差を，誤差配分（割り当て）項目として挙げてある．詳細は基礎編を参照されたい．

慣性航法〔inertial navigation〕　検出した加速度をもとに自分の位置を求める航法であり，3 次元の加速度を測定する加速度計，および，この加速度から速度，移動距離などを計算するコンピュータなどからなる慣性航法システム（inertial navigation system; INS）を用いる．天候・気象の影響を受けないという利点を持つ．

慣性航法システム〔inertial navigation system; INS〕　移動体（航空機・艦船・ミサイルなど）に搭載した慣性計測ユニット（inertial measuring unit; IMU）の加速度計からの電気的出力を 1 回積分すると移動速度が得られ，さらにもう 1 回積分すると移動距離が得られる．これらのデータを用いた自律航法装置をいう．

誤差〔error〕　ある物理量を同じ条件のもとで（極めて）多数回測定すると，測定値は常に同じではなく，平均値 μ（真の値とも呼ばれる）の周りに幅（誤差）σ で分布する．多数回測定すれば，μ の不定性を誤差 σ よりも小さくすることができる．誤差 σ の原因は，「統計誤差」（不定の事情によって偶然に起こる誤差）と「系統誤差」（一定の原因によって繰り返し現れる，原因がわかれば除去できる誤差）の二つに分類される．統計誤差は，さらに「必然的偶発誤差」（測定の環境や条件など，数多くの互いに無関係な微小な揺らぎが多数積み重なって生じるもので，例えば電波源位置決定における電波伝搬特性により起こるばらつきなど）と「過失誤差」（過失によるもの）に区分される．系統誤差は「器械誤差」（定誤差ともいい，器械の狂いや零点の未調整によるもの．例えば座標誤差，システムの機器誤差，設置誤差など），「個人誤差」（測定者の癖，例えば多めに読むなど），および「理論誤差」（理論の誤り，または近似の悪さによるもの）に区分される．統計誤差の存在により，測定は統計現象と捉えることができる．

線形誤差〔linear error〕　各誤差が相互に独立しており，誤差の分布が直線（$y = ax + b$ の関数で表される）に従うものをいう．

真北〔true north〕　北極点，つまり地球の自転軸の北端（北緯 90° 地点）を指す方位をいう．「しんぽく」と読む．

磁針偏角〔magnetic declination〕　磁針偏差ともいい，真北と方位磁針とのなす角（ずれ）をいう．偏角は時間と場所によって異なる．地球上の磁力線（N から S に向かう磁気の力）は，すべてが磁極方向へ直線に向いているわけではなく，日本付近では西向き（西偏角）となっているため，方位磁針の N 極は西向きに 3°～9° 傾いている．この傾きは緯度が増すほど大きくなる．

ガウス分布〔Gaussian〕　正規分布のこと．確率変数が連続的な値をとるものを連続分布という．ある一つのものを何度も測定すると，その測定値は皆ほとんど同じであるが，少しずつ異なっている．この測定誤差の分布は正規分布または，誤差分布とも呼ばれる．確率変数 x のとりうる範囲は，マイナス無限大からプラス無限大までの全領域である．平均を μ，標準偏差を σ とすると，その確率密度関数 $f(x)$ は，

$$f(x) = \frac{1}{\sqrt{2\pi\sigma^2}} e^{(x-\mu)^2/2\sigma}$$

で与えられる．正規分布の特徴は，確率密度関数が平均値 $x = \mu$ に対して対象なことである．平均が 0，分散が 1 の正規分布を「標準正規分布」という．

■ 第 7 章：衛星通信回線

ケルビン温度〔Kelvin scale; K〕　温度の国際基本単位（SI）で，英物理学者 Lord William Thomson Kelvin（1824–1907）にちなんで決められた．水の三重点（水蒸

気と水，氷が共存する熱力学温度，圧力をいい，温度が 0.01°C，圧力が 611.73Pa である点）は 273.16K であり，その 273.16 分の 1 を 1K としている．0K は絶対零度と呼ばれ，古典力学においてすべての分子の運動が停止する温度である．

性能指数〔figure-of-merit; FOM〕　性能の良さを示す指数．

電力束密度〔power flux density; PFD〕　電気力線を「何本か」を束ねたものを電束という．1C（クーロン）の電荷から 1 本の電束が放射されているとすると，電束は誘電率に影響されない，つまり放射する物質の環境を問わないので，q〔C〕の電荷からは q 本の電束が放射されている．電荷 q を中心とした半径 r の球の表面積は $4\pi r^2$ であるので，電荷 q をその表面積で割った，電荷 q から距離 r 離れた場所における「単位面積当たりの電束の数」を電束密度と呼ぶ．電束密度 D は，$D = q/4\pi r^2$ で表される．「磁界強度」または「電力密度」ともいう．遠方界においては，高周波電磁界の強度を「電界強度」〔V/m〕，「磁界強度」〔A/m〕または「電力密度」〔W/m^2 または mW/cm^2〕で表す．電界強度，磁界強度，および電力密度は，発生源からの距離が大きくなるに従って弱まる．遠方界では，電界強度，磁界強度，電力密度の間に関係式

$$\text{電力密度〔W/m}^2\text{〕} = \frac{(\text{電界強度〔V/m〕})^2}{377} = 377 \times (\text{磁界強度〔A/m〕})^2$$

が成り立つので，これらのうち一つの値がわかれば，残りの二つの値も計算できる．

遠方界〔far-field〕　対象とするアンテナを中心とした，半径 $r = 2D^2/\lambda$（λ はアンテナが使用する周波数の波長）以内の領域を近接場（near-field; 近傍界）といい，それ以上の距離にある領域を遠方界という．遠方電界領域，フラウンホーファ領域ともいう．ここで，D_1 を波源の開口寸法，D_2 を観測のためのセンサまたはアンテナの寸法（ただし，$D_1 > \lambda$ とする）とすると，$D = D_1 + D_2$ である．ちなみに，近接場で測定したアンテナパターンは正確なパターンを示さないため，電波伝搬においては，近接場では通常の電波伝搬式は適用できない．

側波帯〔sideband〕　搬送波を信号波で変調したとき，搬送波周波数を中心としてその高域・低域に発生する周波数成分をいう．側波，側帯波ともいう．

偏波損失〔polarization loss〕　7.4.4 項で説明したファラデー効果などにより，アンテナの偏波が受信信号の偏波と一致しない場合に，アンテナの受信電力が減少する交差偏波損失のことである．衛星通信回線における狭帯域（narrowband）アンテナでは，30dB 以上の交差偏波アイソレーション（cross-polarization isolation）をとるように周到に設計することで，損失を回避できる．

■ 参考文献・資料など

1) *EW101: A first course in electronic warfare*（David Adamy 著，2001 年 Artech House 刊，ISBN 1-5803-169-5）.
2) *EW102: A second course in electronic warfare*［本書の原著］（David Adamy 著，2004 年 Horizon House Publications 刊，ISBN 978-1-58053-686-7）.
3) *EW103: Tactical Battlefield Communications Electronic Warfare*（David Adamy 著，2009 年 Artech House 刊，ISBN 978-1-59693-387-3）.
4) *Journal of Electronic Defense*（JED）の David Adamy による EW101 コラム（2002 年 8 月〜2011 年 1 月．特に 2009 年 12 月〜2010 年 12 月の "EW Against Modern Radars" part 1〜13）.
5)『電子戦の技術 基礎編』（デビッド・アダミー 著，河東晴子，小林正明，阪上廣治，徳丸義博 訳，2013 年 東京電機大学出版局 刊，ISBN 978-4-501-32940-2）.
6) *Introduction to Electronic Warfare Modeling and Simulation*（David Adamy 著，2003 年 Artech House 刊，ISBN 1-58053-495-3）.
7) Space & Electronic Warfare Lexicon Terms（http://www.rtna.ac.th/article/Space%20&%20Electronic%20Warfare%20Lexicon.pdf）.
8) *Applied ECM Vol.1*（Leroy Van Brunt 著，1980 年 EW Engineering 刊，1st edition，ISBN 0931728002）.
9) *Electronic Warfare for the Digitized Battlefield*（Michael R. Frater, Michael Ryan 著，2001 年 Artech House 刊，ISBN 1-58053-271-3）.
10) Communications Electronic Warfare and the Digitized Battlefield（Michael Frater，Michael Ryan 著，2001 年，*Land Warfare Studies Centre Working Paper*, No.116，ISSN 1441-0389）.
11) *Essentials of Radio Wave Propagation*（Christopher Haslett 著，2008 年 Cambridge University Press 刊，ISBN 978-0-511-36807-3．eBook http://www.cambridge.org/9780521875653）.
12) *Introduction to Communication Electronic Warfare Systems*（Richard A. Poisel 著，2008 年 Artech House 刊，2nd edition，ISBN 978-1-59693-452-8）.
13) *Communications, Radar and Electronic Warfare*（Adrian Graham 著，2011 年 John Wiley & Sons 刊，ISBN 978-0-470-68871-7）.
14) *Geolocation of RF Signals*（Ilir Progri 著，2011 年 Giftee Inc. 刊，ISBN 978-1-4419-7951-3）.

15) *Fundamentals of Electronic Warfare*（Sergei A. Vakin, Lev N. Shustov, Robert H. Dunwell 著，2001 年 Artech House 刊，ISBN 1-58053-052-4）.

16) *Target Acquisition in Communication Electronic Warfare Systems*（Richard A. Poisel 著，2004 年 Artech House 刊，ISBN 1-58053-913-0）.

17) The Future of EW and Modern Radar Signals（Richard G. Wiley 著，Research Associates of Syracuse, Inc.）.

18) High-Resolution Direction Finding（Stephan V. Schell, William A. Gardner, N.K. Bose, C.R. Rao. 編，1993 年，*Handbook of Statistics*, Vol.10, Elsevier Science Publishers B.V.）.

19) Statistical Theory Passive Location Systems（Don J. Torreri 著，1984 年，*IEEE Transactions on Aerospace and Electronic Systems*, Vol.AES-20, No.2）.

20) On the Accuracy Analysis of Airborne Techniques for Passively Locating Electromagnetic Emitters（L.H. Wegner 著，1971 年，United States Air Force Project RAND）.

21) Joint TDOA and AOA location algorithm（Congfeng Liu, Jie Yang, Fengshuai Wang 著，2013 年，*Journalof Systems Engineering and Electronics*, Vol.24, No.2, pp.183–188）.

22) Path loss models（Sylvain Ranvier 著，2004 年，Radio laboratory, TKK, Helsinki University of Technology SMARRAD Centtre of Excellence）.

23) Sensor Management — Control and Cue（G.W. Ng, K.H. Ng, L.T. Wong 著，DSO National Laboratories Informatics Laboratory）.

24) NAWCWPNS TP 8347: Electronic Warfare and Radar Systems Engineering Handbook（Naval Air System Command, Naval Air Warfare Center, w/Rev2 of April 1999）.

25) US ARMY TC 9-64: "Wave Propagation, Transmission Lines, and Antennas"（2004 年，Headquarters Department of The ARMY）.

26) NAVEDTRA 14092 Electronics Technician Volume7: "Antennas and Wave Propagation"（1995 年，US NAVY）.

27) Joint Publication 1-02 米国統合用語集：Department of Defense Dictionary of Military and Associated Terms（November 2010, As Amended Through 15 August 2012）.

28) 米国陸軍野外教範 FM 2-0：Intelligence（March 2010）.

29) 米国陸軍野外教範 FM 3-36：Electronic Warfare（November 2012）.
30) 米国陸軍野外教範 FM 6-02.53：Tactical Radio Operations（August 2009）.
31) 米国陸軍野外教範 FM 24-18：Tactical Single Channel Radio Communications Technique（September 1987）.
32) 米国陸軍野外教範 FM 24-33：Communications Techniques: Electronic Counter-countermeasures（July 1990）.
33) 米国陸軍野外教範 FM 34-40-7：Communications Jamming Handbook（November 1992）.
34) 米国陸軍野外教範 FM 34-40-9：Direction Finding Operations（August 1991）.
35) 米国陸軍野外教範 FM 100-5：Operations（June 1993）.
36) 米国陸軍野外教範 FM 100-6：Information Operations（August 1996）.
37) Introduction to Radio Direction Finding（1999 年, US Army Intelligence Center）.
38) Intelligence/Electronic Warfare (IEW) Direction Finding and Fix Estimation Analysis Report Vol.3 GUARDRAIL（1986 年，U.S.Army Intelligence Center and School）.
39) The United States Army Concept Capability Plan for Army Electronic Warfare Operations for the Future Modular Force 2015-2024（2007 年，TRADOC）.
40) Electronic Warfare（2004 年，Canadian National Defence）.
41) “A comparison of radio location using DOA respective TDOA” White Paper（Dr. Ing. Andreas Schwolen Backes 著，PLATH GmbH 刊）.
42) 電子情報通信学会「知識ベース」（2010 年，2011 年）.
43)『日本中心の短波伝搬曲線集』（郵政省電波研究所 編，1986 年 財団法人電機通信振興会 刊，ISBN 4-8076-0122-9）.
44)『英和対訳 軍事関係用語集 第 2 版』（金森園臣 著，2003 年 TermWorks 刊）.
45) MILDICW “コモ辞書”（菰田康雄 監修，http://homepage3.nifty.com/OKOMO/）.
46) Principle of the Pulse Compression Radar（Vijaya Chandran Ramasami 著，2006 年，RSL，Univ of Kansas）.
47) Propagation Prediction Models for Wireless Communication Systems（Magdy F. Iskander，Zhengqing Yun 著，2002 年，*IEEE Transactions on Michrowave Theory and Techniques*, Vol.50, No.3）.
48) *Radio Propagation and Adaptive Antennas for Wireless Communication Links: Terrestrial, Atmospheric and Ionospheric*（Nathan Blaunstein, Christos

Christodoulou 著，2007 年 John Wiley & Sons, Inc. 刊）.

49) Fundamentals of Radio Link Engineering（Frank Jimenez 著，1999 年）.

50) Inverse Diffraction Parabolic Wave Equation Localisation System（IDPELS）（Troy A. Spencer，Rodney A. Walker，Richard M. Hawkes 著，2005 年，*Journal of Global Positioning Systems*, Vol.4, No.1–2, pp.245–257）.

51) Passive Direction Finding（Daniel Guerin，Shane Jackson，Jonthan Kelly 著，2012 年，Worcester Polytecnich Institute, US Air Force）.

52) Digital Communication Systems（Behnaam Aazhang，Rice University，http://cnx.org/content/col10134/1.3/）.

53) Radar Tutorial Book1–Book5（2009 年，Rev.20，www.radartutorial.eu）.

Book1 : *Radar Basics*

Book2 : *Radar Sets*

Book3 : *Antenna Techniques*

Book4 : *Radar Transmitter*

Book5 : *Velocity-modulated Tubes*

和文索引

■ 数字

0°C 等温線（0°C isotherm） 227

2 位相符号化 CW レーダ（binary phase coded CW radar） 75

2 位相偏移変調（binary phase shift keying (keyed); BPSK） 27, 80, 145

2 乗平均誤差（root-mean-square (RMS) error） 174, 192, 194–196, 201

2 進法形式（binary form） 135

2 波伝搬モデル（2-ray propagation model） 126, 127, 156

4 位相偏移変調方式（quadrature phase shift keying; QPSK） 80

4 素子ダイポールアレイ（four-dipole array） 182

■ A

A/D 変換器（analog-to-digital converter; ADC） 136, 159

AJ 防護（antijam protection） 34, 242–244

■ C

CA コード（CA code） 243

CW レーダ（continuous wave radar） 28

■ D

DS スペクトル拡散（direct sequence spread spectrum; DSSS） 152, 172

DS スペクトル拡散復調器（direct sequence spread spectrum demodulator） 165

D 層（D layer） 121

■ E

ELINT 受信機（electronic intelligence receiver） 48, 51

ESM 受信機（electromagnetic support measures receiver） 74, 76, 79

E 層（E layer） 121, 123

■ F

F1 層（F1 layer） 122, 123

F2 層（F2 layer） 122, 123

■ I

IR シーカ（infrared seeker） 92

IR シグネチャ（infrared signature） 91, 117, 118

IR センサアレイ（infrared sensor array） 104

IR チャフ（infrared chaff） 114, 118

IR デコイ（infrared decoy） 117

IR 妨害機（infrared jammer） 115

IR 放射率（infrared emissivity） 87, 102

IR 誘導ミサイル（infrared-guided missile） 90, 91, 114

IR ラインスキャナ（infrared line scanner; IRLS） 90, 96

IR レーザ（infrared laser） 117

■ L

Link 16（Link 16） 146

LPID レーダ（low probability of identification radar） 75, 76

LPI レーダ（low probability of intercept radar） 60, 74, 79, 82, 84

■ M

MTI レーダ（moving-target indicator radar）　18, 67, 68, 70

■ P

P コード（P code）　243, 244

■ R

RF チャフ（RF chaff）　118
RMS 誤差（root-mean-square (RMS) error）　174, 192, 194–196, 201

■ S

SA-2 レーダ（SA-2 radar）　21
sin X/X（sin X/X）　145, 153
SIRCIM モデル（simulation of indoor radio channel impulse response model）　125
SORO（scan on receive-only）　20

■ T

TID テーブル（threat identification table）　76

■ W

Walfish-Bettroni モデル（Walfish-Bettroni model）　125
Watson-Watt 方探システム（Watson-Watt DF system）　171

■ あ

アイソレーション（isolation）　28, 30, 38, 64
曖昧性（ambiguity）　183
アクティブ誘導（active guidance）　15
アスペクト角（aspect angle）　42, 91
圧縮フィルタ（compressive filter）　56
圧縮率（compression factor）　57
アップリンク（uplink）　32, 215
アドレスビット（address bit）　139, 146
アナログ/デジタル変換器（analog-to-digital converter; ADC）　136, 159
誤り検出・訂正（error detection and correction; EDC）　135, 146, 167
誤り検出符号（error-detection code; EDC）　148
誤り訂正符号（error-correction code）　148, 167, 243, 244
暗視ゴーグル（night-vision goggles）　105, 107
暗視装置（night-vision device）　105–109
アンビギュイティ（ambiguity）　183

■ い

移相器（phase shifter）　59
位相偏移変調信号（phase shift keyed signal）　141
位相変調（phase modulation; PM）　141
位置アンビギュイティ（location ambiguity）　186
位置角（angular position）　36
位置較正（calibration）　198
位置誤差（site error）　196, 198
位置（決定）精度（location accuracy）　183, 186, 191, 193, 196, 198, 200, 205, 206
移動目標指示装置（moving-target indicator; MTI）　64, 65, 70
移動目標指示レーダ（moving-target indicator radar）　18, 67, 68, 70
色（color）　100
インターフェロメータ（interferometer）　176, 180, 182
インターフェロメータ方探（interferometric direction finding）　171
インターリーブ（interleave）　167

■ う

宇宙雑音（cosmic noise）　134

■ え

衛星回線（satellite link）　33, 215
衛星通信（satellite communication; SATCOM）　216
エネルギー探知（energy detection）　84, 172
円形公算誤差（circular error probable; CEP）　191, 193, 195, 203, 205, 209, 210, 213
円形走査（circular scan）　20

円錐（コニカル）走査（conical scan）　20
遠赤外線（far infrared）　86, 88, 101, 103
煙幕（smoke）　113

■お

オーバヘッド（overhead）　140, 146
屋外伝搬（outdoor propagation）　125
屋内伝搬（indoor propagation）　125
奥村–秦モデル（Okumura-Hata model）　125
オフセット誤差（offset error）　200
折り返しダイポールアンテナ（folded dipole antenna）　30
音標文字（phonetic alphabet）　157

■か

カージオイドパターン（cardioid pattern）　177, 178
回線損失（link loss）　225
回線容量（link throughput）　230
外部雑音（external noise）　133
ガウス分布（Gaussian）　206, 208, 210, 212
拡散係数（spreading factor）　148, 165
拡散（空間）損失（spreading (space) loss）　179, 225, 232, 235, 241, 242, 244
拡散率（spreading ratio）　148, 158
角度基準（angular reference）　192, 199
角度測定精度（angle measurement accuracy）　199
角度分解能（angular resolution）　96, 99, 117
角方位（angular position）　36
可視光線（visible light）　85
画素（pixel）　100, 102, 103, 111, 139
画像誘導（imagery guidance）　103
画像誘導ミサイル（imagery-guided missile）　90
片方向通信（one-way communication）　180
角位置（angular location）　19
下方監視・射撃（look down, shoot down; LD/SD）　27
干渉計（interferometer）　176
干渉三角形（interferometric triangle）　181
干渉法による方探（interferometric direction finding）　171
慣性航法システム（inertial navigation system; INS）　198
観測・情勢判断・意思決定・行動（observe, orient, decide, act; OODA）　6
感度（sensitivity）　43, 46, 47, 51, 79

■き

基準北（north reference）　200
擬似ランダム諸元（pseudorandom parameter）　172
基線（baseline）　181, 184, 186, 188, 190, 207, 210, 212
輝度（brightness）　100
輝度レベル（brightness level）　101
欺騙（deception）　6
欺まん（deception）　6
欺まん RF 妨害機（deceptive RF jammer）　116
逆拡散機能（despreading capability）　149
キューイング（cueing）　174
吸収線（absorption line）　88
吸収層（absorptive layer）　121
給電線損失（line loss）　235, 239
脅威（threat）　8
脅威識別（TID）テーブル（threat identification table）　76
脅威の回避（threat avoidance）　173
鏡像（mirror image）　182
狭帯域妨害（narrow-bandwidth jamming）　158, 164, 165
狭ビームアンテナ（narrow-beam antenna）　126, 134, 156
極軌道（polar orbit）　233
局地水平線（local horizon）　231
距離圧縮（range compression）　70
距離アンビギュイティ（range ambiguity）　64
距離追尾（range tracking）　38

距離分解能（range resolution） 26, 54, 59, 65, 70, 80, 84
距離分解能セル（range resolution cell） 65, 72
銀河面（galactic plane） 134
近赤外線（near infrared） 86, 91, 107

■ く

空対空通信（air-to-air communication） 29
空対空ミサイル（air-to-air missile） 16
空対地通信（air-to-ground communication） 29
クロスレンジ（cross-range） 19
クロスレンジ分解能（cross-range resolution） 72
軍事通信（military communication） 4
軍用衛星（military satellite） 34

■ け

蛍光発光現象（scintillation） 11
警告時間（warning time） 84
煙（smoke） 113
ケルビン温度（Kelvin scale） 216
ケルビン目盛り（Kelvin scale） 216
検波前信号対雑音比（required predetection signal-to-noise-ratio; RFSNR） 143, 241

■ こ

降雨と霧による減衰（rain and fog attenuation） 226
降雨密度断面（rain density profile） 241
高感度テレビ（low-light television; LLTV） 90
航空機搭載 MTI（airborne MTI; AMTI） 65
交互配置（interleave） 167
高出力レーザ（high-power laser） 112
高出力レーザ兵器（high-power laser weapon） 90
較正（校正）（calibration） 198, 200, 201
合成開口レーダ（synthetic aperture radar; SAR） 18, 37, 69, 71
較正（校正）誤差（calibration error） 200
航跡交差掃引（cross-track sweep） 98
航跡情報（tracking information） 17
航跡ファイル（track file） 28
高速フーリエ変換（fast Fourier transform; FFT） 67, 74, 160
高速ホッパ（fast hopper） 151
光電（electro-optical; EO） 90
極遠赤外線（extreme infrared） 86
国際無線通信諮問委員会（International Radio Consultative Committee; CCIR） 219
黒体（blackbody） 87
誤差成分（error component） 200
誤差の割り当て（error budget） 196, 199, 201
誤差配分（error budget） 196, 199, 201
誤差配分要素（error-budget component） 199
固定誤差（fixed error） 200
コヒーレント信号（coherent signal） 27, 141
コヒーレント探知（coherent detection） 82
コヒーレントレーダ（coherent radar） 75

■ さ

最下位ビット（least significant bit; LSB） 138
最高使用可能周波数（maximum usable frequency; MUF） 123
最小偏移変調（minimum shift keying; MSK） 142, 147
サイドローブアイソレーション（sidelobe isolation） 244
サウンダ（sounder） 123
作戦保全（operational security; OPSEC） 6
差周波数（difference frequency） 60, 62
差遅延（differential delay） 186
雑音温度（noise temperature） 220
雑音指数（noise figure; NF） 46, 51, 76, 82, 220, 222, 235, 238, 241

差動ドップラ（differential Doppler; DD） 187
砂漠の嵐作戦（Operation Desert Storm） 105
三角測量（triangulation） 170–172, 175, 202, 203
酸素による損失（oxygen loss） 226
サンプリング（sampling） 136
サンプリングレート（Nyquist rate） 138
サンプル（sample） 136

■し

シーカ（seeker） 91
紫外線（ultraviolet; UV） 86
指向（pointing） 20
指向エネルギー兵器（directed-energy weapon; DEW） 4
指向性（directivity） 42
指向性アンテナ回転（rotating directional antenna） 176
時刻歴（time history） 18, 176
磁束線（line of magnetic flux） 189
実効精度（effective accuracy） 174, 191, 192
実効パルス幅（effective pulsewidth） 57, 58
実効放射電力（effective radiated power; ERP） 24, 130, 155, 162, 219, 240
自動追尾（lock-on） 114
射撃統制所（fire-control center） 12
自由空間インピーダンス（impedance of free space） 130
自由空間伝搬（free space propagation） 126
自由空間伝搬モデル（free space propagation model） 126
周波数アジャイルレーダ（frequency agile radar） 75
周波数偏移変調（frequency shift keying; FSK） 141, 144
周波数ホッパ（frequency hopper） 150, 161, 167–169, 171
周波数ホッピング（frequency hopping; FH） 150, 157
周辺視野（peripheral vision） 105, 106
主ビーム（main beam） 45, 48, 51, 76, 78
瞬時視野（instantaneous field of view） 98
瞬時相対位相（instantaneous relative phase） 141
状況認識（situation awareness） 5
上空波（sky wave） 120
上空波伝搬（sky wave propagation） 123
照準線（line of sight） 11
情報（intelligence） 5
情報資料（information） 5
情報戦（information warfare; IW） 5
情報帯域幅（information bandwidth） 149, 152, 158
所要 SNR（required signal-to-noise ratio） 51, 82, 220
所要信号対雑音比（required signal-to-noise ratio） 51, 82, 220
所要帯域幅（required bandwidth） 142
所要伝送帯域幅（required transmission bandwidth） 146
処理利得（processing gain） 75, 79, 82, 158, 165, 166
磁力計（magnetometer） 200
指令誘導（command guidance） 17
信管起動用レーダ（fusing radar） 18, 28
人工雑音（manmade noise） 134
信号情報（signal intelligence; SIGINT） 5
信号対雑音比（signal-to-noise ratio; SNR） 134, 137, 142, 218, 241
信号対量子化雑音比（signal-to-quantization-noise ratio） 137, 142
進行波管（traveling wave tube; TWT） 24
シンチレーション（scintillation） 11
振幅比（amplitude ratio） 176
振幅比較方探（amplitude comparison direction finding） 171, 172

振幅偏移変調（amplitude shift keyed; ASK）　140, 147
振幅変調（amplitude modulation; AM）　140
真北（true north）　199
心理作戦（psychological operations; PSYOPS）　6

■す

水蒸気による損失（water vapor loss）　225
水幕散布システム（water-dispensing system）　113
スーパヘテロダイン受信機（super heterodyne receiver）　51
スタンドイン妨害（stand in jamming; SIJ）　166
ステルス（stealth）　43
スピン・アンド・チョップ周波数（spin-and-chop frequency）　116
スペクトル拡散信号（spread spectrum signal）　149, 152, 158, 165, 168
スペクトル放射輝度（spectral radiance）　114
スポラディック E（sporadic-E）　122
スループット率（throughput rate）　5

■せ

正規分布曲線（normal distribution curve）　194
正弦波位相偏移変調（sinusoidal phase shift keying）　142
静止衛星（synchronous satellite）　230
静寂レーダ（quiet radar）　75, 76
性能指数（figure-of-merit）　219, 236, 239
精密位置決定システム（precision location system）　175, 190, 205
精密電波源位置決定技法（precision emitter location technique）　168, 172, 183, 187, 205
赤外線（infrared; IR）　11, 86
赤外線監視追尾システム（infrared search and track system; IRST）　97, 104
赤外線追尾兵器（heat seeking weapon）　4
赤外線誘導ミサイル（infrared-guided missile）　114
セクタ走査（sector scan）　21
絶対零度（absolute zero）　216
切迫した攻撃の警報（warning of imminent attack）　173
セミアクティブ誘導（semiactive guidance）　16
ゼロ周波数点（zero frequency point）　69
前/後アンビギュイティ（front/back ambiguity）　182
遷移時間（transition time）　172
戦況（battlefield situation）　32
線形周波数変調（linear frequency modulation）　56, 62
前後多義性（front/back ambiguity）　182
全周走査（circular scan）　20
戦術通信（tactical communication）　29
前進観測者（forward observer; FO）　12
センスアンテナ（sense antenna）　177
全地球測位システム（global positioning system; GPS）　165
前置帯域幅（front-end bandwidth）　51
前方監視型赤外線（forward-looking infrared; FLIR）　33, 90, 101, 105
戦力組成（order of battle; OB）　171

■そ

掃引受信機（sweeping receiver）　168, 169
相関インターフェロメータ（correlative interferometer）　183
早期警戒/地上管制要撃（early warning/ground control intercept; EW/GCI）　28
双曲線（hyperbola）　183, 186, 206, 207, 210
送受アンテナ共用器（duplexer）　37
束密度（flux density）　219

■た

ターゲティング（targeting）　174, 183
対艦ミサイル（antiship missile）　15
大気雑音（atmospheric noise）　134
大気損失（atmospheric loss）　225

対数周期（log periodic）　30
対電子対策（electromagnetic counter-countermeasures; ECCM）　4
対電波放射源兵器（anti-radiation weapon; ARW）　4
ダイナミックレンジ（dynamic range）　137
ダイノード（dynode）　107
対妨害防護（antijam protection）　34, 242–244
対ミサイル用ミサイル（countermissile missile）　112
太陽の黒点活動（sunspot activity）　121
太陽放射（solar radiation）　121
ダウンリンク（downlink）　33, 154, 215
楕円形公算誤差（elliptical error probable; EEP）　191, 195, 204, 209, 210, 213
多義性（ambiguity）　183
多国籍軍（coalition forces）　105
タップ付き遅延線（tapped delay line）　58, 172
単位球（unit sphere）　88
単一基線（single baseline）　182
単一局方向探知（単局方探）装置（single site locator; SSL）　124
単色（monochromatic）　101
探知可能距離（detectability range）　45, 48, 50, 52, 79
探知距離（detection range）　43, 45, 48, 51, 56, 79–81

■ ち

地球覆域（earth-coverage）　231, 244
致死応答機能（lethal response capability）　5
致死的役割を担う通信（lethal communication）　10
地対空誘導ミサイルシステム（surface-to-air guided-missile system）　17
地対地通信（ground-to-ground communication）　29
チップ（chip）　152, 172
チップ検出（tip detection）　172
地表波（ground wave）　120
チャープ（chirp）　150, 164, 171, 172
チャープされた（chirped）　27
チャネライザ（channelizer）　160
チャフ（chaff）　4
昼間用テレビ（daylight television; DTV）　90
中赤外線（middle infrared）　86, 88
直接拡散（direct sequence; DS）　150
直接スペクトル拡散（direct sequence spread spectrum; DSSS）　152, 172
直接損失比（direct loss ratio）　126, 127, 156
直接波（line of sight）　120
直線偏波（linear polarization）　230
直列処理（serial processing）　102
直交位相偏移変調（quadrature phase shift keying; QPSK）　141
直交信号伝達（orthogonal signaling）　144

■ つ

追随妨害（follower jamming）　159, 171
追随妨害装置（follower jammer）　159, 164
追尾（誘導）レーダ（tracking radar）　18, 28
通信情報（communications intelligence; COMINT）　5
通信妨害（communication jamming）　149, 153, 154, 159
使い捨て型目標（expendable object）　115

■ て

低高度地球周回軌道（low earth orbit; LEO）　230
低速ホッパ（slow hopper）　151
低被識別確率（LPID）レーダ（low probability of identification radar）　75, 76
低被探知確率（low probability of intercept; LPI）　148, 149

低被探知確率レーダ（low probability of intercept radar）　59, 74, 79, 82, 84
データ転送速度（data rate）　145, 147, 148, 158
データビット（data bit）　139, 151
データレート（data rate）　145, 147, 148, 158
デジタイザ（digitizer）　136, 160
デジタル変調（digital modulation）　140, 142, 143, 145, 151, 157
デューティサイクル（duty cycle）　24, 39, 53
デューティファクタ（duty factor）　63, 167
電界強度（field strength）　131
電光放電（lighting discharge）　134
電子攻撃（electronic attack; EA）　4
電子支援対策（electromagnetic support measures; ESM）　3
電子情報（electronic intelligence; ELINT）　5
電子戦支援（electronic warfare support; ES）　4
電子戦力組成（electronic order of battle; EOB）　173
電子対策（electronic countermeasures; ECM）　4, 173
電子防護（electronic protection; EP）　5, 243, 244
伝送帯域幅（transmission bandwidth）　145, 149, 158
伝送窓（transmission window）　88
電波暗室（anechoic chamber）　42
電波源位置決定システム（emitter location system）　125, 169
電波到来方向（direction of arrival; DOA）　169, 175
電波妨害（jamming）　4
伝搬損失（propagation loss）　126, 127, 129, 219, 233, 234
伝搬モデル（propagation model）　125, 128
電離層（ionsphere）　120–124
電離層高度測定装置（sounder）　123
電離層反射（ionospheric reflection）　120, 122, 124
電力束密度（power flux density）　219
電力の時刻歴（power-time history）　21

■ と

等価出力信号対雑音比（equivalent output signal-to-noise ratio）　138
等価信号強度（equivalent signal strength）　130
等価全周放射電力（equivalent isotropic radiated power; EIRP）　219
等価面積（equivalent area）　130
同期調整（synchronizing）　146
統合戦術情報配布システム（joint tactical information distribution system; JTIDS）　146, 167
等時線（isochrone）　185, 186, 191, 205, 206
等周波数線（isofreq）　189, 191, 205, 210, 212
統制通信所（net control station; NCS）　31
同相-直交位相（in-phase and quadrature; I&Q）　66, 67, 71, 72, 171
到着時間差法（time difference of arrival; TDOA）　183, 185, 189, 191, 205, 206, 208, 210, 213
等方性（isotropic）　130
等方性アンテナ（isotropic antenna）　42
到来周波数偏差法（frequency difference of arrival; FDOA）　183, 187, 189–191, 205, 210, 212
到来電波入射角（angle of arrival; AOA）　32, 169
特定電波源識別（specific emitter identification; SEI）　54
ドップラ（Doppler）　176, 177
ドップラ偏移（Doppler shift）　38, 61, 62, 64, 67, 69, 178, 187, 188
トラック・ホワイル・スキャン（track-while-scan; TWS）　20

■ な

ナイキスト速度（Nyquist rate）　138
ナイフエッジ回折伝搬モデル（knife-edge diffraction model）　126, 128

■ ね

熱雑音（thermal noise）　47, 82
熱雑音温度（thermal noise temperature）　218
熱線追尾ミサイル（heat-seeking missile）　10
燃焼ガス探知器（plume detector）　112

■ の

ノッチング（notching）　61

■ は

パーシャルバンド妨害（partial band jamming）　158, 161, 164, 167
背景雑音（background noise）　133
バイスタティック（bistatic）　37
バイスタティックレーダ（bistatic radar）　16
刃形回折伝搬モデル（knife-edge diffraction model）　126, 128
発煙剤（smoke）　113
パッシブセンサ（passive sensor）　10
パッシブ誘導（passive guidance）　17
波面（wave front）　181
パラメトリックアジリティ（parametric agility）　78
パリティビット（parity bit）　139, 146
パルス圧縮（pulse compression）　27, 54, 65
パルス間隔（pulse interval）　24
パルス繰り返し間隔（pulse repetition interval; PRI）　24
パルス繰り返し時間（pulse repetition time; PRT）　24
パルス繰り返し周波数（pulse repetition frequency; PRF）　24
パルス持続時間（pulse duration; PD）　24, 53, 58
パルス振幅（pulse amplitude）　24
パルスドップラ（pulse Doppler; PD）　27, 36
パルスドップラレーダ（pulse Doppler radar）　38, 60, 63
パルス幅（pulse width; PW）　24
パルス不規変調（unintentional modulation on pulse; UMOP）　54
パルス変調（pulse modulation）　23, 53
パルス妨害（pulse jamming）　166, 167
パルス列分離（deinterleaving）　77
反射率（reflectivity）　42
半数必中界（circular error probable; CEP）　191, 193, 195, 203, 205, 209, 210, 213
搬送波（carrier）　218
搬送波対雑音比（carrier-to-noise ratio; C/N; CNR）　143, 241
搬送波対熱雑音（carrier to thermal noise）　218, 236, 237, 239

■ ひ

ピーク誤差（peak error）　192
ピーク電力（peak power）　56, 58, 81
光増幅装置（light amplification device）　105–107
光飽和（light saturation）　107
ピクセル（pixel）　100, 102, 103, 111, 139
微光暗視テレビ（low-light-level television; L^3TV）　105
非コヒーレント信号（noncoherent signal）　141, 144
比帯域（percentage bandwidth）　15
比帯域幅（percentage bandwidth）　15
ビット誤り（bit error）　143, 157
ビット誤り率（bit error rate; BER）　143
ビットエラー（bit error）　143, 157
ビット持続時間（bit duration）　58
ビットレート（bit rate）　143–146, 148, 152, 167, 218
ビデオ帯域幅（video bandwidth）　49, 51
非フォーカストアレイ（unfocused array）　73
標桿（aiming stake）　193
氷結高度（freezing altitude）　227

標準偏差（standard deviation）　193, 194, 196, 200, 201, 206, 208, 210
標本（sample）　136
標本抽出（sampling）　136
比例航法（proportional navigation）　95
比例操舵（proportional steering）　95
品質係数 Q（quality factor Q）　219

■ ふ

ファイア・アンド・フォゲット（fire and forget）　17
ファラデー回転（Faraday rotation）　230
ファラデー効果（Faraday rotation）　230
フォーカストアレイ（focused array）　73
フォーカストアレイ SAR（focused array SAR）　73
不確実性領域（area of uncertainty）　184, 186, 203
複数基線精密インターフェロメータ（multiple baseline precision interferometer）　183
符号化率（code rate）　158
符号分割多重方式（code division multiplexing scheme）　165
符号レート（code rate）　158
プッシュ・トーク（push-to-talk）　31
フライバック（fly back）　21
ブラインド距離（blind range）　27
プルーム（plume）　112
プルーム探知器（plume detector）　112
フレア（flare）　4, 90, 114, 117
フレネルゾーン（Fresnel zone; FZ）　128, 156
フレネルゾーン距離（Fresnel zone distance）　128, 155
フロント・バック比（front-to-back ratio）　182
噴煙（plume）　112
分解可能距離（resolvable distance）　100
分解能セル（resolution cell）　68, 69

■ へ

平均誤差（mean error）　193, 194, 196, 201
平面大地伝搬モデル（2-ray propagation model）　126, 127, 156
並列処理（parallel processing）　102
ヘルメット装着型ゴーグル（helmet-mounted goggles）　106
変調 CW（modulated CW）　36
変調側波帯（modulation sideband）　218
偏波損失（polarization loss）　230

■ ほ

ボアサイト（boresight）　36, 176
ホイップアンテナ（whip antenna）　30
方位基準（directional reference）　199
方位基準精度（accuracy of the directional reference）　199
方位ジャイロスコープ（directional gyroscope）　199
方位線（line of bearing）　175
方位分解能（azimuth resolution）　65, 67, 72, 73
方位分解能セル（azimuth resolution cell）　65, 70
妨害対信号比（jamming-to-signal-ratio; J/S）　40, 154
妨害マージン（jamming margin）　158
方向探知（direction finding; DF）　169, 175, 180
方向探知装置（direction finder）　168, 171
傍受受信機（intercepting receiver）　76, 82, 83
方測線（line of bearing）　175
方探（direction finding; DF）　169, 175, 180
方探所（direction finding (DF) station）　169, 171
砲発射散布妨害装置（artillery delivered jammer）　166
ボー（baud）　142
捕捉レーダ（acquisition radar）　18, 28
ホットブリック（hot brick）　117
ホッピングシーケンス（hopping sequence）　150

ボルツマン定数（Boltzmann's constant） 218

■ま

マイクロチャンネルプレート（microchannel plate; MCP） 108
マッピング（mapping） 36
マルチアンテナ振幅比較（multiple antenna amplitude comparison） 172, 176
マルチパス干渉（multipath interference） 125
マルチパス誤差（multipath error） 197
マルチパス信号（multipath signal） 197

■み

見掛け上の反射点（apparent point of reflection） 122
見掛けの高度（virtual height） 122, 124
ミサイル要撃ミサイル（countermissile missile） 112

■む

無指向性アンテナ（omnidirectional antenna） 130, 134
無人機（unmanned aerial vehicle; UAV） 29

■め

明度（value） 100

■も

目標（target） 35
目標識別（target identification） 174
モノクロ（monochromatic） 101
モノスタティック（monostatic） 36
モノパルスレーダ（monopulse radar） 20, 37

■ゆ

有効帯域幅（effective bandwidth） 49, 82
有効面積（effective area） 131
誘導手段（guidance medium） 16

■よ

要撃角（aspect angle） 42, 91
要撃機（airborne interceptor） 20
ヨー平面（yaw plane） 43

■ら

ライダー（laser radar; LADAR） 15, 90
ラスタ走査（raster scan） 21, 100, 102
ランダム信号レーダ（random signal radar; RSR） 75, 83, 84

■り

リードソロモン（Reed-Solomon） 146, 167
リターン信号（return signal） 36
リターンパルス（return pulse） 38
両極性信号伝達（antipodal signaling） 144
量子化しきい値（quantizing threshold） 136
臨界周波数（critical frequency） 122
リンギング（ringing） 54

■れ

レーザ警戒受信機（laser-warning receiver） 111, 112
レーザ指示目標（laser-designated target） 10
レーザ測遠器（測距器）（laser range finder） 90, 110
レーザ通信（laser communication） 90
レーザ目標指示器（laser designator） 90, 107, 109–111
レーザ誘導武器（laser-guided weapon） 11, 16
レーザ誘導ミサイル（laser-homing missile） 112
レーザレーダ（laser radar; LADAR） 15, 90
レーダ（radar） 4
レーダ管制火砲（radar-controlled gun） 10
レーダ警報受信機（radar-warning receiver; RWR） 48, 51, 78, 111
レーダ受信電力方程式（radar received power equation） 40

レーダ走査（radar scan）　18
レーダ断面積（radar cross section; RCS）　42, 45, 79, 84
レーダ分解能セル（radar resolution cell）　13, 57
レーダ妨害（radar jamming）　153
レーダ方程式（radar range equation）　39, 43, 74, 80
レーダ誘導武器（radar-guided weapon）　10
レティクル（reticle）　92, 109, 115
連続波（continuous wave; CW）　36
連続波レーダ（continuous wave radar）　28

■ ろ

ロックオン（lock-on）　114

■ わ

ワトソン-ワット技法（Watson-Watt）　176, 177

欧文索引

■ 数字

0°C isotherm（0°C 等温線）　227
2-ray propagation model（平面大地伝搬モデル; 2 波伝搬モデル）　126, 127, 156

■ A

absolute zero（絶対零度）　216
absorption line（吸収線）　88
absorptive layer（吸収層）　121
accuracy of the directional reference（方位基準精度）　199
acquisition radar（捕捉レーダ）　18, 28
active guidance（アクティブ誘導）　15
ADC　⇒[analog-to-digital converter]
address bit（アドレスビット）　139, 146
AI　⇒[airborne interceptor]
aiming stake（標桿）　193
air-to-air communication（空対空通信）　29
air-to-air missile（空対空ミサイル）　16
air-to-ground communication（空対地通信）　29
airborne interceptor（AI; 要撃機）　20
airborne MTI（AMTI; 航空機搭載 MTI）　65
AM　⇒[amplitude modulation]
ambiguity（アンビギュイティ; 曖昧性; 多義性）　183
amplitude comparison direction finding（振幅比較方探）　171, 172
amplitude modulation（AM; 振幅変調）　140
amplitude ratio（振幅比）　176
amplitude shift keyed（ASK; 振幅偏移変調）　140, 147
AMTI　⇒[airborne MTI]
analog-to-digital converter（ADC; アナログ/デジタル変換器; A/D 変換器）　136, 159
anechoic chamber（電波暗室）　42
angle measurement accuracy（角度測定精度）　199
angle of arrival（AOA; 到来電波入射角）　32, 169
angular location（角位置）　19
angular position（角方位; 位置角）　36
angular reference（角度基準）　192, 199
angular resolution（角度分解能）　96, 99, 117
anti-radiation weapon（ARW; 対電波放射源兵器）　4
antijam protection（AJ 防護; 対妨害防護）　34, 242–244
antipodal signaling（両極性信号伝達）　144
antiship missile（対艦ミサイル）　15
AOA　⇒[angle of arrival]
apparent point of reflection（見掛け上の反射点）　122
area of uncertainty（不確実性領域）　184, 186, 203
artillery delivered jammer（砲発射散布妨害装置）　166
ARW　⇒[anti-radiation weapon]
ASK　⇒[amplitude shift keyed]
aspect angle（アスペクト角; 要撃角）　42, 91

atmospheric loss（大気損失）　225
atmospheric noise（大気雑音）　134
azimuth resolution（方位分解能）　65, 67, 72, 73
azimuth resolution cell（方位分解能セル）　65, 70

■ B

background noise（背景雑音）　133
baseline（基線）　181, 184, 186, 188, 190, 207, 210, 212
battlefield situation（戦況）　32
baud（ボー）　142
BER　⇒[bit-error rate]
binary form（2 進法形式）　135
binary phase coded CW radar（2 位相符号化 CW レーダ）　75
binary phase shift keying (keyed)（BPSK; 2 位相偏移変調）　27, 80, 145
bistatic（バイスタティック）　37
bistatic radar（バイスタティックレーダ）　16
bit duration（ビット持続時間）　58
bit error（ビットエラー; ビット誤り）　143, 157
bit error rate（BER; ビット誤り率）　143
bit rate（ビットレート）　143–146, 148, 152, 167, 218
blackbody（黒体）　87
blind range（ブラインド距離）　27
Boltzmann's constant（ボルツマン定数）　218
boresight（ボアサイト）　36, 176
BPSK　⇒[binary phase shift keying (keyed)]
brightness（輝度）　100
brightness level（輝度レベル）　101

■ C

C/N　⇒[carrier-to-noise ratio]
CA code（CA コード）　243
calibration（位置較正; 較正（校正））　198, 200, 201
calibration error（較正（校正）誤差）　200
cardioid pattern（カージオイドパターン）　177, 178
carrier（搬送波）　218
carrier-to-noise ratio（C/N; CNR; 搬送波対雑音比）　143, 241
carrier to thermal noise（搬送波対熱雑音）　218, 236, 237, 239
CCIR　⇒[International Radio Consultative Committee]
CEP　⇒[circular error probable]
chaff（チャフ）　4
channelizer（チャネライザ）　160
chip（チップ）　152, 172
chirp（チャープ）　150, 164, 171, 172
chirped（チャープされた）　27
circular error probable（CEP; 円形公算誤差; 半数必中界）　191, 193, 195, 203, 205, 209, 210, 213
circular scan（全周走査; 円形走査）　20
CNR　⇒[carrier-to-noise ratio]
coalition forces（多国籍軍）　105
code division multiplexing scheme（符号分割多重方式）　165
code rate（符号レート; 符号化率）　158
coherent detection（コヒーレント探知）　82
coherent radar（コヒーレントレーダ）　75
coherent signal（コヒーレント信号）　27, 141
color（色）　100
COMINT　⇒[communications intelligence]
command guidance（指令誘導）　17
communication jamming（通信妨害）　149, 153, 154, 159
communications intelligence（COMINT; 通信情報）　5
compression factor（圧縮率）　57
compressive filter（圧縮フィルタ）　56
conical scan（円錐走査; コニカルスキャン）　20
continuous wave（CW; 連続波）　36

continuous wave radar（連続波レーダ; CW レーダ） 28
correlative interferometer（相関インターフェロメータ） 183
cosmic noise（宇宙雑音） 134
countermissile missile（対ミサイル用ミサイル; ミサイル要撃ミサイル） 112
critical frequency（臨界周波数） 122
cross-range（クロスレンジ） 19
cross-range resolution（クロスレンジ分解能） 72
cross-track sweep（航跡交差掃引） 98
cueing（キューイング） 174
CW ⇒[continuous wave]

■ D

D layer（D 層） 121
data bit（データビット） 139, 151
data rate（データレート; データ転送速度） 145, 147, 148, 158
daylight television（DTV; 昼間用テレビ） 90
DD ⇒[differential Doppler]
deception（欺騙; 欺まん） 6
deceptive RF jammer（欺まん RF 妨害機） 116
deinterleaving（パルス列分離） 77
despreading capability（逆拡散機能） 149
detectability range（探知可能距離） 45, 48, 50, 52, 79
detection range（探知距離） 43, 45, 48, 51, 56, 79–81
DEW ⇒[directed-energy weapon]
DF ⇒[direction finding]
DF station（方探所） 169, 171
difference frequency（差周波数） 60, 62
differential delay（差遅延） 186
differential Doppler（DD; 差動ドップラ） 187
digital modulation（デジタル変調） 140, 142, 143, 145, 151, 157
digitizer（デジタイザ） 136, 160
direct loss ratio（直接損失比） 126, 127, 156
direct sequence（DS; 直接拡散） 150
direct sequence spread spectrum（DSSS; DS スペクトル拡散; 直接スペクトル拡散） 152, 172
directed-energy weapon（DEW; 指向エネルギー兵器） 4
direction finder（方向探知装置） 168, 171
direction finding（DF; 方探; 方向探知） 169, 175, 180
direction of arrival（DOA; 電波到来方向） 169, 175
directional gyroscope（方位ジャイロスコープ） 199
directional reference（方位基準） 199
directivity（指向性） 42
DOA ⇒[direction of arrival]
Doppler（ドップラ） 176, 177
Doppler shift（ドップラ偏移） 38, 61, 62, 64, 67, 69, 178, 187, 188
downlink（ダウンリンク） 33, 154, 215
DS ⇒[direct sequence]
DSSS ⇒[direct sequence spread spectrum]
DSSS demodulator（DS スペクトル拡散復調器） 165
DTV ⇒[daylight television]
duplexer（送受アンテナ共用器） 37
duty cycle（デューティサイクル） 24, 39, 53
duty factor（デューティファクタ） 63, 167
dynamic range（ダイナミックレンジ） 137
dynode（ダイノード） 107

■ E

E layer（E 層） 121, 123
EA ⇒[electronic attack]

early warning/ground control intercept（EW/GCI; 早期警戒/地上管制要撃） 28
earth-coverage（地球覆域） 231, 244
ECCM ⇒[electromagnetic counter-countermeasures]
ECM ⇒[electronic countermeasures]
EDC ⇒[error detection and correction], ⇒[error-detection code]
EEP ⇒[elliptical error probable]
effective accuracy（実効精度） 174, 191, 192
effective area（有効面積） 131
effective bandwidth（有効帯域幅） 49, 82
effective pulsewidth（実効パルス幅） 57, 58
effective radiated power（ERP; 実効放射電力） 24, 130, 155, 162, 219, 240
EIRP ⇒[equivalent isotropic radiated power]
electro-optical（EO; 光電） 90
electromagnetic counter-countermeasures（ECCM; 対電子対策） 4
electromagnetic support measures（ESM; 電子支援対策） 3
electronic attack（EA; 電子攻撃） 4
electronic countermeasures（ECM; 電子対策） 4, 173
electronic intelligence（ELINT; 電子情報） 5
electronic order of battle（EOB; 電子戦力組成） 173
electronic protection（EP; 電子防護） 5, 243, 244
electronic warfare support（ES; 電子戦支援） 4
ELINT ⇒[electronic intelligence]
ELINT receiver（ELINT 受信機） 48, 51
elliptical error probable（EEP; 楕円形公算誤差） 191, 195, 204, 209, 210, 213
emitter location system（電波源位置決定システム） 125, 169
energy detection（エネルギー探知） 84, 172
EO ⇒[electro-optical]
EOB ⇒[electronic order of battle]
EP ⇒[electronic protection]
equivalent area（等価面積） 130
equivalent isotropic radiated power（EIRP; 等価全周放射電力） 219
equivalent output signal-to-noise ratio（等価出力信号対雑音比） 138
equivalent signal strength（等価信号強度） 130
ERP ⇒[effective radiated power]
error budget（誤差配分; 誤差の割り当て） 196, 199, 201
error-budget component（誤差配分要素） 199
error component（誤差成分） 200
error-correction code（誤り訂正符号） 148, 167, 243, 244
error detection and correction（EDC; 誤り検出・訂正） 135, 146, 167
error-detection code（EDC; 誤り検出符号） 148
ES ⇒[electronic warfare support]
ESM ⇒[electromagnetic support measures]
ESM receiver（ESM 受信機） 74, 76, 79
EW/GCI ⇒[early warning/ground control intercept]
expendable object（使い捨て型目標） 115
external noise（外部雑音） 133
extreme infrared（極遠赤外線） 86

■ F

F1 layer（F1 層） 122, 123
F2 layer（F2 層） 122, 123
far infrared（遠赤外線） 86, 88, 101, 103
Faraday rotation（ファラデー回転; ファラデー効果） 230
fast Fourier transform（FFT; 高速フーリエ変換） 67, 74, 160

fast hopper（高速ホッパ） 151
FDOA ⇒[frequency difference of arrival]
FFT ⇒[fast Fourier transform]
FH ⇒[frequency hopping]
field strength（電界強度） 131
figure-of-merit（性能指数） 219, 236, 239
fire and forget（ファイア・アンド・フォゲット） 17
fire-control center（射撃統制所） 12
fixed error（固定誤差） 200
flare（フレア） 4, 90, 114, 117
FLIR ⇒[forward-looking infrared]
flux density（束密度） 219
fly back（フライバック） 21
FO ⇒[forward observer]
focused array（フォーカストアレイ） 73
focused array SAR（フォーカストアレイSAR） 73
folded dipole antenna（折り返しダイポールアンテナ） 30
follower jammer（追随妨害装置） 159, 164
follower jamming（追随妨害） 159, 171
forward-looking infrared（FLIR; 前方監視型赤外線） 33, 90, 101, 105
forward observer（FO; 前進観測者） 12
four-dipole array（4 素子ダイポールアレイ） 182
free space propagation（自由空間伝搬） 126
free space propagation model（自由空間伝搬モデル） 126
freezing altitude（氷結高度） 227
frequency agile radar（周波数アジャイルレーダ） 75
frequency difference of arrival（FDOA; 到来周波数偏差法） 183, 187, 189–191, 205, 210, 212
frequency hopper（周波数ホッパ） 150, 161, 167–169, 171
frequency hopping（FH; 周波数ホッピング） 150, 157
frequency shift keying（FSK; 周波数偏移変調） 141, 144
Fresnel zone（FZ; フレネルゾーン） 128, 156
Fresnel zone distance（フレネルゾーン距離） 128, 155
front/back ambiguity（前/後アンビギュイティ; 前後多義性） 182
front-end bandwidth（前置帯域幅） 51
front-to-back ratio（フロント・バック比） 182
FSK ⇒[frequency shift keying]
fusing radar（信管起動用レーダ） 18, 28
FZ ⇒[Fresnel zone]

■ G

galactic plane（銀河面） 134
Gaussian（ガウス分布） 206, 208, 210, 212
global positioning system（GPS; 全地球測位システム） 165
GPS ⇒[global positioning system]
ground-to-ground communication（地対地通信） 29
ground wave（地表波） 120
guidance medium（誘導手段） 16

■ H

heat-seeking missile（熱線追尾ミサイル） 10
heat-seeking weapon（赤外線追尾兵器） 4
helmet-mounted goggles（ヘルメット装着型ゴーグル） 106
high-power laser（高出力レーザ） 112
high-power laser weapon（高出力レーザ兵器） 90
hopping sequence（ホッピングシーケンス） 150
hot brick（ホットブリック） 117
hyperbola（双曲線） 183, 186, 206, 207, 210

■ I

I&Q　⇒[in-phase and quadrature]
imagery guidance（画像誘導）　103
imagery-guided missile（画像誘導ミサイル）　90
impedance of free space（自由空間インピーダンス）　130
in-phase and quadrature（I&Q; 同相−直交位相）　66, 67, 71, 72, 171
indoor propagation（屋内伝搬）　125
inertial navigation system（INS; 慣性航法システム）　198
information（情報資料）　5
information bandwidth（情報帯域幅）　149, 152, 158
information warfare（IW; 情報戦）　5
infrared（IR; 赤外線）　11, 86
infrared-guided missile（赤外線誘導ミサイル）　114
infrared line scanner（IRLS; IR ラインスキャナ）　90, 96
infrared search and track system（IRST; 赤外線監視追尾システム）　97, 104
INS　⇒[inertial navigation system]
instantaneous field of view（瞬時視野）　98
instantaneous relative phase（瞬時相対位相）　141
intelligence（情報）　5
intercepting receiver（傍受受信機）　76, 82, 83
interferometer（インターフェロメータ; 干渉計）　176, 180, 182
interferometric direction finding（インターフェロメータ方探; 干渉法による方探）　171
interferometric triangle（干渉三角形）　181
interleave（インターリーブ; 交互配置）　167
International Radio Consultative Committee（CCIR; 国際無線通信諮問委員会）　219
ionospheric reflection（電離層反射）　120, 122, 124
ionsphere（電離層）　120–124
IR　⇒[infrared]
IR chaff（IR チャフ）　114, 118
IR decoy（IR デコイ）　117
IR emissivity（IR 放射率）　87, 102
IR-guided missile（IR 誘導ミサイル）　90, 91, 114
IR jammer（IR 妨害機）　115
IR laser（IR レーザ）　117
IR seeker（IR シーカ）　92
IR sensor array（IR センサアレイ）　104
IR signature（IR シグネチャ）　91, 117, 118
IRLS　⇒[infrared line scanner]
IRST　⇒[infrared search and track system]
isochrone（等時線）　185, 186, 191, 205, 206
isofreq（等周波数線）　189, 191, 205, 210, 212
isolation（アイソレーション）　28, 30, 38, 64
isotropic（等方性）　130
isotropic antenna（等方性アンテナ）　42
IW　⇒[information warfare]

■ J

J/S　⇒[jamming-to-signal-ratio]
jamming（電波妨害）　4
jamming margin（妨害マージン）　158
jamming-to-signal-ratio（J/S; 妨害対信号比）　40, 154
joint tactical information distribution system（JTIDS; 統合戦術情報配布システム）　146, 167
JTIDS　⇒[joint tactical information distribution system]

■ K

Kelvin scale（ケルビン温度; ケルビン目盛り）　216

knife-edge diffraction model（ナイフエッジ回折伝搬モデル; 刃形回折伝搬モデル）　126, 128

■ L

L^3TV　⇒[low-light-level television]
LADAR　⇒[laser radar]
laser communication（レーザ通信）　90
laser-designated target（レーザ指示目標）　10
laser designator（レーザ目標指示器）　90, 107, 109–111
laser-guided weapon（レーザ誘導武器）　11, 16
laser-homing missile（レーザ誘導ミサイル）　112
laser radar（LADAR; レーザレーダ; ライダー）　15, 90
laser range finder（レーザ測遠器（測距器））　90, 110
laser-warning receiver（レーザ警戒受信機）　111, 112
LD/SD　⇒[look down, shoot down]
least significant bit（LSB; 最下位ビット）　138
LEO　⇒[low earth orbit]
lethal communication（致死的役割を担う通信）　10
lethal response capability（致死応答機能）　5
light amplification device（光増幅装置）　105–107
light saturation（光飽和）　107
lighting discharge（電光放電）　134
line loss（給電線損失）　235, 239
line of bearing（方位線; 方測線）　175
line of magnetic flux（磁束線）　189
line of sight（照準線）　11
line of sight（直接波）　120
linear frequency modulation（線形周波数変調）　56, 62
linear polarization（直線偏波）　230
Link 16（Link 16）　146
link loss（回線損失）　225
link throughput（回線容量）　230
LLTV　⇒[low-light television]
local horizon（局地水平線）　231
location accuracy（位置（決定）精度）　183, 186, 191, 193, 196, 198, 200, 205, 206
location ambiguity（位置アンビギュイティ）　186
lock-on（ロックオン; 自動追尾）　114
log periodic（対数周期）　30
look down, shoot down（LD/SD; 下方監視・射撃）　27
low earth orbit（LEO; 低高度地球周回軌道）　230
low-light-level television（L^3TV; 微光暗視テレビ）　105
low-light television（LLTV; 高感度テレビ）　90
low probability of identification radar（LPID レーダ; 低被識別確率レーダ）　75, 76
low probability of intercept（LPI; 低被探知確率）　148, 149
low probability of intercept radar（低被探知確率レーダ; LPI レーダ）　59, 74, 79, 82, 84
LPI　⇒[low probability of intercept]
LSB　⇒[least significant bit]

■ M

magnetometer（磁力計）　200
main beam（主ビーム）　45, 48, 51, 76, 78
manmade noise（人工雑音）　134
mapping（マッピング）　36
maximum usable frequency（MUF; 最高使用可能周波数）　123
MCP　⇒[microchannel plate]
mean error（平均誤差）　193, 194, 196, 201
microchannel plate（MCP; マイクロチャンネルプレート）　108

middle infrared（中赤外線） 86, 88
military communication（軍事通信） 4
military satellite（軍用衛星） 34
minimum shift keying（MSK; 最小偏移変調） 142, 147
mirror image（鏡像） 182
modulated CW（変調 CW） 36
modulation sideband（変調側波帯） 218
monochromatic（単色; モノクロ） 101
monopulse radar（モノパルスレーダ） 20, 37
monostatic（モノスタティック） 36
moving-target indicator（MTI; 移動目標指示装置） 64, 65, 70
moving-target indicator radar（MTI レーダ; 移動目標指示レーダ） 18, 67, 68, 70
MSK ⇒[minimum shift keying]
MTI ⇒[moving-target indicator]
MUF ⇒[maximum usable frequency]
multipath error（マルチパス誤差） 197
multipath interference（マルチパス干渉） 125
multipath signal（マルチパス信号） 197
multiple antenna amplitude comparison（マルチアンテナ振幅比較） 172, 176
multiple baseline precision interferometer（複数基線精密インターフェロメータ） 183

■ N

narrow-bandwidth jamming（狭帯域妨害） 158, 164, 165
narrow-beam antenna（狭ビームアンテナ） 126, 134, 156
NCS ⇒[net control station]
near infrared（近赤外線） 86, 91, 107
net control station（NCS; 統制通信所） 31
NF ⇒[noise figure]
night-vision device（暗視装置） 105–109
night-vision goggles（暗視ゴーグル） 105, 107
noise figure（NF; 雑音指数） 46, 51, 76, 82, 220, 222, 235, 238, 241
noise temperature（雑音温度） 220
noncoherent signal（非コヒーレント信号） 141, 144
normal distribution curve（正規分布曲線） 194
north reference（基準北） 200
notching（ノッチング） 61
Nyquist rate（ナイキスト速度; サンプリングレート） 138

■ O

OB ⇒[order of battle]
observe, orient, decide, act（OODA; 観測・情勢判断・意思決定・行動） 6
offset error（オフセット誤差） 200
Okumura-Hata model（奥村–秦モデル） 125
omnidirectional antenna（無指向性アンテナ） 130, 134
one-way communication（片方向通信） 180
OODA ⇒[observe, orient, decide, act]
Operation Desert Storm（砂漠の嵐作戦） 105
operational security（OPSEC; 作戦保全） 6
OPSEC ⇒[operational security]
order of battle（OB; 戦力組成） 171
orthogonal signaling（直交信号伝達） 144
outdoor propagation（屋外伝搬） 125
overhead（オーバヘッド） 140, 146
oxygen loss（酸素による損失） 226

■ P

P code（P コード） 243, 244
parallel processing（並列処理） 102
parametric agility（パラメトリックアジリティ） 78
parity bit（パリティビット） 139, 146
partial band jamming（パーシャルバンド妨害） 158, 161, 164, 167

passive guidance（パッシブ誘導） 17
passive sensor（パッシブセンサ） 10
PD ⇒[pulse Doppler], ⇒[pulse duration]
peak error（ピーク誤差） 192
peak power（ピーク電力） 56, 58, 81
percentage bandwidth（比帯域; 比帯域幅） 15
peripheral vision（周辺視野） 105, 106
phase modulation（PM; 位相変調） 141
phase shift keyed signal（位相偏移変調信号） 141
phase shifter（移相器） 59
phonetic alphabet（音標文字） 157
pixel（ピクセル; 画素） 100, 102, 103, 111, 139
plume（プルーム; 噴煙） 112
plume detector（プルーム探知器; 燃焼ガス探知器） 112
PM ⇒[phase modulation]
pointing（指向） 20
polar orbit（極軌道） 233
polarization loss（偏波損失） 230
power flux density（電力束密度） 219
power-time history（電力の時刻歴） 21
precision emitter location technique（精密電波源位置決定技法） 168, 172, 183, 187, 205
precision location system（精密位置決定システム） 175, 190, 205
PRF ⇒[pulse repetition frequency]
PRI ⇒[pulse repetition interval]
processing gain（処理利得） 75, 79, 82, 158, 165, 166
propagation loss（伝搬損失） 126, 127, 129, 219, 233, 234
propagation model（伝搬モデル） 125, 128
proportional navigation（比例航法） 95
proportional steering（比例操舵） 95
PRT ⇒[pulse repetition time]
pseudorandom parameter（擬似ランダム諸元） 172
psychological operations（PSYOPS; 心理作戦） 6
PSYOPS ⇒[psychological operations]
pulse amplitude（パルス振幅） 24
pulse compression（パルス圧縮） 27, 54, 65
pulse Doppler（PD; パルスドップラ） 27, 36
pulse Doppler radar（パルスドップラレーダ） 38, 60, 63
pulse duration（PD; パルス持続時間） 24, 53, 58
pulse interval（パルス間隔） 24
pulse jamming（パルス妨害） 166, 167
pulse modulation（パルス変調） 23, 53
pulse repetition frequency（PRF; パルス繰り返し周波数） 24
pulse repetition interval（PRI; パルス繰り返し間隔） 24
pulse repetition time（PRT; パルス繰り返し時間） 24
pulse width（PW; パルス幅） 24
push-to-talk（プッシュ・トーク） 31
PW ⇒[pulse width]

■ Q

QPSK ⇒[quadrature phase shift keying]
quadrature phase shift keying（QPSK; 4位相偏移変調方式; 直交位相偏移変調） 80
quality factor Q（品質係数 Q） 219
quantizing threshold（量子化しきい値） 136
quiet radar（静寂レーダ） 75, 76

■ R

radar（レーダ） 4
radar-controlled gun（レーダ管制火砲） 10
radar cross section（RCS; レーダ断面積） 42, 45, 79, 84
radar-guided weapon（レーダ誘導武器） 10

radar jamming（レーダ妨害）　153
radar range equation（レーダ方程式）　39, 43, 74, 80
radar received power equation（レーダ受信電力方程式）　40
radar resolution cell（レーダ分解能セル）　13, 57
radar scan（レーダ走査）　18
radar-warning receiver（RWR; レーダ警報受信機）　48, 51, 78, 111
rain and fog attenuation（降雨と霧による減衰）　226
rain density profile（降雨密度断面）　241
random signal radar（RSR; ランダム信号レーダ）　75, 83, 84
range ambiguity（距離アンビギュイティ）　64
range compression（距離圧縮）　70
range resolution（距離分解能）　26, 54, 59, 65, 70, 80, 84
range resolution cell（距離分解能セル）　65, 72
range tracking（距離追尾）　38
raster scan（ラスタ走査）　21, 100, 102
RCS　⇒[radar cross section]
Reed-Solomon（リードソロモン）　146, 167
reflectivity（反射率）　42
required bandwidth（所要帯域幅）　142
required predetection signal-to-noise-ratio（RFSNR; 検波前信号対雑音比）　143, 241
required signal-to-noise ratio（所要信号対雑音比; 所要 SNR）　51, 82, 220
required transmission bandwidth（所要伝送帯域幅）　146
resolution cell（分解能セル）　68, 69
resolvable distance（分解可能距離）　100
reticle（レティクル）　92, 109, 115
return pulse（リターンパルス）　38
return signal（リターン信号）　36
RF chaff（RF チャフ）　118
RFSNR　⇒[required predetection signal-to-noise-ratio]
ringing（リンギング）　54
root-mean-square (RMS) error（RMS 誤差; 2 乗平均誤差）　174, 192, 194–196, 201
rotating directional antenna（指向性アンテナ回転）　176
RSR　⇒[random signal radar]
RWR　⇒[radar-warning receiver]

■ S

SA-2 radar（SA-2 レーダ）　21
sample（サンプル; 標本）　136
sampling（サンプリング; 標本抽出）　136
SAR　⇒[synthetic aperture radar]
SATCOM　⇒[satellite communication]
satellite communication（SATCOM; 衛星通信）　216
satellite link（衛星回線）　33, 215
scan on receive-only（SORO）　20
scintillation（シンチレーション; 蛍光発光現象）　11
sector scan（セクタ走査）　21
seeker（シーカ）　91
SEI　⇒[specific emitter identification]
semiactive guidance（セミアクティブ誘導）　16
sense antenna（センスアンテナ）　177
sensitivity（感度）　43, 46, 47, 51, 79
serial processing（直列処理）　102
sidelobe isolation（サイドローブアイソレーション）　244
SIGINT　⇒[signal intelligence]
signal intelligence（SIGINT; 信号情報）　5
signal-to-noise ratio（SNR; 信号対雑音比）　134, 137, 142, 218, 241
signal-to-quantization-noise ratio（信号対量子化雑音比）　137, 142
SIJ　⇒[stand in jamming]
simulation of indoor radio channel impulse response model（SIRCIM モデル）　125

sin X/X（sin X/X）　145, 153
single baseline（単一基線）　182
single site locator（SSL; 単一局方向探知（単局方探）装置）　124
sinusoidal phase shift keying（正弦波位相偏移変調）　142
site error（位置誤差）　196, 198
situation awareness（状況認識）　5
sky wave（上空波）　120
sky wave propagation（上空波伝搬）　123
slow hopper（低速ホッパ）　151
smoke（煙幕; 煙; 発煙剤）　113
SNR　⇒[signal-to-noise ratio]
solar radiation（太陽放射）　121
SORO　⇒[scan on receive-only]
sounder（サウンダ; 電離層高度測定装置）　123
specific emitter identification（SEI; 特定電波源識別）　54
spectral radiance（スペクトル放射輝度）　114
spin-and-chop frequency（スピン・アンド・チョップ周波数）　116
sporadic-E（スポラディック E）　122
spread spectrum signal（スペクトル拡散信号）　149, 152, 158, 165, 168
spreading factor（拡散係数）　148, 165
spreading (space) loss（拡散（空間）損失）　179, 225, 232, 235, 241, 242, 244
spreading ratio（拡散率）　148, 158
SSL　⇒[single site locator]
stand in jamming（SIJ; スタンドイン妨害）　166
standard deviation（標準偏差）　193, 194, 196, 200, 201, 206, 208, 210
stealth（ステルス）　43
sunspot activity（太陽の黒点活動）　121
super heterodyne receiver（スーパヘテロダイン受信機）　51
surface-to-air guided-missile system（地対空誘導ミサイルシステム）　17
sweeping receiver（掃引受信機）　168, 169
synchronizing（同期調整）　146
synchronous satellite（静止衛星）　230
synthetic aperture radar（SAR; 合成開口レーダ）　18, 37, 69, 71

■ T

tactical communication（戦術通信）　29
tapped delay line（タップ付き遅延線）　58, 172
target（目標）　35
target identification（目標識別）　174
targeting（ターゲティング）　174, 183
TDOA　⇒[time difference of arrival]
thermal noise（熱雑音）　47, 82
thermal noise temperature（熱雑音温度）　218
threat（脅威）　8
threat avoidance（脅威の回避）　173
threat identification table（TID テーブル; 脅威識別テーブル）　76
throughput rate（スループット率）　5
TID　⇒[threat identification table]
time difference of arrival（TDOA; 到着時間差法）　183, 185, 189, 191, 205, 206, 208, 210, 213
time history（時刻歴）　18, 176
tip detection（チップ検出）　172
track file（航跡ファイル）　28
track-while-scan（TWS; トラック・ホワイル・スキャン）　20
tracking information（航跡情報）　17
tracking radar（追尾（誘導）レーダ）　18, 28
transition time（遷移時間）　172
transmission bandwidth（伝送帯域幅）　145, 149, 158
transmission window（伝送窓）　88
traveling wave tube（TWT; 進行波管）　24
triangulation（三角測量）　170–172, 175, 202, 203
true north（真北）　199
TWS　⇒[track-while-scan]
TWT　⇒[traveling wave tube]

■ U

UAV ⇒[unmanned aerial vehicle]

ultraviolet（UV; 紫外線） 86

UMOP ⇒[unintentional modulation on pulse]

unfocused array（非フォーカストアレイ） 73

unintentional modulation on pulse（UMOP; パルス不規変調） 54

unit sphere（単位球） 88

unmanned aerial vehicle（UAV; 無人機） 29

uplink（アップリンク） 32, 215

UV ⇒[ultraviolet]

■ V

value（明度） 100

video bandwidth（ビデオ帯域幅） 49, 51

virtual height（見掛けの高度） 122, 124

visible light（可視光線） 85

■ W

Walfish-Bettroni model（Walfish-Bettroni モデル） 125

warning of imminent attack（切迫した攻撃の警報） 173

warning time（警告時間） 84

water-dispensing system（水幕散布システム） 113

water vapor loss（水蒸気による損失） 225

Watson-Watt（ワトソン-ワット技法） 176, 177

Watson-Watt DF system（Watson-Watt 方探システム） 171

wave front（波面） 181

whip antenna（ホイップアンテナ） 30

■ Y

yaw plane（ヨー平面） 43

■ Z

zero frequency point（ゼロ周波数点） 69

■ 著者紹介

David Adamy が国際的に認められた電子戦の専門家であることは，彼が長年にわたり EW101 コラムを執筆してきたことから，おそらくわかるだろう．それはさておき，制服時代から 51 年以上にわたり彼は常に EW のプロであった（業界用語でいう Crow（カラス）だと，彼は誇りを持って自分をそう呼んできた）．システムエンジニア，プロジェクトリーダ，テクニカルディレクタ，プログラムマネージャ，そしてラインマネージャとして，DC のすぐ上から可視光のすぐ上に及ぶ EW の各計画に直接参画してきた．それらの計画は，潜水艦から宇宙に及ぶプラットフォームに配備されるシステム，また，にわか仕立てから高信頼性のものまで各種要求に適合するシステムを生み出してきた．

彼は通信理論において電気工学学士・修士の学位を持っている．EW101 コラムの執筆に加え，EW と偵察，およびそれらの関連分野において数多くの技術論文を発表しており，（本書を含めて）17 冊の書籍を出版している．彼は世界中の EW 関連講座で教えるほか，軍関連機関や EW 企業のコンサルタントを務めている．AOC（Association of Old Crows; オールドクロウズ協会）全国理事会の長年のメンバーであり，全国大会における技術コースの創設も含めた多くの活動に関与した．また彼は，2001 年に全国協会会長に選出されるまで，同協会の専門家育成コース，および年次技術シンポジウムにおける技術コースを運営していた．

彼には 60 年以上一緒の辛抱強い奥様と（それほど長い間古典的オタクに我慢したことは，勲章に値する），4 人の娘と 8 人の孫がいる．彼の主張によれば，彼はエンジニアとしては人並みであるが，毛鉤釣師としては本当に卓越した世界の名士の一人である．

■ 訳者紹介（五十音順）

河東晴子（かわひがし・はるこ，Haruko Kawahigashi）

1985 年 東京大学工学部電気工学科卒業．同年 三菱電機株式会社入社．1991～1992 年 カリフォルニア大バークレー校客員研究員．2001 年 博士（工学）（東京大学）．三菱電機株式会社情報技術総合研究所技術統轄．AOC Japan Chapter EW Study Group Secretary. AOC At Large Director.

小林正明（こばやし・まさあき，Masaaki Kobayashi）

1974 年 大阪大学大学院工学研究科通信工学専攻博士課程修了．同年 三菱電機株式会社入社．以来，EW システムのシステム設計，研究開発などに従事．元 神戸大学非常勤講師．AOC Japan Chapter EW Study Group Chair．2013 年 フリーランスの防衛技術コンサルタント．

阪上廣治（さかうえ・ひろじ，Hiroji Sakaue）

1972 年 防衛大学校卒業．海上自衛隊入隊．主要配置は，護衛艦によど・護衛艦はるゆき・輸送艦おおすみ艦長，電子情報支援隊司令．2005～2012 年 三菱電機株式会社通信機製作所電子情報システム部勤務．

徳丸義博（とくまる・よしひろ，Yoshihiro Tokumaru）

1973 年 防衛大学校卒業，陸上自衛隊（通信科）勤務．1997 年 三菱電機株式会社入社，通信機製作所勤務．通信電子戦システム開発・プロジェクト業務に従事．2015 年 三菱電機株式会社退社．

H. Sakaue　Y. Tokumaru

H. Kawahigashi　M. Kobayashi

電子戦の技術　拡充編

2014年4月10日　第1版1刷発行　　ISBN 978-4-501-33030-9 C3055
2024年4月20日　第1版4刷発行

著　者　デビッド・アダミー
訳　者　河東晴子・小林正明・阪上廣治・徳丸義博

発行所　学校法人 東京電機大学　〒120-8551 東京都足立区千住旭町5番
東京電機大学出版局　Tel. 03-5284-5386(営業) 03-5284-5385(編集)
Fax. 03-5284-5387 振替口座00160-5-71715
https://www.tdupress.jp/

制作：(株)グラベルロード　印刷：新灯印刷(株)　製本：渡辺製本(株)
装丁：小口翔平（tobufune）
落丁・乱丁本はお取り替えいたします。　Printed in Japan

理工学講座

基礎 **電気・電子工学** 第2版
宮入・磯部・前田 監修　A5判　306頁

改訂 **交流回路**
宇野辛一・磯部直吉 共著　A5判　318頁

電磁気学
東京電機大学 編　A5判　266頁

高周波電磁気学
三輪進 著　A5判　228頁

電気電子材料
松葉博則 著　A5判　218頁

パワーエレクトロニクスの基礎
岸敬二 著　A5判　290頁

照明工学講義
関重広 著　A5判　210頁

電子計測
小滝國雄・島田和信 共著　A5判　160頁

改訂 **制御工学** 上
深海登世司・藤巻忠雄 監修　A5判　246頁

制御工学 下
深海登世司・藤巻忠雄 監修　A5判　156頁

気体放電の基礎
武田進 著　A5判　202頁

電子物性工学
今村舜仁 著　A5判　286頁

半導体工学
深海登世司 監修　A5判　354頁

電子回路通論 上／下
中村欽雄 著　A5判　226／272頁

画像通信工学
村上伸一 著　A5判　210頁

画像処理工学
村上伸一 著　A5判　178頁

電気通信概論 第3版
荒谷孝夫 著　A5判　226頁

通信ネットワーク
荒谷孝夫 著　A5判　234頁

アンテナおよび電波伝搬
三輪進・加来信之 共著　A5判　176頁

伝送回路
菊池憲太郎 著　A5判　234頁

光ファイバ通信概論
榛葉實 著　A5判　130頁

無線機器システム
小滝國雄・萩野芳造 共著　A5判　362頁

電波の基礎と応用
三輪進 著　A5判　178頁

生体システム工学入門
橋本成広 著　A5判　140頁

機械製作法要論
臼井英治・松村隆 共著　A5判　274頁

加工の力学入門
臼井英治・白樫高洋 共著　A5判　266頁

材料力学
山本善之 編著　A5判　200頁

改訂 **物理学**
青野朋義 監修　A5判　348頁

改訂 **量子物理学入門**
青野・尾林・木下 共著　A5判　318頁

量子力学概論
篠原正三 著　A5判　144頁

量子力学演習
桂重俊・井上真 共著　A5判　278頁

統計力学演習
桂重俊・井上真 共著　A5判　302頁